高等职业教育机械类新形态一体化教材

机床电气控制
系统安装与调试

秦贞龙 主编

高 娟 胡延波 副主编

清华大学出版社
北京

内 容 简 介

本书根据高职院校职业教育课程改革精神,结合职业岗位技能需求和编者多年的职业教育教学经验编写而成。全书有 6 大项目,共分 20 个任务。项目 1~项目 5 重点讲解电气控制部分,介绍了常用低压电器、典型电气控制线路的原理与安装调试、常用机床的电气控制与故障分析、直流电机的电气控制等。项目 6 重点讲解 PLC 技术应用部分,介绍了三菱 FX2N 系列 PLC 的结构、原理、编程软件的使用、基本逻辑指令及功能指令的使用方法等。

本书可以作为高职高专院校电气自动化、机电一体化、机电设备维护、数控技术等专业的教学用书,也可以作为成人教育、函授学院、中职学校的教材,以及企业专业技术人员的参考用书。

图书在版编目(CIP)数据

机床电气控制系统安装与调试/秦贞龙主编.—北京:清华大学出版社,2021.4(2022.8 重印)
高等职业教育机械类新形态一体化教材
ISBN 978-7-302-56959-6

Ⅰ.①机… Ⅱ.①秦… Ⅲ.①机床—电气控制系统—安装—高等职业教育—教材 ②机床—电气控制系统—调试方法—高等职业教育—教材 Ⅳ.①TG502.34

中国版本图书馆 CIP 数据核字(2020)第 230474 号

责任编辑:刘翰鹏
封面设计:常雪影
责任校对:赵琳爽
责任印制:杨 艳

出版发行:清华大学出版社
  网 址:http://www.tup.com.cn, http://www.wqbook.com
  地 址:北京清华大学学研大厦 A 座   邮 编:100084
  社 总 机:010-83470000   邮 购:010-62786544
  投稿与读者服务:010-62776969,c-service@tup.tsinghua.edu.cn
  质量反馈:010-62772015,zhiliang@tup.tsinghua.edu.cn
  课件下载:http://www.tup.com.cn,010-83470410
印 装 者:三河市龙大印装有限公司
经 销:全国新华书店
开 本:185mm×260mm 印 张:15.25   字 数:359 千字
版 次:2021 年 4 月第 1 版   印 次:2022 年 8 月第 2 次印刷
定 价:45.00 元

产品编号:087186-01

机床电气控制系统安装与调试是高职高专电气类和机电类专业的一门实践性较强的专业课之一。本书根据高职高专的培养目标,结合高职高专的教学改革和课程改革,本着结合工程实际、突出技术应用的原则,由学校、企业、行业专家组成教材编写组合作开发。

本书彻底打破了课程的学科体系,在内容选取上以"必需"和"够用"为度,重视职业技能训练和职业能力培养,采用项目化教学法完成课程的教学,加强了专业知识的应用,突出了专业技能的提高。

为了方便教学,本书分为两部分:电气控制部分和 PLC 技术应用部分。项目 1～项目 5 重点讲解电气控制部分,其中介绍了常用低压电器,典型电气控制线路的原理与安装调试,常用机床的电气控制及故障分析以及直流电机的电气控制等。项目 6 重点讲解 PLC 技术应用部分,其中介绍了三菱 FX2N 系列 PLC 的结构、原理、编程软件的使用、基本逻辑指令及功能指令的使用方法等。

在教学使用过程中,本书并非全部内容都要讲解,可根据不同专业、实训环境、培养目标合理选用。建议参考学时数为 72 学时。

本书可以作为高职高专院校电气自动化、机电一体化、机电设备维护、数控技术等专业的教学用书,也可以作为成人教育、函授学院、中职学校的教材,以及企业专业技术人员的参考用书。

本书由莱芜职业技术学院秦贞龙担任主编,惠民职业中专高娟和山东莱芜新甫冠龙塑料机械有限公司胡延波高级工程师担任副主编,多名一线老师编写,具体分工为:高娟老师编写项目 1,秦贞龙老师编写项目 2～项目 4,吴元修老师编写项目 5,胡延波高级工程师编写项目 6,全书由秦贞龙老师统稿。同时,感谢山东安澜电力科技有限公司韦志强高级工程师、山东新华制药股份有限公司王志刚高级工程师在本书编写过程中给予的大力支持和帮助。在编写过程中,编者参阅了许多同行专家们的论著文献,在此一并表示感谢。

由于编者水平有限,书中疏漏和错误之处在所难免,恳请读者批评指正,以便修订完善。

编　者

2020 年 8 月

CA6140车床电气控制系统的安装与调试

以CA6140车床电气控制线路分析及故障排除工作任务为载体,通过车床电气控制线路的分析及故障排除等具体工作任务,引导教授与具体工作相关联的线路分析、故障排除,加强理解能力和故障排除检修能力。

任务1.1 电机手动正转控制线路的安装与调试

任务描述

电机手动正转控制线路利用电源开关直接控制三相异步电机的启动与停止。电源开关可以使用闸刀开关、组合开关或低压断路器。该线路常被用来控制砂轮机、冷却泵等设备。图1-1所示为用闸刀开关实现电机运转的电机手动正转控制线路。

本任务要求识读电机手动正转控制线路,并掌握其工作原理,能对线路进行正确的安装接线和通电试验。

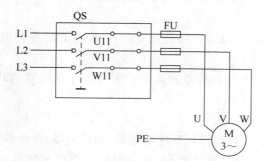

图1-1 电机手动正转控制线路

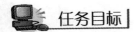

任务目标

知识目标：

(1) 低压电器的分类；

(2) 闸刀开关、铁壳开关、组合开关的结构、原理及选用；

(3) 熔断器的作用、种类及选用；

(4) 三相交流异步电机的结构、原理；

(5) 电机的手动正转控制线路的分析与实现；

(6) 电机的手动正转控制线路的故障诊断与维修。

能力目标：

(1) 会识读与绘制电气控制系统图；

(2) 会正确判断电器元器件的好坏；

(3) 会根据电气原理图、接线图正确接线；

(4) 会正确分析电机的手动正转控制线路的原理、故障诊断与故障排除。

相关知识

要对图 1-1 所示的线路进行安装接线和通电试验，首先要认识图中所用到的元器件。本任务中用到的元器件有低压开关、熔断器、三相异步电机。学生通过对元器件进行外形观察、参数识读及测试等相关活动，掌握这些元器件的功能和使用方法。下面就来学习线路中所涉及的元器件。

1.1.1　低压电器的定义及分类

1. 电器的定义

凡是根据外界特定的信号或要求，自动或手动接通和断开线路，断续或连续地改变线路参数，实现对线路或非电现象的切换、控制、保护、检测和调节的电气设备均称为电器。

2. 电器的分类

电器的用途广泛、功能多样、构造各异，其分类方法很多。

1）按工作电压等级分类

高压电器：工作电压在交流 1200V 或直流 1500V 及以上的各种电器，如高压熔断器、高压隔离开关、高压断路器等。

低压电器：工作电压在交流 1200V 或直流 1500V 及以下的电器，如接触器、继电器、按钮等。

2）按用途分类

控制电器：用于各种控制线路和控制系统的电器，如接触器、继电器等。

保护电器：用于保护电机，使其安全运行，以及保护生产机械使其不受损坏的电器，如熔断器、热继电器等。

执行电器：用于完成某种动作或传动功能的电器，如电磁铁、电磁阀、电磁离合器等。

配电电器：用于电能的输送和分配的电器，如各类刀开关、断路器等。

主令电器：用于自动控制系统中发送动作指令的电器，如按钮开关、主令控制器、行程开关等。

3）按动作性质分类

非自动电器：无动力机构，靠人力或外力来接通、切断线路的电器，如各类刀开关等。

自动电器：依靠指令或物理量（如电流、电压、时间、速度等）变化而自动动作的电器，如接触器、继电器等。

4）按工作原理分类

电磁式电器：依据电磁感应原理来工作的电器，如交流接触器、电磁式继电器、电磁阀等。

非电量控制电器：依靠外力或某种非电物理量的变化而动作的电器，如行程开关、按钮、温度继电器、压力继电器等。

1.1.2　低压开关

低压开关主要作隔离、转换及接通和分断线路用，多数用作机床线路的电源开关和局部照明线路的控制开关，有时也可用来直接控制小容量电机的启动、停止和正反转。低压开关一般为非自动切换电器，常用的主要类型有刀开关、组合开关。

刀开关是一种结构简单且应用最广泛的低压电器，最常用的是由刀开关和熔断器组合而成的负荷开关。负荷开关分为开启式负荷开关和封闭式负荷开关两种。

1. 开启式负荷开关

开启式负荷开关又称为瓷底胶盖刀开关，简称闸刀开关。生产中常用的是 HK 系列开启式负荷开关，适用于照明、电热设备及小容量电机控制线路中，供手动不频繁的接通和分断线路，并起短路保护。

1）结构

HK 系列瓷底胶盖刀开关是由刀开关和熔断器组合而成的一种电器。外形及其结构如图 1-2 所示。开关的瓷底座上有进线座、静触头、熔体、出线座及带瓷质手柄的刀式动触头，上面盖有胶盖以保证用电安全。

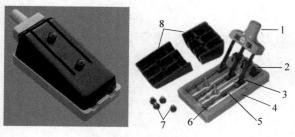

图 1-2　HK 系列瓷底胶盖刀开关

1—瓷柄；2—静夹座；3—动触刀；4—瓷底；5—熔体；6—出线座；7—紧固螺钉；8—胶盖

2）选用

HK 系列瓷底胶盖刀开关没有专门的灭弧装置，仅靠胶盖的遮护来防止电弧灼伤操作人员，因此不易带负荷操作。若带一般性负荷操作时，操作者动作一定要迅速，使电弧尽快熄灭。由于这种开关不设专门的灭弧装置，因此不宜用于频繁操作和带负荷的线路。但因其价格便宜，结构简单，操作方便，所以在一般的照明线路和功率小于 5.5kW 的电机的控制线路中仍常被采用。用于照明线路时，可选用额定电压为 250V，额定电流等于或大于线路最大工作电流的两极开关；用于电机直接启动时，可选用额定电压为 380V 或 500V，额定电流等于或大于电机额定电流 3 倍的三极开关。

3）安装与使用

刀开关一般来说必须垂直安装在控制屏或开关板上，不能横装或倒装；接通时手柄应朝上；接线时应把电源线接在静触头一边的进线座，负载接在动触头一边的出线座，不可接反；否则在更换熔丝时会发生触电事故。

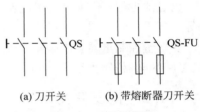

(a) 刀开关 (b) 带熔断器刀开关

图 1-3 刀开关符号

4）HK 系列瓷底胶盖刀开关的符号

HK 系列瓷底胶盖刀开关的符号如图 1-3 所示。

常用的开启式负荷开关有 HK1 和 HK2 系列，HK1 系列为全国统一设计产品，其主要技术数据见表 1-1。

表 1-1 HK1 系列开启式负荷开关基本技术参数

型　　号	极数	额定电流值/A	额定电压值/V	可控制电机最大容量值/kW		配用熔丝规格			
				220V	380V	铅	锡	锑	熔丝线径/mm
HK1-15	2	15	220	—	—	98	1	1	1.45～1.59
HK1-30	2	30	220	—	—				2.30～2.52
HK1-60	2	60	220	—	—				3.36～4.00
HK1-15	3	15	380	1.5	2.2				1.45～1.59
HK1-30	3	30	380	3.0	4.0				2.30～2.52
HK1-60	3	60	380	4.5	5.5				3.36～4.00

5）型号含义

HK 系列瓷底胶盖刀开关的型号含义如下。

2. 封闭式负荷开关

封闭式负荷开关俗称铁壳开关，可不频繁地接通和分断负载线路，也可用于控制 15kW 以下的交流电机不频繁地直接启动和停止。

1）结构

常用的封闭式负荷开关有 HH3、HH4 系列，其中 HH4 系列为全国统一设计产品。它是由刀开关、熔断器、操作机构和外壳组成。这种开关的操作机构具有以下两个特点：一是采用了储能分合闸方式，使触头的分合速度与手柄的操作速度无关，有利于迅速熄灭电弧，从而提高开关的通断能力，延长其使用寿命；二是设置了联锁装置，保证了开关在合闸状态下开关盖不能开启，而当开关盖开启时又不能合闸，确保操作安全。封闭式负荷开关的外形、结构及符号如图 1-4 所示。

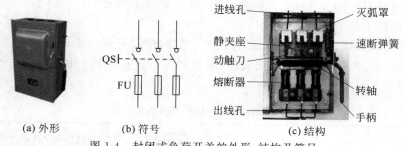

(a) 外形　　　　(b) 符号　　　　(c) 结构

图 1-4　封闭式负荷开关的外形、结构及符号

封闭式负荷开关在线路图中的符号与开启式负荷开关相同。

2）封闭式负荷开关的选用

（1）封闭式负荷开关的额定电压应不小于线路的工作电压。

（2）封闭式负荷开关用于控制照明、电热负载时，开关的额定电流应不小于所有负载额定电流之和；用于控制电机时，开关的额定电流应不小于电机额定电流的 3 倍。

3）安装与使用

（1）封闭式负荷开关必须垂直安装，安装高度一般离地面不低于 1.3m，并以操作方便和安全为原则。

（2）开关外壳的接地螺钉必须可靠接地。

（3）接线时，应将电源进线接在静夹座一边的接线端子上，负载引线接在熔断器一边的接线端子上，且进出线都必须穿过开关的进出线孔。

（4）分合闸操作时，要站在开关的手柄侧，不准面对开关，以免因意外故障电流使开关爆炸，造成铁壳飞出伤人。

4）封闭式负荷开关的型号含义

封闭式负荷开关的型号含义如下。

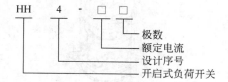

3．组合开关

组合开关又称转换开关，常用于交流 50Hz、380V 以下及直流 220V 以下的电气线路中，供手动不频繁地接通和断开线路、接通电源和负载以及控制 5kW 以下小容量异步电

机的启动、停止和正反转。

1）组合开关的结构

常用的组合开关有 HZ1、HZ2、HZ10 等系列，其中 HZ10 系列是全国统一设计产品，其结构如图 1-5 所示。它的内部有三对静触头，分别装在绝缘垫板上，并附有接线柱，用于与电源及用电设备的连接。三个动触头是由磷铜片或硬紫铜片和具有良好绝缘性能的绝缘钢纸板铆合而成，和绝缘垫板一起套在附有手柄的绝缘杆上，手柄每转动 90°，带动三个动触头分别与三对静触头接通或断开，实现接通或断开线路的目的。开关的顶盖部分由凸轮、弹簧及手柄等零件构成操作机构，由于采用了扭簧储能，可使触头快速闭合或分断，从而提高了开关的通断能力。

组合开关具有体积小、寿命长、结构简单、操作方便、灭弧性能较好等优点。选用时，应根据电源种类、电压等级、所需触头数、电机的容量进行选用。HZ10 系列组合开关的技术数据见表 1-2。

表 1-2　HZ10 系列组合开关的技术数据

型　　号	额定电压/V	额定电流/A	极数	极限操作电流/A		可控制电机最大容量和额定电流		在额定电压、电流下通断次数	
				接通	分断	最大容量/kW	额定电流/A	交流 λ	
								≥0.8	≥0.3
HZ10-10	交流 380 直流 220	6	单极	94	62	3	7	20000	10000
		10	2、3						
HZ10-25		25		155	108	5.5	12		
HZ10-60		60		—	—	—	—		
HZ10-100		100							

2）组合开关的符号

组合开关的符号如图 1-5 所示。

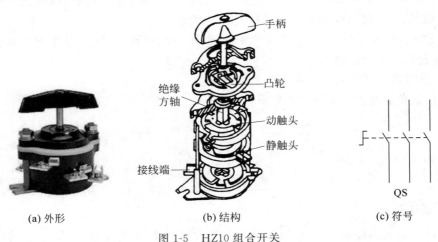

(a) 外形　　　　　　　(b) 结构　　　　　　　(c) 符号

图 1-5　HZ10 组合开关

3）组合开关的型号含义

组合开关的型号含义如下。

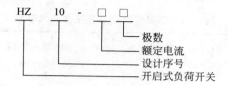

1.1.3 熔断器

熔断器是低压配电网络和电力拖动系统中主要用作短路保护的电器。使用时串联在被保护的线路中，当线路发生短路故障时，通过熔断器的电流达到或超过某一定值使其自身产生的热量来熔断熔体，从而达到自动切断线路，起到保护作用。常用的熔断器有插入式、螺旋式、有填料封闭管式、无填料封闭管式等几种类型，如 RC1A、RL1、RT0、RM10 系列等。

1. 熔断器的结构与主要技术参数

1）熔断器的结构

熔断器主要由熔体、熔管和熔座三部件组成。熔体是熔断器的主要组成部分，常做成丝状、片状、栅状。熔体的材料通常有两种：①低熔点材料，如铅、铅锡合金，锑、铝合金，锌等，多用于中、小电流线路；②高熔点材料，如银、铜等，多用于大电流线路。熔管是熔体的保护外壳，用耐热绝缘材料制成，在熔体熔断时兼有灭弧作用。熔座是熔断器的底座，作用是固定熔管和外接引线。

2）熔断器的主要技术参数

额定电压：熔断器长期工作所能承受的电压。

额定电流：保证熔断器能长期正常工作的电流。

分断能力：在规定的使用和性能条件下，在规定电压下熔断器能分断的预期分断电流值。

时间—电流特性：在规定的条件下，表征流过熔体的电流与熔体熔断时间的关系曲线如图1-6所示。

从特性曲线上可以看出，熔断器的熔断时间随着电流的增大而减小，即熔断器通过的电流越大，熔断时间越短。一般熔断器的熔断时间与熔断电流的关系见表1-3。

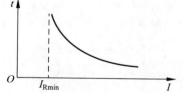

图 1-6　熔断器的时间—电流特性

表 1-3　熔断器的熔断电流与熔断时间的关系

熔断电流 I_s/A	$1.25I_N$	$1.6I_N$	$2.0I_N$	$2.5I_N$	$3.0I_N$	$4.0I_N$	$8.0I_N$	$10.0I_N$
熔断时间 t/s	∞	3600	40	8	4.5	2.5	1	0.4

可见，熔断器对过载反应是很不灵敏的，当电气设备发生轻度过载时，熔断器将持续很长时间才熔断，有时甚至不熔断。因此，除在照明线路中外，熔断器一般不宜用作过载保护，主要用作短路保护。

2. 常用的熔断器

常见熔断器及其主要技术参数见表 1-4。

表 1-4　常见熔断器及其主要技术参数

类　别	型号	额定电压/V	额定电流/A	熔体额定电流等级/A	极限分断能力/kA	功率因数
瓷插式熔断器	RC1A	380	5	2、5	0.25	0.8
			10	2、4、6、10	0.5	
			15	6、10、15	0.5	
			30	20、25、30	1.5	0.7
			60	40、50、60	3	
			100	80、100	3	0.6
			200	120、150、200		
螺旋式熔断器	RL1	500	15	2、4、6、10、15	2	≥0.3
			60	20、25、30、35、40、50、60	3.5	
			100	60、80、100	20	
			200	100、125、150、200	50	
	RL2	500	25	2、4、6、10、15、20、25	1	
			60	25、35、50、60	2	
			100	80、100	3.5	
无填料封闭管式熔断器	RM10	380	15	6、10、15	1.2	0.8
			60	15、20、25、35、45、60	3.5	0.7
			100	60、80、100	10	0.35
			200	100、125、160、200		
			350	200、225、260、300、350		
			600	350、430、500、600	12	0.35
有填料封闭管式熔断器	RT0	交流 380 直流 440	100	30、40、50、60、100	交流 50 直流 25	>0.3
			200	120、150、200、250		
			400	300、350、400、450		
			600	500、550、600		
快速熔断器	RLS2	500	30	16、20、25、30	50	0.1~0.2
			60	35、(45)、50、63		
			100	(75)、80、(90)、100		

1) RC1A 系列插入式熔断器(瓷插式熔断器)

插入式熔断器主要用于交流 50Hz、额定电压 380V 的三相线路和 220V 的单相线路及以下、额定电流 200A 及以下的低压线路末端或分支线路中,作为电气设备的短路保护及一定程度的过载保护,其外形及结构如图 1-7 所示。插入式熔断器主要是由瓷座、静触头、动触头、熔丝、瓷盖这几部分组成,瓷座中部有一个空腔,与瓷盖的突起部分组成灭弧室。60A 以上的在空腔内垫有编织石棉层,加强灭弧功能。

RC1A 系列插入式熔断器的主要技术数据见表 1-4。

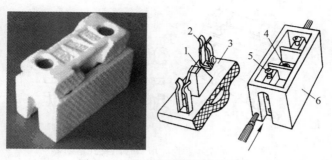

图 1-7 RC1A 系列插入式熔断器

1—熔丝；2—动触头；3—瓷盖；4—空腔；5—静触头；6—瓷座

2）RL1 系列螺旋式熔断器

螺旋式熔断器主要用于控制箱、配电屏、机床设备及振动较大的场合，在交流额定电压 500V、额定电流 200A 及以下的线路中作短路保护，其外形及结构如图 1-8 所示。

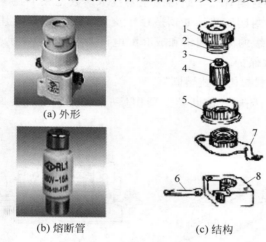

(a) 外形

(b) 熔断管

(c) 结构

图 1-8 RL1 系列螺旋式熔断器

1—瓷帽；2—金属螺管；3—指示器；4—熔断管；5—瓷套；6—下接线柱；7—上接线柱；8—瓷座

螺旋式熔断器主要是由瓷帽、熔断管、瓷套、上/下接线柱及瓷座等组成。熔断管内除了装有熔丝外，还填充有灭弧用的石英砂。熔断管上盖中心装有红色的熔断指示器，当熔丝熔断时，指示器在弹簧的作用下弹出，从瓷盖上的玻璃窗口可检查熔体是否完好。在装接时，电源线应接在下接线柱，负载线应接在上接线柱，这样在更换熔体时，旋出瓷帽后螺纹上不会带电，保证了人身安全。它具有体积小、结构紧凑、熔断快、分断能力强、熔丝更换方便、熔丝熔断能自动指示等优点，在机床线路中广泛应用。

RL1 系列螺旋式熔断器的主要技术数据见表 1-4。

3）RM10 系列无填料封闭管式熔断器

RM10 系列无填料封闭管式熔断器主要由熔断管、熔体、夹头及夹座等部分组成。RM10 系列无填料封闭熔断器的外形与结构如图 1-9 所示。

RM10 系列无填料封闭管式熔断器具有以下两个特点：①采用钢纸管作熔管，当熔

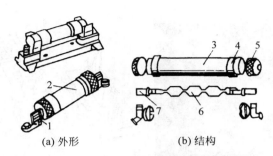

(a) 外形　　　　　　　　(b) 结构

图 1-9　RM10 系列无填料封闭管式熔断器

1—夹座；2—熔断管；3—钢纸管；4—黄铜套管；5—黄铜帽；6—熔体；7—刀型夹头

体熔断时，钢纸管内壁在电弧热量的作用下产生高压气体，使电弧迅速熄灭；②采用变截面锌片作熔体，当线路发生短路故障时，锌片几处狭窄部位同时熔断，形成较大空隙，易于灭弧。

RM10 系列无填料封闭管式熔断器的主要技术参数见表 1-4。

RM10 系列无填料封闭管式熔断器适用于交流 50Hz、额定电压 380V 或直流额定电压 440V 及以下电压等级的动力网络和成套配电设备中，作为导线、电缆及较大容量电气设备的短路和连续过载保护。

4）RT0 系列有填料封闭管式熔断器

RT0 系列有填料封闭管式熔断器主要由熔管、底座、夹头、夹座等部分组成，其外形与结构如图 1-10 所示。

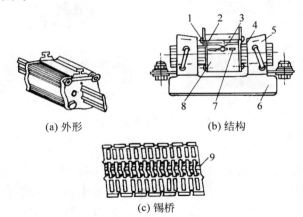

(a) 外形　　　　　　　　(b) 结构

(c) 锡桥

图 1-10　RT0 系列有填料封闭管式熔断器

1—熔断指示器；2—石英砂填料；3—指示器熔丝；4—夹头；5—夹座；6—底座；7—熔体；8—熔管；9—锡桥

它的熔管用高频电工瓷制成。熔体是两片网状紫铜片，中间用锡桥连接。熔体周围填满石英砂，在熔体熔断时起灭弧作用。该系列熔断器配有熔断指示装置，熔体熔断后，显示出醒目的红色熔断信号。当熔体熔断后，可使用配备的专用绝缘手柄在带电的情况下更换熔管，装取方便，安全可靠。

RT0 系列有填料封闭管式熔断器的主要技术参数见表 1-4。

RT0 系列有填料封闭管式熔断器是一种大分断能力的熔断器，广泛用于短路电流较大的电力输配电系统中,作为电缆、导线和电气设备的短路保护及导线、电缆的过载保护。

5）快速熔断器

快速熔断器又叫半导体元件保护用熔断器,主要用于半导体功率元件的过电流保护。由于半导体元件承受过电流的能力很差,只允许在较短的时间内承受一定的过载电流（如70A的晶闸管能承受6倍额定电流的时间仅为10ms）,因此要求短路保护元件应具有快速动作的特征。快速熔断器能满足这一要求,且结构简单,使用方便,动作灵敏可靠,因而得到了广泛应用。

目前常用的快速熔断器有RS0、RS3、RLS2等系列,RLS2系列的结构与RL1系列相似,适用于小容量硅元件及其成套装置的短路和过载保护；RS0和RS3系列适用于半导体整流元件和晶闸管的短路和过载保护,它们的结构相同,但RS3系列的动作更快,分断能力更高。

RLS2系列快速熔断器的技术数据见表1-4。

快速熔断器的外形图如图1-11所示。

6）自复式熔断器

常用熔断器的熔体一旦熔断,必须更换新的熔体,这就给使用带来一些不方便,而且延缓了供电时间。近年来,可重复使用一定次数的自复式熔断器开始在电力网络的输配电线路中得到应用。

自复式熔断器的基本工作原理是:自复式熔断器的熔体是用非线性电阻元件（如金属钠等）制成,在特大短路电流产生的高温下,熔体气化,阻值剧增,即瞬间呈现高阻状态,从而能将故障电流限制在较小的数值范围内。

可见,与其说自复式熔断器是一种熔断器,还不如说它是一个非线性电阻,因为它熔而不断,不能真正分断线路,但由于它具有限流作用显著、动作时间短、动作后不需更换熔体等优点,在生产中的应用范围不断扩大,常与断路器配合使用,以提高组合分断性能。目前自复式熔断器的工业产品有RZ系列熔断器,它适用于交流380V的线路中与断路器配合使用。熔断器的额定电流有100A、200A、400A、600A四个等级,在功率因数λ≤0.3时的分断能力为100kA。

自复式熔断器的外形图如图1-12所示。

图1-11 快速熔断器的外形图   图1-12 自复式熔断器的外形图

3. 熔断器的选择

熔断器的选择包含熔断器类型的选择和熔体、熔断器额定电流、电压的选择。

1）熔断器类型的选择

根据使用环境、负载性质和短路电流大小来选择适当类型的熔断器。例如,用于容量较小的照明线路,应选用 RC1A 系列插入式熔断器;在开关柜或配电屏中可选用 RM10 系列无填料封闭管式熔断器;对于短路电流较大或有易燃气体的地方,应选用 RT0 有填料封闭管式熔断器;在机床控制线路中,多选用 RL1 系列螺旋式熔断器;用于半导体功率元件及晶闸管保护时,则应选用 RLS 或 RS 系列快速熔断器等。

2）熔体额定电流的选择

（1）对于照明、电热等电流较平稳、无冲击电流的负载短路保护,熔体的额定电流应等于或稍大于负载的额定电流。

（2）对一台不经常启动且启动时间不长的电机的短路保护,熔体的额定电流 I_{RN} 应等于或稍大于$(1.5\sim2.5$ 倍$)$负载的额定电流 I_N,即 $I_{RN}\geqslant(1.5\sim2.5)I_N$。对于频繁启动或启动时间较长的电机,上式的系数应增加到 $3\sim3.5$。

（3）对多台电机的短路保护,熔体的额定电流 I_{RN} 应等于或稍大于其中最大容量电机的额定电流 I_{Nmax} 的 $1.5\sim2.5$ 倍加上其余电机的额定电流的总和 $\sum I_N$,即

$$I_{RN}\geqslant(1.5\sim2.5)I_{Nmax}+\sum I_N$$

在电机功率较大而实际负载较小时,熔体额定电流可适当小些,小到电机启动时熔体不熔断为准。

3）熔断器额定电流、电压的选择

熔断器的额定电压必须大于或等于熔断器所接线路的额定电压;熔断器的额定电流必须大于或等于所装熔体的额定电流。熔断器的分断能力应大于线路中可能出现的最大短路电流。

4. 熔断器的安装与使用

（1）熔断器应完整无损,安装时应保证熔体和夹头以及夹头和夹座接触良好,并具有额定电压、额定电流值标志。

（2）插入式熔断器应垂直安装,螺旋式熔断器的电源线应接在瓷底座的下接线座上,负载线应接在螺纹壳的上接线座上。这样在更换熔断管时,旋出螺帽后螺纹壳上不带电,保证了操作者的安全。

（3）熔断器内要安装合格的熔体,不能用多根小规格熔体并联代替一根大规格熔体。

（4）安装熔断器时,各级熔体应相互配合,并做到下一级熔体规格比上一级熔体规格小。

（5）安装熔丝时,熔丝应在螺栓上沿顺时针方向绕,压在垫圈下,拧紧螺钉的力应适当,以保证接触良好,同时注意不能损伤熔丝,以免减小熔体的截面积,产生局部发热而产生误动作。

（6）更换熔体或熔管时,必须切断电源。尤其不允许带负荷操作,以免发生电弧灼伤。

（7）对 RM10 系列熔断器,在切断过三次相当于分断能力的电流后,必须更换熔断管,以保证能可靠地切断所规定分断能力的电流。

（8）熔断器兼作隔离元件使用时应安装在控制开关的电源进线端;若仅作为短路保护用,应装在控制开关的出线端。

5. 熔断器在线路图中的符号

熔断器在线路图中的符号如图 1-13 所示。

图 1-13 熔断器的符号

6. 熔断器的型号含义

熔断器的型号含义如下。

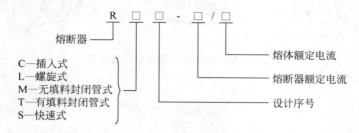

熔断器

C—插入式
L—螺旋式
M—无填料封闭管式
T—有填料封闭管式
S—快速式

熔体额定电流
熔断器额定电流
设计序号

例 1-1 某机床电机的型号为 Y112M-4，额定功率为 4kW，额定电压为 380V，额定电流为 8.8A；该电机正常工作时不需频繁启动。若用熔断器为该电机提供短路保护，试确定熔断器的型号规格。

解：（1）选择熔断器的类型：该电机是在机床中使用，所以熔断器可选用 RL1 系列螺旋式熔断器。

（2）选择熔体额定电流：由于所保护的电机不需经常启动，则熔体额定电流

$$I_{RN} = (1.5 \sim 2.5) \times 8.8 = 13.2 \sim 22(A)$$

查表 1-4 得熔体额定电流为

$$I_{RN} = 20A$$

（3）选择熔断器的额定电流和电压：查表 1-4，可选取 RL1-60/20 型熔断器，其额定电流为 60A，额定电压为 500V。

1.1.4 三相异步电机

现在各种生产机械都广泛用电机来拖动。电机按接入电源种类的不同可分为交流电机和直流电机。交流电机又分为异步电机和同步电机两种。其中，异步电机具有结构简单、工作可靠、价格低廉、维护方便及效率较高等优点，其缺点是功率因数较低，调速性能不如直流电机。据统计，在供电系统的动力负载中，约有 70% 是异步电机。一般的机床、起重机、传送带、鼓风机、水泵及各种农副产品的加工等都普遍采用三相异步电机；各种家用电器、医疗器械和许多小型机械则采用单相异步电机；在一些有特殊要求的场合，则使用特种异步电机。

1. 三相异步电机的结构

三相异步电机由两个基本部分组成：①固定不动的部分，称为定子；②旋转部分，称为转子。图 1-14 为三相鼠笼式异步电机的外形。图 1-15 为三相异步电机的主要结构。

1）定子

定子由机座、定子铁心、定子绕组和端盖等部分组成。

定子绕组是定子的线路部分，中小型电机一般采用漆包线绕制而成，共分三组，分布

图 1-14　三相鼠笼式异步电机的外形

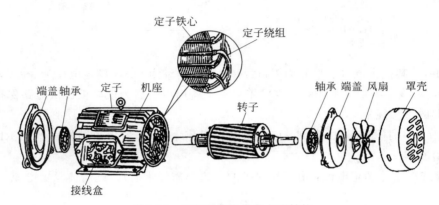

图 1-15　三相异步电机的主要结构

在定子铁心槽内。它们在定子内圆周空间的排列是彼此间相隔 120°,构成对称的三相绕组。三相绕组共有六个出线端,通常接在置于电机外壳上的接线盒中。三相绕组的首端分别用 U_1、V_1、W_1 表示,对应的末端分别用 U_2、V_2、W_2 表示。三相定子绕组可以连接成星形或三角形,如图 1-16 所示。

　　三相绕组接成星形还是三角形,和普通三相负载一样,需视电源的线电压而定。如果电机所接电源的线电压等于电机每相绕组的额定电压,那么三相绕组就应该接成三角形。通常,电机的铭牌上标有符号 Y/△和数字 380/220,前者表示定子绕组的连接方式,后者表示对应于不同连接方式应加的线电压值。

　　2) 转子

　　转子由转子铁心、转子绕组、转轴和风扇等组成。

　　转子铁心为圆柱形,通常由制作定子铁心冲片剩下的内圆硅钢片叠成,压装在转轴上。转子铁心与定子铁心之间有微小的气隙,转子铁心、定子铁心和气隙共同组成了电机的磁路。转子铁心外圆周上有许多均匀分布的槽,这些槽用于安放转子绕组。

　　转子绕组有笼型转子绕组和绕线转子绕组两种。笼型转子绕组是由嵌在转子铁心槽内的若干铜条组成的,两端分别焊接在两个短接的端环上。如果去掉铁心,转子绕组的外形就像一个笼子,故称为笼型转子绕组。目前中小型笼型电机大都在转子铁心槽中浇注铝液,铸成笼型绕组,并在端环上铸出许多叶片,作为冷却的风扇。笼型转子的结构如图 1-17 所示。

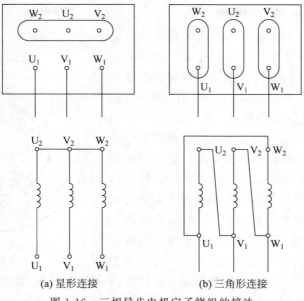

(a) 星形连接　　　　　(b) 三角形连接

图 1-16　三相异步电机定子绕组的接法

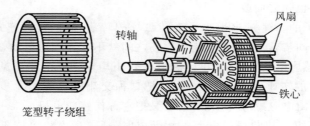

图 1-17　笼型转子的结构

绕线转子绕组与定子绕组相似,在转子铁心槽内嵌放对称的三相绕组,作星形连接。三相绕组的三个尾端连接在一起,三个首端分别接到装在转轴上的三个铜制滑环上,通过电刷与外线路的可变电阻器相连接,用于启动或调速。绕线式转子的外形及结构如图 1-18 所示。

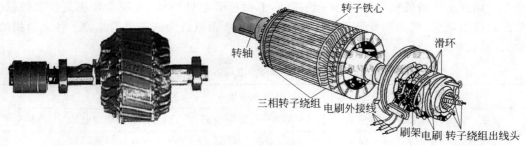

图 1-18　绕线转子的外形及结构

由于绕线转子异步电机的结构较复杂、价格较高,一般只用于对启动和调速有较高要求的设备,如立式车床、起重机等。

2. 三相异步电机的工作原理

如图 1-19 所示,当三相异步电机的定子绕组接通三相电源后,绕组中便有三相交变电流通过,并在空间产生一个旋转磁场。设旋转磁场沿顺时针方向旋转,则静止的转子同旋转磁场间就有了相对运动,转子导线因切割磁力线而产生感应电动势,由于旋转磁场沿顺时针方向旋转,即相当于转子导线沿逆时针方向切割磁力线。根据右手定则,确定出转子上半部导线的感应电动势方向是由纸面向外的,下半部的感应电动势方向是由纸面向内的。由于有转子导线的两端分别被两个铜环连在一起,因而构成了闭合回路,故在此电动势的作用下,转子导体内就产生了感应电流,此电流又与旋转磁场相互作用而产生电磁力,电磁力的方向可由左

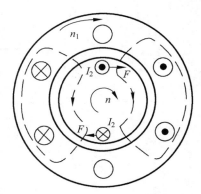

图 1-19 三相异步电机的工作原理

手定则来确定。这些电磁力对转轴形成电磁转矩,驱动电机旋转,其作用方向同旋转磁场的旋转方向一致,因此转子就顺着旋转磁场的旋转方向转动起来了。若使旋转磁场反转,则转子的旋转方向也随之而改变。

不难看出,转子的转速 n 永远小于旋转磁场的转速(即同步转速)n_1。这是因为,如果转子的转速达到同步转速,则它与旋转磁场之间就不存在相对运动,转子导线将不再切割磁力线,因而其感应电动势、感应电流和电磁转矩均为零。由此可见,转子总是紧跟着旋转磁场以 $n<n_1$ 的转速而旋转的。因此,把这种交流电机称作异步电机,又因为这种电机的转子电流是由电磁感应产生的,所以又把它称作感应电机。

当电机定子绕组一相断线或电源一相断电时,通电后电机可能不能启动,即使空载能启动,其转速慢慢上升,会伴有"嗡嗡"声,时间长了电机会冒烟发热,并伴有烧焦的气味。

当电机定子绕组两相断线或电源两相断电时,通电后电机不能启动,但无异响,也无异味和冒烟。

3. 铭牌数据的识读

三相异步电机的机座上都有一块铭牌,上面标有电机的型号、规格和相关技术数据。要正确使用电机,就必须看懂铭牌。现以 Y180M-4 型电机为例来说明铭牌上各个数据的含义,见表 1-5。

表 1-5 三相异步电机的铭牌

三相异步电机						
型号	Y180M-4	额定功率	18.5kW	额定电流	35.9A	额定电压	380V
额定频率	50Hz	接法	△	转速	1470r/min	功率因数	0.79
防护等级	IP44	工作制	连续	绝缘等级	B级	重量	270kg
××电机厂						

1）型号

型号是电机类型、规格的代号。国产异步电机的型号由汉语拼音字母以及国际通用符号和阿拉伯数字组成。如Y180M-4中，Y表示三相笼型异步电机，180表示机座中心高180mm，M表示机座长度代号（S为短机座，M为中机座，L为长机座），4表示磁极数（磁极对数 $p=2$）。

2）接法

接法是指电机在额定电压下，三相定子绕组的连接方式，即Y形或△形。一般功率在4kW以下的电机采用Y形连接，4kW及以上的电机采用△形连接。

3）额定频率 f_N（Hz）

额定频率是指电机定子绕组所加交流电源的频率，我国工业用交流电源的标准频率为50Hz。

4）额定电压 U_N（V）

额定电压是指电机在正常运行时加到定子绕组上的线电压。

5）额定电流 I_N（A）

额定电流是指电机在正常运行时，定子绕组线电流的有效值。

6）额定功率 P_N（kW）

额定功率也称额定容量，是指在额定电压、额定频率和额定负载条件下运行时，电机轴上输出的机械功率。

7）额定转速 n_N（r/min）

额定转速是指在额定频率、额定电压和额定输出功率条件下，电机每分钟的转数。

8）绝缘等级

绝缘等级是指电机定子绕组所用绝缘材料允许的最高温度等级，有A、E、B、F、H、C六级。目前，一般电机采用较多的是E级和B级。电机运行时，其温度高出环境温度的允许值即为温升。环境温度为40℃，温升为65℃的电机的最高允许温度为105℃。

允许温升的高低与电机所采用的绝缘材料的绝缘等级有关。常见的绝缘等级和最高允许温度之间的关系见表1-6。

表 1-6　绝缘等级和最高允许温度之间的关系

绝缘等级	A	E	B	F	H	C
最高允许温度/℃	105	120	130	155	180	＞180

9）功率因数 $\cos\varphi$

三相异步电机的功率因数较低，在额定运行时为0.7～0.9，空载时只有0.2～0.3。因此，必须正确选择电机的容量，防止"大马拉小车"，并力求缩短空载运行时间。

10）工作方式

异步电机常用的工作方式有连续、短时和断续三种。

（1）连续工作方式。用代号S1表示，可按铭牌上规定的额定功率长期连续工作，而温升不会超过允许值。

（2）短时工作方式。用代号 S2 表示，每次只允许在规定时间以内按额定功率运行，如果运行时间超过规定时间，则会使电机过热而受到损坏。

（3）断续工作方式。用代号 S3 表示，电机以间歇方式运行。如起重机械的拖动多为此种方式。

4. 线路符号

三相异步电机在线路中的符号如图 1-20 所示。

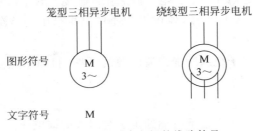

图 1-20　三相异步电机的线路符号

1.1.5　任务实施

1. 识读线路图

手动正转控制线路如图 1-21 所示。它通过低压开关来控制电机的启动和停止，在工厂中常被用来控制三相电风扇和砂轮机等设备。

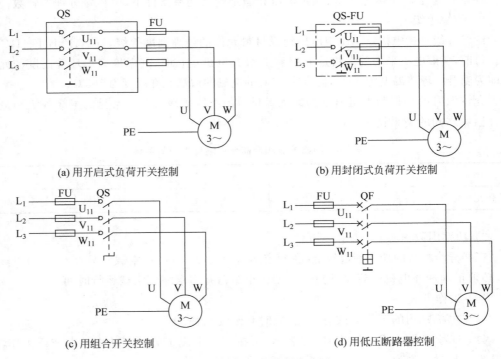

图 1-21　手动正转控制线路图

图 1-21(a)为开启式负荷开关控制电机正转,图中 QS 为刀开关,功能是接通、断开电源用,FU 为熔断器,功能是作为主线路短路保护用。

图 1-21(b)为封闭式负荷开关控制电机正转,图中 QS-FU 为铁壳开关,功能是接通、断开电源控制电机的启动和停止。

图 1-21(c)为组合开关控制电机正转,图中 QS 为组合开关,功能是接通、断开电源用,FU 为熔断器,功能是作为主线路短路保护用。

图 1-21(d)为低压断路器控制电机正转,图中 QF 为低压断路器,功能是接通、断开电源用,FU 为熔断器,功能是作为主线路短路保护用。

2. 线路的工作原理

线路的工作原理如下。

启动:合上低压开关 QS 或 QF,电机 M 接通电源启动运转。

停止:断开低压开关 QS 或 QF,电机 M 脱离电源停止运转。

3. 线路安装接线

(1)根据图 1-21 列出所需的元器件并填入明细表 1-7 中。

表 1-7　元器件明细表

序号	代 号	名　称	型 号	规　格	数量
1	M	三相异步电机	Y112M-4	4kW、380V、△形接法、8.8A、1440r/min	1
2	QS	组合开关	HZ10-25/3		1
3	QS	开启式负荷开关	HK1-30/3	380V、30A、熔体直连	1
4	QS	封闭式负荷开关	HH4-30/3	380V、15A、配熔体 20A	1
5	QF	断路器	DZ5-30/330	20A、整定 10A、380V	1
6	FU	熔断器	RL1-60/25	380V、60A、配熔体 25A	3
7	XT	接线端子排	JX2-1015	380V、10A、15 节	1

(2)按明细表清点各元器件的规格和数量,并检查各个元器件是否完好无损,各项技术指标符合规定要求。

(3)根据原理图,设计并画出电器布置图,作为电器安装的依据。电器布置图如图 1-22 所示。

(4)按照电器布置图安装固定元件。

(5)根据原理图,设计并画出安装接线图,作为接线安装的依据。电气安装接线图如图 1-23 所示。

(6)接线。接线时先接主线路,再接控制线路。

4. 线路断电检查

使用万用表的欧姆挡,将量程选为"×100"或"×1k",L₁、L₂、L₃ 先不通电,闭合电源开关 QS 或 QF,分别测量 L₁-U、L₂-V、L₃-W 三个电阻值,若显示阻值为零,则表明线路连接正确。

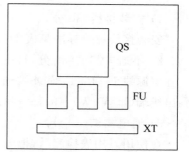

图 1-22　开启式负荷开关控制
电器布置图

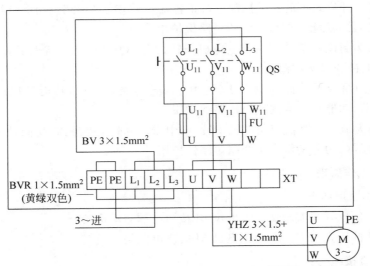

图 1-23   电气安装接线图

5. 通电调试和故障排除

在线路安装完成并经检查确定线路连接正确后,将 L_1、L_2、L_3 接通三相电源,闭合 QS 或 QF,电机应立即通电运行,断开 QS 或 QF,电机应断电停止。

操作过程中,如果出现不正常现象,应立即断开电源,分析故障原因,用万用表仔细检查线路。在指导教师认可的情况下才能再次通电调试。

1.1.6   技能考核

1. 考核任务

(1) 在规定的时间内按工艺要求完成控制线路的安装接线,且通电试验成功。

(2) 安装工艺应达到基本要求,线头长短应适当且接触良好。

(3) 遵守安全规程,做到文明生产。

2. 考核要求及评分标准

1) 安装接线(30 分)

安装接线评分标准见表 1-8。

2) 不通电测试(30 分,每错一处扣 5 分,扣完为止)

电源线 L_1、L_2、L_3 先不要通电,闭合电源开关 QS 或 QF,测量从电源端(L_1、L_2、L_3)到出线端(U、V、W)上的每一相线路,将电阻值填入表 1-9 中。

3) 通电测试(40 分)

在使用万用表检测后,把 L_1、L_2、L_3 三端接入电源通电试车。按照顺序测试线路的各项功能,每错一项扣 10 分,扣完为止。当出现功能不对的项目后,后面的功能均算错。将测试结果填入表 1-10 中。

表 1-8　安装接线评分标准

项目内容	要　求	评分标准	扣分
导线连接	对于螺栓式接点,在导线连接时,应打羊眼圈,并按顺时针旋转,对于瓦片式接点,在导线连接时,直线插入接点固定即可	每处错误扣2分	
	严禁损伤线芯和导线绝缘层,接点上不能露铜丝太长	每处错误扣2分	
	每个接线端子上连接的导线根数一般以不超过两根为宜,并保证接线牢固	每处错误扣1分	
线路工艺	走线合理,做到横平竖直,布线整齐,各接点不能松动	每处错误扣1分	
	导线出线应留有一定的余量,并做到长度一致	每处错误扣1分	
	导线变换走向要弯成直角,并做到高低一致或前后一致	每处错误扣1分	
	避免交叉线、架空线、绕线和叠线	每处错误扣2分	
	导线折弯应折成直角	每处错误扣1分	
整体布局	板面线路应合理汇集成线束	每处错误扣1分	
	进出线应合理汇集在端子排上	每处错误扣1分	
	整体走线应合理美观	酌情扣分	

表 1-9　手动正转控制线路的不通电测试记录

操作步骤	主电路		
	闭合 QS		
电阻值/Ω	L_1 相	L_2 相	L_3 相

表 1-10　手动正转控制线路的通电测试记录

现象　　操作　　元件	闭合 QS	闭合 QF
电机 M 状态		

思考与练习

1. 什么是电器? 什么是低压电器?

2. 如何选用开启式负荷开关? 开启式负荷开关在使用时应该注意什么?

3. 组合开关的用途有哪些? 如何选用?

4. 熔断器主要由哪几部分组成? 各部分的作用是什么?

5. 熔断器为什么一般不能作过载保护?

6. 常用的熔断器有哪几种类型? 如何正确选用熔断器?

7. 有一台三相异步电机,额定功率为 14kW,额定电压为 380V,功率因数为 0.85,效率为 0.9,若采用螺旋式熔断器,试选择熔断器的型号。

任务 1.2　电机自锁正转控制线路的安装与调试

任务描述

电机单向启动控制线路用于单方向运转的小功率异步电机的控制,如小型通风机、小型砂轮机、水泵等机械设备。在这些控制中,要求线路具有电机连续运转的控制功能。即按下启动按钮,电机运转;松开启动按钮,电机保持运转;只有按下停止按钮,电机才会停止转动。

本任务要求识读图 1-24 所示的具有过载保护功能的自锁正转控制线路,并掌握其工作原理,按工艺要求完成线路的接线,并能对线路进行检测和故障排除。

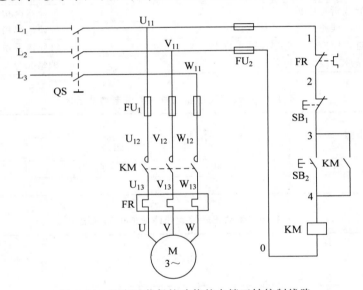

图 1-24　具有过载保护功能的自锁正转控制线路

任务目标

知识目标:

(1) 按钮开关的种类及选用;

(2) 接触器的结构、工作原理及选用;

(3) 热继电器的结构、工作原理及选用;

(4) 电机的自锁正转控制线路的分析与实现;

(5) 电机的自锁正转控制线路的故障诊断与维修。

能力目标:

(1) 会识读与绘制电气控制系统图;

(2) 会正确判断电元器件的好坏;

(3) 会根据电气原理图、接线图正确接线;

（4）会正确分析电机的自锁正转控制线路的原理、故障诊断与故障排除。

 相关知识

要对图 1-24 所示的线路进行安装接线并通电试验，首先要认识图中所用到的元器件。本任务中用到的元器件有按钮开关、接触器和热继电器。学生通过对元器件进行外形观察、参数识读及测试等相关活动，掌握这些元器件的功能和使用方法。下面就来学习线路中所涉及的元器件。

1.2.1 按钮开关

按钮开关是一种用来短时接通或分断小电流线路的电器。一般情况下它不直接控制主线路的通断，而是在控制线路中发出指令或信号去控制接触器、继电器等电器，再由它们去控制主线路的通断。按钮的触头允许通过的电流很小，一般不超过 5A。

1. 按钮的外形及结构

按钮开关的外形如图 1-25 所示，其结构如图 1-26 所示，一般由按钮帽、复位弹簧、常开触头、常闭触头和外壳等组成。

图 1-25 部分按钮的外形

按钮开关的种类很多，在机床中常用的有 LA2、LA10、LA18、LA19、LA20 等系列。其中，LA18 系列按钮是积木式结构，触头数目可按需要拼装，结构形式有揿钮式、旋钮式、紧急式、钥匙式；LA19 系列在按钮内装有信号灯，除了作为控制线路的主令电器外，还可兼作信号指示灯用。为了便于操作人员识别，避免发生误操作，生产中用不同的颜色来区分按钮的功能及作用。红色代表紧急急停，黄色代表异常情况，绿色、黑色可作为启动按钮来使用。

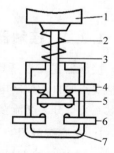

图 1-26 按钮结构示意图

1—按钮帽；2—复位弹簧；
3—支柱连杆；4—常闭静触
头；5—动触头；6—常开静
触头；7—外壳

按钮按静态时触头的分合状态，可分为常开按钮（启动按钮）、常闭按钮（停止按钮）和复合按钮（常开、常闭组合为一体的按钮）。常开按钮：未按下时，触头是断开的；按下时触头闭合；当松开后，按钮自动复位。常闭按钮：未按下时，触头是闭合的；按下时触头断开；当松开后，按钮自动复位。复合按钮：按下复合按钮时，其常闭触头先断开，然后常开触头闭合；松开复合按钮时，其常开触头先断开，然后常闭触头闭合。

2. 按钮的选择

（1）根据使用场合和具体用途选择按钮的种类。例如，嵌装在操作面板上的按钮可选用开启式；需显示工作状态的选用光标式；在非常重要处，为防止无关人员误操作，宜用钥匙操作式；在有腐蚀性气体处，要用防腐式。

（2）根据工作状态指示和工作情况要求，选择按钮或指示灯的颜色。例如，启动按钮可选用绿色、白色、灰色或黑色，优先选用绿色。急停按钮应选用红色蘑菇头按钮。停止按钮可选用红色、黑色、灰色或白色，优先选用红色。

（3）根据控制回路的需要，选择按钮的数量，如单联钮、双联钮和三联钮等。

3. 按钮的型号含义

按钮的型号含义如下。

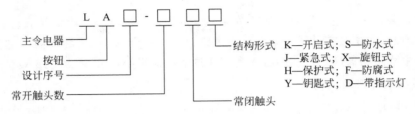

4. 按钮开关的符号

按钮开关的符号如图 1-27 所示。

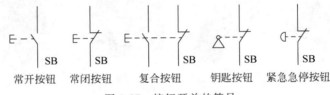

图 1-27　按钮开关的符号

1.2.2　接触器

接触器是一种适用于在低压配电系统中远距离控制频繁操作交/直流线路及大容量控制线路的自动控制电器，主要用于控制交/直流电机、电热设备等。接触器按主触头流过的电流类型分为交流接触器和直流接触器。下面分别介绍交流接触器和直流接触器。

1. 交流接触器

1）交流接触器结构

交流接触器主要由电磁系统、触头系统、灭弧装置、辅助部件等组成。CJ10-20 型交流接触器结构如图 1-28(a)所示。

（1）电磁系统。交流接触器的电磁系统由动铁心（衔铁）、静铁心和线圈三部分组成。其作用是利用线圈的通电或断电，使衔铁和铁心吸合或释放，从而带动触头的闭合或分断，实现接通或断开线路的目的。

交流接触器的铁心一般用 E 形硅钢片叠压铆成，以减少交变磁场在铁心中产生的涡流和磁滞损耗，避免铁心过热。尽管如此，铁心仍是交流接触器发热的主要部件。为了增大铁心的散热面积，又避免线圈与铁心直接接触而受热烧毁，交流接触器的线圈一般做成粗而短

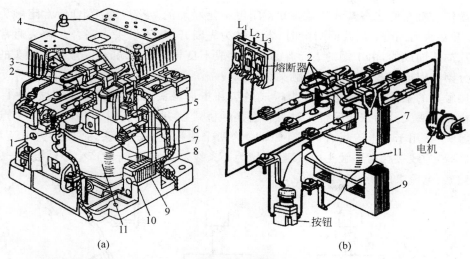

图 1-28　交流接触器的结构和工作原理

1—反作用弹簧；2—主触头；3—触头压力弹簧；4—灭弧罩；5—辅助常闭触头；6—辅助常开触头；

7—动铁心；8—缓冲弹簧；9—静铁心；10—短路环；11—线圈

的圆筒状,并且绕在绝缘骨架上,使铁心与线圈之间有一定的间隙。另外 E 形铁心的中柱端面需留有 0.1～0.2mm 的气隙,以减小剩磁影响,避免线圈断电后衔铁粘住不能释放。

交流接触器的铁心上装有一个短路环,又称减振环。短路环的作用是为了减少接触器在吸合时产生的振动和噪声,如图 1-29 所示。当线圈通电时,在铁心中产生的是交变磁通,它对衔铁的吸力是按正弦规律变化的。当磁通经过零值时,衔铁在弹簧的作用下有释放趋势,使衔铁不能被铁心牢牢地吸住,产生振动,发出噪声。安装短路环以后,当线圈通以交流电时,线圈电流 I_1 产生磁通 ϕ_1,ϕ_1 的一部分穿过短路环,在环中产生感生电流 I_2,I_2 又会产生一个磁通 ϕ_2,由电磁感应定律知,ϕ_1 和 ϕ_2 的相位不同,即 ϕ_1 和 ϕ_2 不同时为零,则由 ϕ_1 和 ϕ_2 产生的吸力 F_1 和 F_2 不同时为零。这就保证了铁心与衔铁在任何时刻都有吸力,衔铁将始终被吸住,振动和噪声减小。

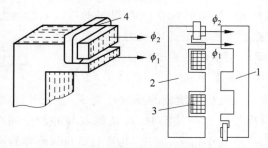

图 1-29　交流电磁铁的短路环

1—衔铁；2—铁心；3—线圈；4—短路环

（2）触头系统。交流接触器的触头按功能分为主触头和辅助触头两类。主触头用以通断电流较大的主线路,一般由三对常开触头组成;辅助触头用以通断小电流的控制线路,一般由两对常开触头和两对常闭触头组成。所谓触头的常开和常闭,是指电磁系统未通电动作时触头的状态。常开触头和常闭触头是联动的。当线圈通电时,常闭触头先断开,常开触头后闭合;当线圈断电时,常开触头先断开,常闭触头后闭合。触头通常是用紫铜片冲压而成的,由于铜的表面容易氧化生成不良导体氧化铜,故一般都在触头的接触点部分镶有银或银基合金制成的触头块。

接触器的触头按结构形式分为桥式触头和指形触头两类,其形状分别如图1-30所示。桥式触头又分为点接触桥式触头和面接触桥式触头两种。图1-30(a)为两个点接触桥式触头,适用于小电流场合;图1-30(b)为两个面接触桥式触头,适用于大电流场合。图1-30(c)为线接触指形触头,其接触区域为一条线,在触点闭合时产生滚动接触,适用于动作频繁、电流大的场合。

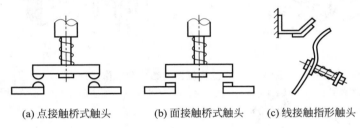

(a) 点接触桥式触头　　　(b) 面接触桥式触头　　　(c) 线接触指形触头

图1-30　触头的结构形式

（3）灭弧系统。交流接触器在断开大电流或高电压线路时,在动、静触头之间会产生很强的电弧。电弧的产生,一方面会灼伤触头,减少触头使用寿命;另一方面会使线路切断的时间延长,甚至造成弧光短路后引起火灾事故。因此必须采取措施,使电弧迅速熄灭。常用的灭弧方法有以下几种:双断口灭弧、纵缝灭弧、栅片灭弧。

① 双断口灭弧。双断口灭弧如图1-31所示,这种方法是将整个电弧分成两段,利用触头本身的电动力将电弧拉长,使电弧热量在拉长的过程中散发而冷却熄灭。

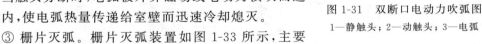

图1-31　双断口电动力吹弧图
1—静触头；2—动触头；3—电弧

② 纵缝灭弧。纵缝灭弧装置如图1-32所示,灭弧罩内只有一个纵缝,缝的下部较宽些,以放置触头;缝的上部较窄些,以便电弧压缩,并和灭弧室壁有很好的接触。当触头分断时,电弧被外界磁场或电动力横吹而进入缝内,使电弧热量传递给室壁而迅速冷却熄灭。

③ 栅片灭弧。栅片灭弧装置如图1-33所示,主要由灭弧栅和灭弧罩组成。灭弧栅用镀铜的薄铁片制成,各栅片之间互相绝缘。灭护罩用陶土或石棉水泥制成。当触点分断线路时,在动触点与静触点间产生电弧,电弧产生磁场。由于薄铁片的磁阻比空气小得多,因此,电弧上部的磁通容易通过灭弧栅形成闭合磁路,使电弧上部的磁通很稀疏,下部的磁通则很密。这种上疏下密的磁场分布对电弧产生向上运动的力,将电弧拉到灭弧栅片当中。栅片将电弧分割成若干短弧,一方面,使栅片间的电弧电压低于燃弧电压;另一方面,栅片将电弧的热量散发,使电弧迅速熄灭。

（4）辅助部件。交流接触器除了上述三个主要部分以外,还包括反作用弹簧、复位弹簧、缓冲弹簧、触头压力弹簧、传动机构、接线柱等。

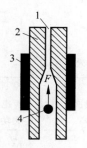

图 1-32　纵缝灭弧

1—纵缝；2—介质；3—磁性夹板；
4—电弧

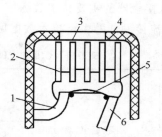

图 1-33　栅片灭弧示意图

1—静触头；2—短电弧；3—灭弧栅片；
4—灭弧罩；5—电弧；6—动触头

反作用弹簧安装在动铁心和线圈之间,其作用是线圈断电后,推动衔铁释放,使各触头恢复原状态。缓冲弹簧安装在静铁心与线圈之间,其作用是缓冲衔铁在吸合时对静铁心和外壳的冲击力,保护外壳。触头压力弹簧安装在动触头上面,其作用是增加动、静触头间的压力,从而增大接触面积,以减小接触电阻,防止触头过热灼伤。传动机构的作用是在衔铁或反作用弹簧的作用下,带动动触头实现与静触头的接通或分断。

2) 交流接触器的工作原理

交流接触器的工作原理如图 1-28(b)所示。当接触器的线圈通电后,线圈中流过的电流产生磁场,使铁心产生足够大的吸力,克服反作用弹簧的反作用力,将衔铁吸合,通过传动机构带动三对主触头和辅助常开触头闭合,辅助常闭触头断开。当接触器线圈断电或电压显著下降时,由于电磁吸力消失或过小,衔铁在反作用弹簧力的作用下复位,带动各触头恢复到原始状态。

常用的 CJ0、CJ10 等系列的交流接触器在 0.85~1.05 倍额定电压下,能保证可靠吸合。电压过高,磁路趋于饱和,线圈电流会显著增大。电压过低,电磁吸力不足,衔铁吸合不上。线圈电流会达到额定电流的十几倍,因此电压过高或过低都会造成线圈过热而烧毁。

3) 交流接触器型号含义及交流接触器在线路中的符号

(1) 常用的交流接触器有 CJ0、CJ10、CJ12、CJ20 等系列产品,其型号含义如下。

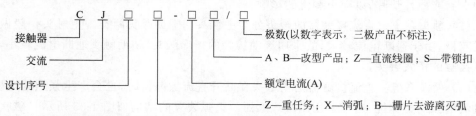

(2) 接触器在线路中的符号如图 1-34 所示。

线圈　　　主触头　　辅助常开触头　辅助常闭触头

图 1-34　接触器的图形符号和文字符号

4）交流接触器的主要技术数据

常用交流接触器的主要技术数据见表 1-11。

表 1-11　CJ0 和 CJ10 系列交流接触器主要技术数据

型　号	主触头			辅助触头			线圈		可控制三相异步电机的最大功率/kW		额定操作频率/（次/h）
	对数	额定电流/A	额定电压/V	对数	额定电流/A	额定电压/V	电压/V	功率/（V·A）	220V	380V	
CJ0-10	3	10						14	2.5	4	
CJ0-20	3	20					可为36	33	5.5	10	≤1200
CJ0-40	3	40						33	11	20	
CJ0-75	3	75	380	均为2常开2常闭	5	380	110（127）	55	22	40	
CJ10-10	3	10						11	2.2	4	
CJ10-20	3	20					220	22	5.5	10	≤600
CJ10-40	3	40					380	32	11	20	
CJ10-60	3	60						70	17	30	

2．直流接触器

1）直流接触器的结构

直流接触器主要用以控制直流设备，它的结构与工作原理与交流接触器的基本相同，主要由电磁系统、触头系统、灭弧系统三个部分组成。

（1）电磁系统。直流接触器的电磁系统由动铁心（衔铁）、静铁心和线圈三个部分组成。其作用是利用线圈的通电或断电，使衔铁和铁心吸合或释放，从而带动触头的闭合或分断。直流接触器的铁心与交流接触器的铁心不同，因为线圈中通的是直流电，铁心中不会产生涡流，故铁心一般用整块铸铁或铸钢制成。铁心没有涡流，故不易发热。而线圈匝数较多，电阻较大，铜损大，所以线圈是直流接触器发热的主要部件。为了增大线圈的散热面积，直流接触器的线圈一般做成薄而长的圆筒状。为了保证铁心的可靠释放，常在磁路中夹有非磁性垫片，以减小剩磁的影响。

（2）触头系统。直流接触器的触头分为主触头和辅助触头两类。主触头一般做成单极或双极，由于通断电流较大，故采用滚动接触的指形触头，辅助触头通断电流较小，常采用点接触的桥式触头。

（3）灭弧系统。直流接触器的主触头在断开直流大电流时，也会产生强烈的电弧，由于直流电弧的特殊性，通常采用磁吹式灭弧。灭弧装置的结构如图 1-35 所示。磁吹式灭弧装置由磁吹线圈、灭弧罩、引弧角等组成。磁吹线圈 1 由扁铜条弯成，中间装有铁心 2，中间隔有绝缘套筒，铁心两端装有两片导磁夹板 3，夹持在灭弧罩的两边，放在灭弧罩内的触头就处在导磁夹板之间。灭弧罩由石棉水泥或陶土制成，它把动触头和静触头罩住。磁吹线圈与主触头串联，流过主触头的电流就是流过磁吹线圈的电流，电流 I 的方向如图 1-35 中箭头所示。当触头分断线路时，在动触头与静触头间产生电弧，电弧电流在电弧四周形成一个磁场，磁场方向可用右手螺旋定则确定，如图 1-35 中 7 所示，在电弧下方是进入纸面,在电弧上方是引出纸面;在电弧周围还有一个磁吹线圈电流 i 所产生的一个磁场,在铁心中产生的磁通,从一块夹板穿过空隙进入另一块夹板,形成闭合回路,磁场方向可用右手螺旋定则确定,如图 1-35 中 6 所示,其方向是进入纸面。这样在电弧上方电弧电流与磁吹线圈电流所产生的两个磁通方向相反而相互削弱,在电弧下方两个磁通方向相同而相互增强,因此,电弧将从磁场强的一边被拉向弱的一边,于是电弧向上运动。电弧在向上运动的过程中被迅速拉长并和空气发生相对运动,使电弧温度降低;同时电弧被吹进灭弧罩上部时,电弧的热量被传给了灭弧罩,降低了电弧的温度,促使电弧迅速熄灭。电弧自上而下地运动,另外,电弧在向上运动过程中,在静触头上的弧根逐渐转移到引弧角上,从而减轻触头的灼伤,引弧角和静触头相连,它的作用是引导电弧向上运动。灭弧角引导弧根向上移动又使电弧被继续拉长,当电源电压不足以维持电弧燃烧时,电弧就熄灭。由此可见,磁吹式灭弧装置的灭弧是靠磁吹力的作用使电弧拉长,在空气中很快冷却,从而使电弧迅速熄灭。

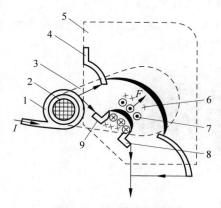

图 1-35　磁吹灭弧原理

1—磁吹线圈;2—铁心;3—导磁夹板;4—引弧角;5—灭弧罩;6—磁吹线圈磁场;

7—电弧电流磁场;8—动触头;9—静触头

2) 直流接触器型号含义

常用的交流接触器有 CZ0、CZ16、CZ17、CZ18 等系列产品,其型号含义如下。

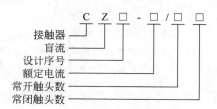

3. 接触器的选择

应根据控制线路的技术要求正确地选用接触器。

(1) 选择接触器类型。根据线路中负载电流的种类选择接触器的类型。一般直流线路用直流接触器控制,当直流电机和直流负载容量较小时,也可用交流接触器控制,但触头的额定电流应适当选择大些。

（2）选择接触器主触头的额定电压。接触器主触头的额定电压应大于或等于负载回路的额定电压。

（3）选择接触器主触头的额定电流。接触器控制电阻性负载时，主触头的额定电流应等于负载的额定电流。控制电机时，主触头的额定电流应大于电机的额定电流。

（4）选择接触器吸引线圈的电压。当控制线路简单、使用电器较少时，为节省变压器，可直接选用380V或220V的电压。当线路复杂、使用电器超过5个时，从人身和设备安全角度考虑，吸引线圈电压要选择低一些的，可用36V或110V电压的线圈。

1.2.3　热继电器

热继电器是利用电流的热效应而动作的继电器。主要用于电机的过载保护、断相保护。常用的热继电器有JR0、JR1、JR2、JR16等系列。

1. 热继电器的外形、结构及符号

热继电器的结构如图1-36所示，主要由热元件、触头系统、温度补偿元件、复位按钮、电流整定装置及动作机构等部分组成。

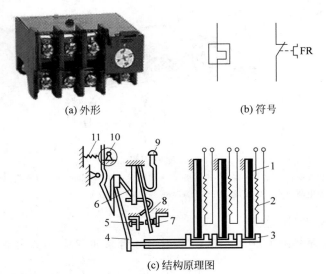

(a) 外形　　　　　　　　　　　(b) 符号

(c) 结构原理图

图1-36　JR16热继电器

1—主双金属片；2—电阻丝；3—导板；4—补偿双金属片；5—螺钉；6—推杆；

7—静触头；8—动触头；9—复位按钮；10—调节凸轮；11—弹簧

（1）热元件。热元件是热继电器的主要部分，它是由主双金属片及围绕在双金属片外面的电阻丝组成。主双金属片是由两种热膨胀系数不同的金属片复合而成，如铁镍合金和铁镍铬合金。电阻丝一般用康铜或镍铬合金等材料制成。热元件有两相结构和三相结构两种。

（2）动作机构和触头系统。动作机构利用杠杆传递及弓簧跳跃式机构完成触头动作的。触头为单断点弹簧跳跃式动作，一般为一对常开触头、一对常闭触头。

（3）电流整定装置。通过旋钮和电流调节凸轮调节推杆间隙，改变推杆移动距离，从而调节整定电流值。

（4）温度补偿元件。温度补偿元件也是双金属片，其材料及弯曲方向与主双金属片相同，它能保证热继电器的动作特性在$-30\sim+40℃$的环境温度范围内基本上不受周围介质温度的影响。

（5）复位机构。复位机构有手动和自动复位机构两种形式，可根据使用要求自行调整选择。

2．工作原理

使用时，将热继电器的三相热元件分别串接在异步电机的三相主线路中，常闭触头串接在控制线路的接触器线圈回路中。当电机过载时，流过图1-36(c)中电阻丝2的电流超过热继电器的整定电流值，使电阻丝发热过量，主双金属片1受热向左弯曲，推动导板3向左移动，通过温度补偿双金属片4推动推杆6绕轴转动，从而推动触头系统动作，动触头8与静触头7分开，使接触器线圈断电，触头断开，从而切断电机控制回路，实现过载保护。当电源切除后，主双金属片逐渐冷却恢复原位，于是动触头在失去作用力的情况下，靠自身弹簧自动复位与静触头闭合。

3．热继电器的选用

（1）根据电机的额定电流选择热继电器的规格。一般应使热继电器的额定电流略大于电机的额定电流。

（2）根据电机的绕组的连接方式选择热继电器的结构形式。当电机的定子绕组采用Y形接法时，选用普通三相结构的热继电器，当电机的定子绕组采用△形接法时，必须采用带断相保护装置的三相结构热继电器。

4．热继电器的型号含义

热继电器的型号含义如下。

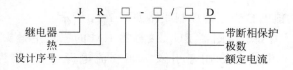

1.2.4　任务实施

1．点动正转控制线路

1）识读线路图

点动控制是指：按下按钮，电机启动运转；松开按钮，电机就失电停转。这种控制线路常用于电动葫芦操作、地面操作的小型起重机控制和某些机床辅助运动的电气控制。

点动正转控制线路是用按钮、接触器来控制电机运转的最简单的正转控制线路，其原理如图1-37所示。

点动正转控制线路中，组合开关QS作电源隔离开关；熔断器FU_1、FU_2分别作主线

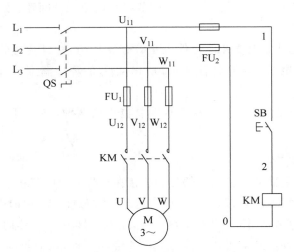

图 1-37　点动正转控制原理图

路、控制线路的短路保护；启动按钮 SB 控制接触器 KM 线圈的得电、失电；接触器 KM 的主触头控制电机 M 的启动与停止。

2）线路工作原理分析

点动正转控制线路的工作原理如下。

先合上电源开关 QS。

启动：按下按钮SB —→ KM线圈得电 —→ KM的主触头闭合 —→ 电机M启动运转

停止：松开按钮SB —→ KM线圈失电 —→ KM的主触头断开 —→ 电机M失电停转

停止使用时，断开电源开关 QS。

2. 具有过载保护功能的自锁正转控制线路

1）识读线路图

具有过载保护功能的自锁正转控制线路如图 1-24 所示。

主线路由电源开关 QS、熔断器 FU₁、接触器 KM 的三对主触头、热继电器 FR 的热元件和电机 M 组成。其中，QS 用于引入三相交流电源，FU₁ 作为主线路短路保护，KM 的三对主触头控制电机的运转与停止，FR 的热元件用于检测流过电机定子绕组中的电流。

控制线路由熔断器 FU₂、热继电器 FR 的常闭触头、停止按钮 SB₁、启动按钮 SB₂ 及接触器 KM 的线圈和辅助常开触头组成。其中，FU₂ 用于控制线路的短路保护，SB₂ 是电机的启动按钮，SB₁ 是电机的停止按钮，KM 线圈控制 KM 触头的吸合和释放，KM 辅助常开触头起自锁作用。

2）线路工作原理分析

线路的工作原理如下。

先合上电源开关 QS。

当松开启动按钮 SB₂ 时，其常开触头恢复分断后，因为接触器 KM 的常开辅助触头闭合时已将 SB₁ 短接，控制线路仍保持得电，所以接触器 KM 继续得电，电机 M 实现连续运转。像这种通过自身常开辅助触头而使线圈保持得电的作用叫作自锁。与启动按钮 SB₁ 并联起自锁作用的常开辅助触头叫作自锁触头。

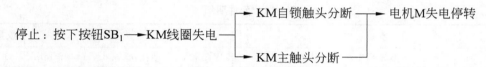

当松开按钮 SB₁ 时，其常闭触头恢复闭合后，因接触器 KM 的自锁触头在切断控制线路时已分断，解除了自锁，按钮 SB₁ 也是分断的，所以接触器 KM 不能得电，电机 M 也不会转动。

具有过载保护功能的自锁正转控制线路不但能使电机连续运转，还有一个重要的特点，就是具有短路、过载、欠压和失压（或零压）保护作用。

（1）短路保护。控制线路的短路保护由熔断器 FU 实现，短路时，FU 的熔体熔断，切断线路，接触器 KM 的线圈失电，其主触头、自锁触头分断，电机 M 失电停转，达到了短路保护的目的。

（2）过载保护。电机在运行过程中，如果长期负载过大，或者启动操作频繁，或者缺相运行等原因，都可能使电机定子绕组的电流增大，超过其额定值。而在这种情况下，熔断器往往并不熔断，从而会引起定子绕组过热，使温度升高，若温度超过允许温度升高就会使绝缘损坏，缩短电机的使用寿命，严重时甚至会使电机的定子绕组烧毁。因此，对电机必须采取过载保护措施。过载保护是指当电机出现过载时能自动切断电机电源，使电机停转的一种保护。最常用的过载保护是由热继电器来实现的。具有过载保护的自锁正转控制线路如图 1-24 所示。此线路增加了一个热继电器 FR，并把其热元件串接在三相主线路中，把常闭触头串接在控制线路中。

如果电机在运行过程中由于过载或其他原因使电流超过额定值，那么经过一定时间，串接在主线路中热继电器的热元件因受热发生弯曲，通过动作机构使串接在控制线路中的常闭触头分断，切断控制线路，接触器 KM 的线圈失电，其主触头、自锁触头分断，电机 M 失电停转，达到了过载保护的目的。

（3）欠压保护。欠压是指线路电压低于电机应加的额定电压。欠压保护是指当线路电压下降到某一数值时，电机能自动脱离电源停转，避免电机在欠压下运行的一种保护。采用接触器自锁控制线路就可避免电机欠压运行。因为当线路电压下降到一定值（一般指低于额定电压 85%）时，接触器线圈两端的电压也同样下降到此值，从而使接触器线圈磁通减弱，产生的电磁吸力减小。当电磁吸力减小到小于反作用弹簧的拉力时，动铁心被迫释放,主触头、自锁触头同时分断,自动切断主线路和控制线路,电机失电停转,达到了欠压保护的目的。

(4)失压(或零压)保护。失压保护是指电机在正常运行中,由于外界某种原因导致突然断电时,能自动切断电机电源;当重新供电时,保证电机不能自行启动的一种保护。接触器自锁控制线路也可实现失压保护。因为接触器自锁触头和主触头在电源断电时已经断开,使控制线路和主线路都不能接通,所以在电源恢复供电时,电机就不会自行启动运转,保证了人身和设备的安全。

3)线路安装接线

(1)根据图1-24列出所需元器件的明细,见表1-12。

表1-12 元件明细

序号	代 号	名 称	型 号	规 格	数量
1	M	三相异步电机	Y112M-4	4kW、380V、△形接法、8.8A、1440r/min	1
2	QS	组合开关	HZ10-25/3	三极、25A	1
3	FU$_1$	熔断器	RL1-60/25	500V、60A、配熔体25A	3
4	FU$_2$	熔断器	RL1-15/2	500V、15A、配熔体2A	2
5	KM	接触器	CJ10-10	10A、线圈电压380V	1
6	FR	热继电器	JR16-20/3	三极、20A、整定电流8.8A	1
7	SB$_1$~SB$_3$	按钮	LA10-3H	保护式、380V、5A、按钮数3位	1
8	XT	接线端子排	JX2-1015	380V、10A、15节	1

(2)按明细表清点各元器件的规格和数量,并检查各个元器件是否完好无损,各项技术指标是否符合规定要求。

(3)根据原理图,设计并画出电器布置图,作为电器安装的依据。电器布置图如图1-38所示。

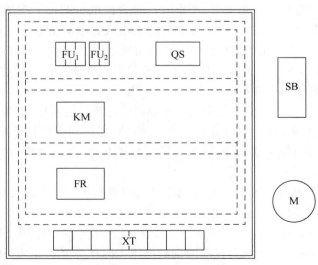

图1-38 电器布置图

（4）按照电器布置图安装固定元器件。

（5）根据原理图,设计并画出安装接线图,作为接线安装的依据。安装接线图如图1-39所示。

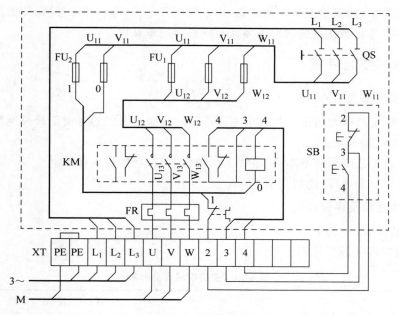

图1-39 安装接线图

（6）按图施工,安装接线。

4）线路断电检查

（1）按电气原理图或电气安装接线图从电源端开始,逐段核对接线及接线端子处是否正确,有无漏接、错接之处。检查导线接点是否符合要求,压接是否牢固。

（2）用万用表检查所接线路的通断情况。检查时,应选用倍率适当的欧姆挡,并进行校零,预防短路故障的发生。

对主线路进行检查时,电源线 L_1、L_2、L_3 先不要通电,使用万用表的欧姆挡,将量程选为×100 或×1k,闭合 QS,用手压下接触器的衔铁来代替接触器线圈得电吸合时的情况进行检查,依次测量从电源端(L_1、L_2、L_3)到电机出线端子(U、V、W)的每一相线路的电阻值,检查是否存在开路或接触不良的现象。若显示阻值为零,则表明线路连接正确,若显示阻值为∞,则表明线路存在开路或接触不良的现象。

对控制线路进行检查时,可先断开主线路,使 QS 处于断开位置,使用万用表的欧姆挡,将量程选为×100 或×1k,将万用表两表笔分别搭在 FU_2 的两个进线端上(V_{11} 和 W_{11}),此时读数应为∞。按下启动按钮 SB_2 时,读数应为接触器线圈的电阻值;压下接触器 KM 衔铁时,读数也应为接触器线圈的电阻值。

5）通电调试和故障排除

通电试车,操作相应按钮,观察各电器的动作情况。

把 L_1、L_2、L_3 三端接上电源,闭合开关 QS,引入三相电源,按下启动按钮 SB_2,接触器

KM 线圈通电,衔铁吸合,主触头闭合,电机接通电源直接启动运转。松开 SB$_2$ 时,KM 线圈仍可通过 KM 常开辅助触头持续通电,从而保持电机的连续运行。按下停止按钮 SB$_1$ 时,KM 线圈断电释放,电机停止运行。

操作过程中,如果出现不正常现象,应立即断开电源,分析故障原因,用万用表仔细检查线路。在指导教师认可的情况下才能再次进行通电调试。

1.2.5　技能考核

1. 考核任务

(1) 在规定的时间内按工艺要求完成具有过载保护功能的自锁正转控制线路的安装接线,且通电试验成功。

(2) 安装工艺应达到基本要求,线头长短应适当,且接触良好。

(3) 遵守安全规程,做到文明生产。

2. 考核要求及评分标准

1) 安装接线(30 分)

安装接线评分标准见表 1-13。

表 1-13　安装接线评分标准

项目内容	要　　求	评 分 标 准	扣分
导线连接	对于螺栓式接点,在导线连接时,应打羊眼圈,并按顺时针旋转,对于瓦片式接点,在导线连接时,直线插入接点固定即可	每处错误扣 2 分	
	严禁损伤线芯和导线绝缘层,接点上不能露铜丝太长	每处错误扣 2 分	
	每个接线端子上连接的导线根数一般以不超过两根为宜,并保证接线牢固	每处错误扣 1 分	
线路工艺	走线合理,做到横平竖直,布线整齐,各接点不能松动	每处错误扣 1 分	
	导线出线应留有一定的余量,并做到长度一致	每处错误扣 1 分	
	导线变换走向要弯成直角,并做到高低一致或前后一致	每处错误扣 1 分	
	避免交叉线、架空线、绕线和叠线	每处错误扣 2 分	
	导线折弯应折成直角	每处错误扣 1 分	
整体布局	板面线路应合理汇集成线束	每处错误扣 1 分	
	进出线应合理汇集在端子排上	每处错误扣 1 分	
	整体走线应合理美观	酌情扣分	

2) 不通电测试(30 分,每错一处扣 5 分,扣完为止)

(1) 主线路的测试。电源线 L$_1$、L$_2$、L$_3$ 先不要通电,闭合电源开关 QS,压下接触器 KM 的衔铁,使 KM 的主触头闭合,测量从电源端(L$_1$、L$_2$、L$_3$)到出线端子(U、V、W)上的每一相线路,将电阻值填入表 1-14 中。

（2）控制线路的测试。

① 按下按钮 SB_2，测量控制线路两端的电阻，将电阻值填入表 1-14 中。

② 用手压下接触器 KM 的衔铁，测量控制线路两端的电阻，将电阻值填入表 1-14 中。

表 1-14　电机自锁正转控制线路的不通电测试记录

操作步骤	主　线　路			控　制　线　路	
	闭合 QS,压下 KM_1 或 KM_2 衔铁			按下 SB_2	压下 KM 衔铁
电阻值/Ω	L_1 相	L_2 相	L_3 相		

3）通电测试（40 分）

在使用万用表检测后，把 L_1、L_2、L_3 三端接入电源通电试车。按照顺序测试线路的各项功能，每错一项扣 10 分，扣完为止。当出现功能不对的项目时，后面的功能均算错。将测试结果填入表 1-15 中。

表 1-15　电机自锁正转控制线路的通电测试记录

现象　　　　操作　　元件	闭合 QS	按下 SB_2	松开 SB_2	按下 SB_1
KM 线圈得电与否				

拓展知识：电机点动、连续混合控制线路

1. 线路图

点动、连续混合控制线路如图 1-40 所示。

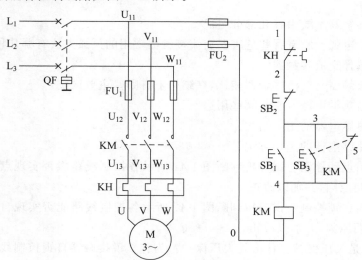

图 1-40　点动、连续混合控制线路

2. 工作原理

先合上电源开关 QF。

（1）连续控制。

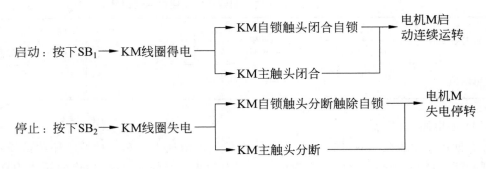

启动：按下SB₁ → KM线圈得电 → KM自锁触头闭合自锁 → 电机M启动连续运转
→ KM主触头闭合

停止：按下SB₂ → KM线圈失电 → KM自锁触头分断触除自锁 → 电机M失电停转
→ KM主触头分断

（2）点动控制。

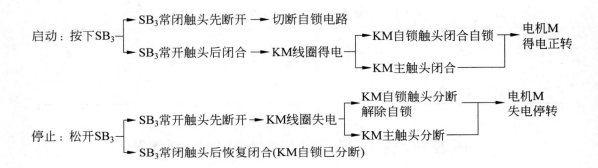

启动：按下SB₃ → SB₃常闭触头先断开 → 切断自锁电路
→ SB₃常开触头后闭合 → KM线圈得电 → KM自锁触头闭合自锁 → 电机M得电正转
→ KM主触头闭合

停止：松开SB₃ → SB₃常开触头先断开 → KM线圈失电 → KM自锁触头分断解除自锁 → 电机M失电停转
→ KM主触头分断
→ SB₃常闭触头后恢复闭合(KM自锁已分断)

思考与练习

1. 交流接触器主要由哪几部分组成？

2. 什么是电弧？它有哪些危害？交流接触器常用的灭弧方法有哪几种？

3. 如何选择交流接触器？

4. 直流接触器与交流接触器相比，在结构上有哪些主要区别？

5. 什么是热继电器？它有哪些用途？

6. 简述热继电器的主要结构。

7. 简述热继电器的选用方法。

8. 什么叫点动控制？试分析判断图 1-41 所示各控制线路能否实现点动控制？若不能，试分析说明原因，并加以改正。

9. 什么叫自锁控制？试分析判断图 1-42 所示各控制线路能否实现自锁控制？若不能，试分析说明原因，并加以改正。

10. 什么是欠压保护？什么是失压保护？为什么说接触器自锁控制线路具有欠压和失压保护作用？

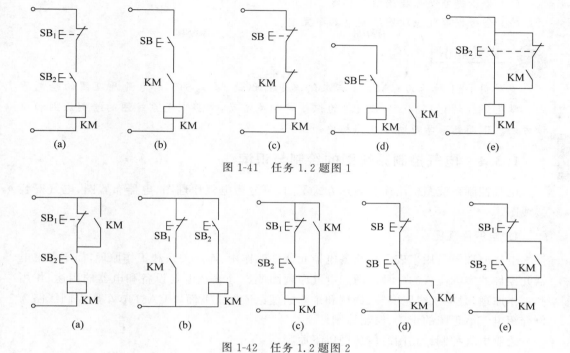

图 1-41　任务 1.2 题图 1

图 1-42　任务 1.2 题图 2

11. 什么是过载保护？为什么对电机要采取过载保护？

12. 在电机的控制线路中，短路保护和过载保护各由什么电器来实现？它们能否相互代替使用？为什么？

任务 1.3　电气原理图的识读

任务描述

　　电气控制系统图是以各种图形、符号和图线等形式来表示电气系统中各种电器设备、装置、元器件的相互连接关系的原理图。电气控制系统图是联系电气设计、生产和维修人员的工程语言，能正确、熟练地识读电气控制系统图是电气从业人员必备的基本技能。

　　本任务要求以 CA6140 车床电气控制原理图为例，掌握绘制识读电气控制系统图。

任务目标

知识目标：

（1）电气原理图、电器布置图、电气接线图的绘制原则；

（2）电气原理图的识读原则。

能力目标：

（1）会识读与绘制电气原理图；

（2）会根据电气原理图绘制接线图；

（3）会根据电气原理图绘制电器布置图。

 相关知识

要对图1-41所示的CA6140车床线路进行识读，首先要了解电气原理图的绘制原则。学生通过对CA6140车床线路的识读等相关活动，掌握电气系统图的绘制原则和识读方法。下面就来学习所涉及的相关知识。

1.3.1 电气控制系统图的绘制与识读

电气控制系统图按用途和表达方式不同，可分为电气原理图、电器布置图、电气安装接线图。

1. 电气原理图

电气原理图是用来表示线路各电器元器件的作用、连接关系和工作原理，而不考虑电器元器件的实际位置的一种简图。电气原理图能充分表达电气设备和电器的用途、作用和工作原理，是电气线路安装、调试和维修的理论依据。下面以CA6140车床控制线路为例介绍电气原理图的识读、绘制原则。

绘制电气控制线路图时应遵循以下原则。

（1）电气原理图可分为电源线路、主线路和辅助线路三部分绘制。

电源线路画成水平线，三相交流电源相序 L_1、L_2、L_3 从上到下依次画出，中性线（N线）和保护地线（PE线）依次画在相线之下。直流电源用水平线画出，正极在上，负极在下。

主线路是从电源到电机线路，是强电流通过的线路，它由负荷开关、熔断器、接触器主触头、热继电器热元件和电机等组成。绘制线路图时用粗实线绘制在原理图的左侧或上方。

辅助线路包括控制线路、照明线路、信号线路及保护线路等，是小电流通过的线路。它由按钮、继电器触点、接触器线圈、指示灯和照明灯等组成。绘制线路图时，辅助线路用细实线绘制在原理图的右侧或下方，并跨接在两条水平电源线之间，耗能元件要画在线路图的下方，而电器的触头要画在耗能元件与上边电源线之间。

（2）电气原理图中电器元器件均不画元器件外形图，而是采用最新国家标准的电气图形符号画出。

（3）电气原理图中同一电器的各元器件可不按它们的实际位置画在一起，而是按其在线路中所起的作用分画在不同的线路中，但它们的动作是相互关联的，必须标以相同的文字符号。如果图中相同的电器较多时，需要在电器文字符号的后面加注不同的数字，以示区别，如 KM_1、KM_2 等。

（4）电气原理图中各电器元器件触头状态均按没有外力或未通电时触头的原始状态画出。当触头的图形符号垂直放置时，以"左开右闭"原则绘制；当触头的图形符号水平放置时，以"上闭下开"的原则绘制。

（5）电气原理图中对有直接电联系的交叉导线连接点，用小黑点表示；对没有直接电联系的交叉导线连接点,不画小黑点。当两条连接线 T 形相交时,画不画小黑点均表示有直接电联系。

(6) 在原理图的上方将图分成若干图区,并表明该区线路的用途与作用;在接触器、继电器线圈下方列有触点表,以表明线圈和触点的从属关系。如图 1-43 中 7 区的 KM 的触头。

接触器各栏表示的含义见表 1-16。

表 1-16　接触器各栏表示的含义

左　栏	中　栏	右　栏
主触点所在图区号	辅助常开触头所在图区号	辅助常闭触头所在图区号

继电器各栏表示的含义见表 1-17。

表 1-17　继电器各栏表示的含义

左　栏	右　栏
常开触点所在图区号	常闭触点所在图区号

(7) 电气控制原理图采用线路编号法,即对线路中的各个接点用字母或数字编号。编号时应注意以下两点。

① 主线路三相交流电源引入线采用 L_1、L_2、L_3 标记,中性线采用 N 标记。在电源开关的出线端按照相序依次编号为 U_{11}、V_{11}、W_{11},然后按从上至下,从左到右的顺序,经过各电器元器件后,编号要递增,U_{12}、V_{12}、W_{12}、U_{13}、V_{13}、W_{13}、…,单台三相交流电机(或设备)的三根出线按相序依次编号 U、V、W。对于多台电机引出线的编号为了不引起混淆,可在字母前用不同的数字加以区别,如 1U、1V、1W,2U、2V、2W,…,如图 1-43 中所示。

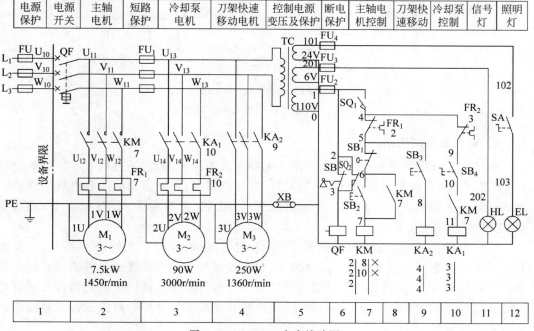

图 1-43　CA6140 车床线路图

② 辅助线路的编号按"等电位"原则从上至下、从左至右的顺序用数字依次编号,每经过一个电器元器件后,编号要依次递增。控制线路编号的起始数字必须是 1,其他辅助线路编号的起始数字依次递增 100。如照明线路编号从 101 开始,指示线路的编号从 201 开始等,如图 1-43 中 5 区。

(8) 线路图中技术数据的标注。线路图中一般还要标注以下内容:各个电源线路的电压值极性或频率及相数;某些元件的特性,如电阻、电容的数值;不常用的电器操作方法和功能。

2. 电器布置图

电器布置图是根据电器元器件在控制板上的实际安装位置,采用简化的外形符号(如正方形、矩形、圆形等)而绘制的一种简图。

它不表达各电器的具体结构、作用、接线情况和工作原理,主要用于电器元器件的布置和安装,图中各电器的文字符号必须与线路图中的标注相一致。图 1-44 为具有过载保护功能的自锁正转控制线路的电器元器件布置图。

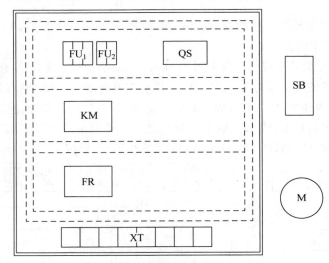

图 1-44 自锁正转控制线路电器布置图

3. 电气安装接线图

电气安装接线图是根据电气原理图及电器布置图绘制的,它一方面表示各电器组件(电器板、电源板、控制面板和机床电器)之间的接线情况,另一方面表示各电气组件板上电器元器件之间的接线情况。因此,它是电气设备安装、电器元器件配线和电气线路检修时线路检查的依据。

电气安装接线图表示了各电器元器件的相对位置和它们之间的线路连接,所以,安装接线图不仅要把同一电器的各个部件画在一起,而且各个部件位置要尽可能符合这个电器的实际情况,但是对比例和尺寸没有严格要求。电气安装接线图中的元器件文字符号和数字应与原理图中的标号一致。图 1-45 为具有过载保护功能的自锁正转控制线路的电气安装接线图。

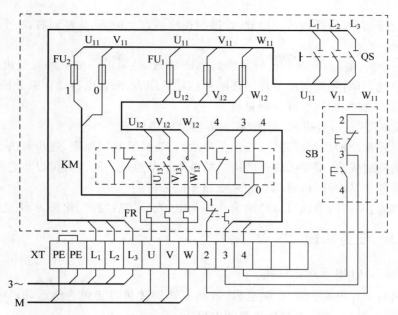

图1-45　自锁正转控制线路的电气安装接线图

电气安装接线图要遵循以下原则。

（1）各电器元器件均按实际安装位置绘制，元器件所占图面按实际尺寸以统一比例绘制，尽可能符合电器的实际情况。

（2）一个电器元器件中所有的带电部件均画在一起，并用点画线框起来。

（3）各电器元器件的图形符号和文字符号必须与电气原理图一致，并符合国家标准。

（4）各电器元器件上凡是需要接线的部件端子都应绘出，并予以编号，各接线端子的编号必须与电气原理图中导线编号一致。

（5）电气安装接线图一律采用细实线。成束的接线可用一条实线表示。接线少时，可直接画出电器元器件之间的接线方式；接线很多时，接线方式用符号标注在电器元器件的接线端，表明接线的线号和走向，可以不画出两个元器件间的接线。

（6）安装底板内外的电器元器件之间的连线需要通过接线端子板进行。

1.3.2　阅读电气原理图的方法和步骤

阅读电气原理图的方法和步骤，大致可以归纳以下几点。

（1）必须熟悉图中各元器件的符号和作用。

（2）阅读主线路。应该了解主线路有哪些用电设备（如电机、电炉等），以及这些设备的用途和工作特点，并根据工艺过程了解各用电设备之间的相互联系、采用的保护方式等。在完全了解主线路的工作特点后，就可以根据这些特点去阅读控制线路。

（3）阅读控制线路。控制线路由各类电器组成，主要用来控制主线路的工作。在阅读控制线路时，一般先根据主线路接触器主触点的文字符号，到控制线路中去找与之相应的吸引线圈，进一步弄清电机的控制方式。这样可将整个电气原理图划分为若干部分，每一部分控制一台电机。另外，控制线路一般是依照生产工艺要求，按动作的先后顺序，自上而下、从左到右并联排列的。因此,读图时也应该自上而下、从左到右,一个环节一个环节地分析。

（4）对于机、电、液配合得比较紧密的生产机械,必须进一步了解有关机械传动和液压传动的情况,有时还要借助工作循环图和运动顺序表,配合电器动作来分析线路中的各种联锁关系,以便掌握其全部控制过程。

（5）阅读照明、信号指示、监测、保护等辅助线路环节。

对于比较复杂的控制线路,可按照先简后繁、先易后难的原则,逐步解决。因为,无论怎样复杂的控制线路,都要由许多的简单的基本环节组成。阅读时可以将它们分解开来,先逐个分析各个基本环节,再综合起来全面加以分析。

概括地说,阅读的方法可以归纳为从机到电、先"主"后"控"、化整为零、连成系统。

1.3.3 任务实施

1. 识读 CA6140 车床主线路

主线路有三台电机:M_1 主轴电机,带动主轴旋转和刀架做进给运动;M_2 冷却泵电机,用以输送冷却液;M_3 刀架快速移动电机。

断路器 QF 将三相电源引入。主轴电机 M_1 由接触器 KM 控制,热继电器 FR_1 作过载保护,熔断器 FU 作短路保护,接触器 KM 作失压和欠压保护。冷却泵电机 M_2 由中间继电器 KA_1 控制,热继电器 FR_2 作为它的过载保护。刀架快速移动电机,M_3 由中间继电器 KA_2 控制,由于是点动控制,故未设过载保护。FU_1 作为冷却泵电机 M_2、刀架快速移动电机 M_3、控制变压器 TC 的短路保护。

2. 识读 CA6140 车床控制线路

控制线路的电源由控制变压器 TC 二次侧输出 110V 电压提供。在正常工作时,位置开关 SQ_1 的常开触头闭合。打开床头皮带罩后,SQ_1 断开,切断控制线路电源,以确保人身安全。钥匙开关 SB 和位置开关 SQ_2 在正常工作时是断开的,QF 线圈不通电,断路器 QF 能合闸。打开配电盘壁龛门时,SQ_2 闭合,QF 线圈获电,断路器 QF 自动断开。

（1）主轴电机的控制。按下启动按钮 SB_2,KM 接触器的线圈获电动作,其 KM 主触头(2 区)闭合,主轴电机 M_1 启动,同时 KM 自锁触头闭合(8 区)和 KM 常开触头闭合(10 区),为冷却泵电机启动做准备。按下按钮 SB_1,主轴电机 M_1 停车。

（2）冷却泵电机的控制。冷却泵电机 M_2 和主轴电机 M_1 在控制线路中采用顺序控制,只有当 M_1 启动后 M_2 才能启动。旋钮开关 SB_4 控制中间继电器 KA_1 线圈得电、失电,从而控制冷却泵电机 M_2 启动、停止。同时当 M_1 停止时,M_2 同时停止。

（3）刀架快速移动电机的控制。刀架快速移动电机 M_3 的启动是由按钮 SB_3 来控制,它与中间继电器 KA_2 组成点动控制环节。将操纵手柄扳到所需的方向,压下按钮 SB_3,中间继电器 KA_2 线圈得电(9 区),KA_2 触头闭合(4 区),刀架快速移动电机 M_3 启动,刀架就向指定的方向快速移动。

3. 识读 CA6140 车床照明、信号线路

控制变压器 TC 的副边分别输出 24V 和 6V 电压,作为机床低压照明电灯、信号灯的

电源。EL 为机床的低压照明灯,由开关 SA 控制;HL 为电源的指示灯。它们分别采用 FU_3 和 FU_4 作为短路保护。

思考与练习

1. 什么是电气原理图? 简述绘制、识读电气原理图时应遵循的原则。
2. 电气原理图中如何进行数字分区? 数字分区的作用是什么?
3. 阅读电气原理图的方法和步骤。
4. 电气原理图和电气安装接线图有哪些不同?

任务1.4　电机顺序控制线路的安装与调试

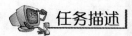 **任务描述**

在装有多台电机的生产机械上,各电机所起的作用是不同的,有时需按一定的顺序启动或停止,才能保证操作过程的合理和工作的安全可靠。例如:X62W 型万能铣床上要求主轴电机启动后,进给电机才能启动;M7120 型平面磨床的冷却泵电机,要求当砂轮电机启动后才能启动。像这种要求几台电机的启动或停止必须按一定的先后顺序来完成的控制方式,叫作电机的顺序控制。1.4.3 小节的任务实施中的图 1-51 所示为用两台电机顺序启动、逆序停止控制线路。

本任务要求识读图 1-51 所示电机顺序启动、逆序停止控制线路,并掌握其工作原理,能对线路进行正确的安装接线和通电试验。

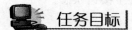 **任务目标**

知识目标:

(1) 低压断路器的结构、原理及选用;
(2) 中间继电器的结构、原理及选用;
(3) 电机的顺序启动控制线路的分析与实现;
(4) 电机的顺序启动控制线路的故障诊断与维修。

能力目标:

(1) 会识读与绘制电气控制系统图;
(2) 会正确判断电器元器件的好坏;
(3) 会根据电气原理图、接线图正确接线;
(4) 会正确分析电机的顺序启动控制线路的原理、故障诊断与故障排除。

 **相关知识**

要对图 1-51 所示的线路进行安装接线并通电试验,首先要认识图中所用到的元器件。本任务中用到的元器件有低压断路器、中间继电器。学生通过对元器件进行外形观

察、参数识读及测试等相关活动,掌握这些元器件的功能和使用方法。

1.4.1　低压断路器

1. 低压断路器的结构及工作原理

低压断路器又称自动空气开关或自动空气断路器。它集控制和多种保护功能于一体,可用于分断和接通负荷线路,控制电机的启动和停止;同时具有短路、过载、欠电压保护等功能,能自动切断故障线路,保护用电设备的安全。按其结构不同,分为框架式 DW系列(又称万能式)和塑壳式 DZ 系列(又称装置式)两大类。常用的 DZ5-20 型自动空气断路器为塑壳式。DZ5-20 型属于小电流系列,额定电流为 20A。大电流系列是 DZ10型,其额定电流为 100~600A。自动空气断路器的外形如图 1-46 所示。

图 1-46　自动空气断路器

DZ5-20 型自动空气断路器的结构主要由触头系统、灭弧装置、操作机构和保护装置(各种脱扣器)等部分组成。其工作原理图如图 1-47(a)所示,符号如图 1-47(b)所示。

使用时低压断路器的三个主触头串接于被保护的三相主线路中,经操作机构将其闭合,此时自由脱扣器机构将主触点勾住,使主触头保持在闭合,开关处于接通状态。

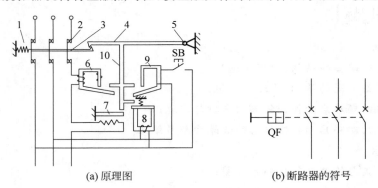

(a)原理图　　　　　　　　(b)断路器的符号

图 1-47　断路器工作原理图

1—分闸弹簧;2—主触头;3—传动杆;4—锁扣;5—轴;6—电磁脱扣器;7—热脱扣器;
8—欠压失压脱扣器;9—分励脱扣器;10—杠杆

当线路发生短路故障时,短路电流超过电磁脱扣器的动作电流值,电磁脱扣器 6 的衔铁吸合,顶撞杠杆 10 向上将锁扣 4 顶开,在分闸弹簧 1 的作用下使主触头 2 断开。当线路发生过载时,过载电流流过热脱扣器 7 的热元件产生一定的热量,使双金属片受热向上弯曲,通过杠杆 10 将锁扣 4 顶开,使主触头 2 断开。线路正常时,欠压失压脱扣器 8 的衔铁吸合;当主线路出现欠电压、失压时,欠压失压脱扣器8的衔铁释放,衔铁在拉力弹簧的作用下撞击杠杆10,将锁扣4顶开,使主触头2断开。分励脱扣器用作远距离分断线路,按下按钮SB分励脱扣器线圈得电,衔铁吸合顶动杠杆10上移将锁扣4顶开,使主触头2断开。

2. 低压断路器的选用

(1)低压断路器额定电压等于或大于线路额定电压。

(2)低压断路器额定电流等于或大于线路计算负荷电流。

(3)电磁脱扣器瞬时脱扣整定电流应大于线路正常工作时的峰值电流。用于控制电机的断路器,其瞬时脱扣整定电流可按下式选取:

$$I_Z \geqslant KI_{st}$$

式中,K为安全系数,可取1.5~1.7;I_{st}为电机的启动电流。

(4)断路器欠压失压脱扣器额定电压等于线路额定电压。

(5)断路器分励脱扣器额定电压等于控制电源电压。

(6)热脱扣器的整定电流等于所控制负载的额定电流。DZ5-20型低压断路器的技术数据见表1-18。

表1-18　DZ5-20型低压断路器的技术数据

型号	额定电压/V	主触头额定电流/A	极数	脱扣器形式	热脱扣器额定电流（括号内为整定电流调节范围）/A	电磁脱扣器瞬时动作整定值/A
DZ5-20/330 DZ5-20/230			3 2	复式	0.15(0.10~0.15) 0.20(0.15~0.20) 0.30(0.20~0.30) 0.45(0.30~0.45) 0.65(0.45~0.65)	
DZ5-20/320 DZ5-20/220	交流380 直流220	20	3 2	电磁式	1(0.65~1) 1.5(1~1.5) 2(1.5~2) 3(2~3) 4.5(3~4.5)	电磁脱扣器额定电流的8~12倍(出厂时整定于10倍)
DZ5-20/310 DZ5-20/230			3 2	热脱扣器式	6.5(4.5~6.5) 10(6.5~10) 15(10~15) 20(15~20)	
DZ5-20/330 DZ5-20/330				无脱扣器式		

3. 低压断路器的型号

低压断路器的型号含义如下。

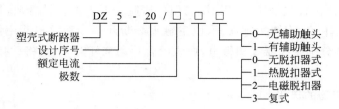

1.4.2　中间继电器

中间继电器一般用来控制各种电磁线圈使信号得到放大,或将信号同时传递给几个控制元件,中间继电器的结构原理与交流接触器基本相同,只是它的触头没有主辅之分,各对触头所允许通过的电流大小相同,其额定电流一般为5A,触头数量比接触器多一些。

1. 中间继电器的结构

常用的中间继电器有JZ7、JZ14系列。JZ7系列为交流中间继电器,其结构如图1-48(a)所示。

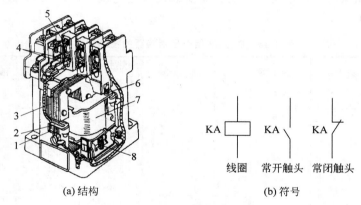

(a) 结构　　　　　　　　　　　　　(b) 符号

图 1-48　JZ7系列中间继电器

1—静铁心;2—短路环;3—衔铁;4—常开触头;5—常闭触头;6—反作用弹簧;7—线圈;8—缓冲弹簧

JZ7系列中间继电器采用立体布置,由铁心、衔铁、线圈、触头系统、反作用弹簧和缓冲弹簧等组成。触头采用双断点桥式结构,上下两层各有四对触头,下层触头只能是常开触头,故触头系统可按8常开、6常开、2常闭及4常开、4常闭组合。继电器吸引线圈额定电压有12V、36V、110V、220V、380V等。

JZ14系列中间继电器有交流操作和直流操作两种,采用螺管式电磁系统和双断点桥式触头,其基本结构为交直流通用,只是交流铁心为平顶形,直流铁心与衔铁为圆锥形接触面,触头采用直列式分布,对数达8对,可按6常开、2常闭;4常开、4常闭或2常开、6常闭组合。该系列继电器带有透明外罩,可防止尘埃进入内部而影响工作的可靠性。

2. 中间继电器的选用

中间继电器主要依据被控制线路的电压等级、所需触头的数量、种类、容量等要求来选择。

3. 中间继电器的符号

中间继电器在线路图中的符号如图 1-48(b)所示。

4. 中间继电器的型号含义

中间继电器的型号含义如下。

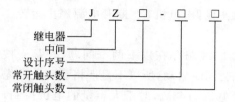

1.4.3 任务实施

1. 主线路实现三相异步电机的顺序控制

1) 识读线路图

主线路实现顺序控制的线路如图 1-49 所示。

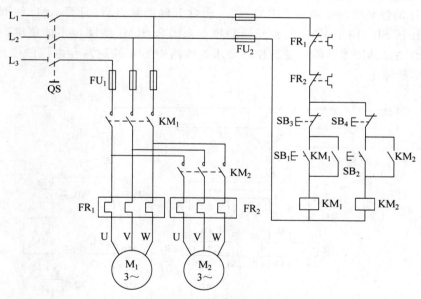

图 1-49 主线路实现顺序控制

如图 1-49 所示控制线路的特点是：电机 M_2 的控制接触器 KM_2 的主触头接线从电机 M_1 的控制接触器 KM_1 的主触头出线侧引出。显然，只要 M_1 不启动，即使按下按钮 SB_2，由于 KM_1 的主触头未闭合，M_2 也不能得电，从而保证了 M_1 启动之后，M_2 才可能启动的控制要求。停止控制先按下按钮 SB_4，再按下 SB_3 停止按钮，M_2、M_1 两台电机先后停止。FR_1、FR_2 两个热继电器常闭触头串联，确保任何一台电机过载，两台电机均停止。

2) 线路工作原理分析

启动：闭合电源开关 QS。按下 SB_1 启动按钮，KM_1 线圈得电，KM_1 自锁触头闭合实现自锁,KM$_1$ 主触头闭合,电机 M$_1$ 接通电源启动连续运转。按下 SB$_2$ 启动按钮,KM$_2$ 线圈得电,KM$_2$ 自锁触头闭合实现自锁,KM$_2$ 主触头闭合,电机 M$_2$ 接通电源启动连续运转。

停止:按下 SB$_4$ 停止按钮,KM$_2$ 线圈失电,KM$_2$ 自锁触头断开解除自锁,KM$_2$ 主触头断开,电机 M$_2$ 断开电源停止运转。按下 SB$_3$ 停止按钮,KM$_1$ 线圈失电,KM$_1$ 自锁触头断开解除自锁,KM$_1$ 主触头断开,电机 M$_1$ 断开电源停止运转。

3)线路存在的问题

主线路实现顺序控制的线路存在以下两个问题,一是先按下按钮 SB$_2$,再按下按钮 SB$_1$,这时电机 M$_1$、M$_2$ 就会同时启动,所以不是严格意义上的先与后的启动顺序关系;二是 KM$_1$ 主触点流过两台电机的电流,对于大容量的电机控制,对其是个严峻的考验,容易导致触点烧毁。因此,在实际中应用得很少。

2. 控制线路实现三相异步电机的顺序控制

1)电机顺序启动、单独停止或同时停止

(1)识读线路图。控制线路实现顺序启动、单独停止或同时停止线路如图 1-50 所示。控制线路的特点是:在电机 M$_2$ 的控制线路中串接了 KM$_1$ 的一个常开辅助触点,显然,在 KM$_2$ 的控制线路中串接了 KM$_1$ 的一个常开辅助触点后,只要 KM$_1$ 线圈不得电,即使按下按钮 SB$_3$,由于 KM$_1$ 的常开辅助触点未闭合,KM$_2$ 线圈也不能得电,从而保证了 M$_1$ 启动之后,M$_2$ 才可能启动的控制要求。线路中 SB$_2$ 控制两台电机的停止,SB$_4$ 控制 M$_2$ 的单独停止。

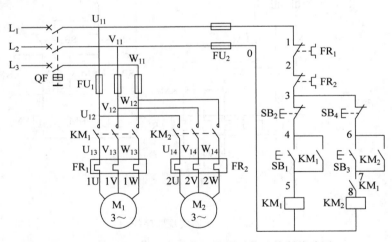

图 1-50　顺序启动、单独停止或同时停止控制线路图

(2)线路工作原理分析。顺序启动、单独或同时停止线路的工作原理如下。

启动:闭合电源开关 QF。按下 SB$_1$ 启动按钮,KM$_1$ 线圈得电,KM$_1$(4-5)自锁触头闭合实现自锁,KM$_1$ 主触头闭合,电机 M$_1$ 接通电源启动连续运转,KM$_1$(7-8)常开触头闭合为 KM$_2$ 线圈得电做准备。按下 SB$_3$ 启动按钮,KM$_2$ 线圈得电,KM$_2$(6-7)自锁触头闭合实现自锁,KM$_2$ 主触头闭合,电机 M$_2$ 接通电源启动连续运转。

停止：

M_1、M_2 单独停止：按下 SB_4 停止按钮，KM_2 线圈失电，KM_2(6-7)自锁触头断开解除自锁，KM_2 主触头断开，电机 M_2 断开电源停止运转。按下 SB_2 停止按钮，KM_1 线圈失电，KM_1(4-5)自锁触头断开解除自锁，KM_1 主触头断开，电机 M_1 断开电源停止运转，KM_1(7-8)常开触头断开。

M_1、M_2 同时停止：按下 SB_2 停止按钮，KM_1 线圈失电，KM_1(4-5)自锁触头断开解除自锁，KM_1 主触头断开，电机 M_1 断开电源停止运转；KM_1(7-8)常开触头断开，KM_2 线圈失电，KM_2(6-7)自锁触头断开解除自锁，KM_2 主触头断开，电机 M_2 断开电源停止运转。

2）电机顺序启动、逆序停止

（1）识读线路图。控制线路实现顺序启动、逆序停止线路如图 1-51 所示。控制线路的特点是：在电机 M_2 的控制线路中串接了 KM_1 的一个常开辅助触头，在 M_1 电机停止按钮 SB_2 的两端并接了接触器 KM_2 的常开辅助触头，从而实现了 M_2 停止后，M_1 才能停止的控制要求。所以该线路可实现两台电机顺序启动、逆序停止。

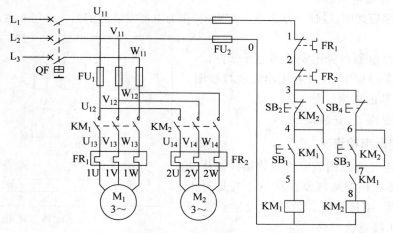

图 1-51 顺序启动、逆序停止控制线路图

（2）线路工作原理分析。顺序启动、逆序停止线路的工作原理如下。

启动：闭合电源开关 QF。按下 SB_1 启动按钮，KM_1 线圈得电，KM_1(4-5)自锁触头闭合实现自锁，KM_1 主触头闭合，电机 M_1 接通电源启动连续运转，KM_1(7-8)常开触头闭合为 KM_2 线圈得电做准备。按下 SB_3 启动按钮，KM_2 线圈得电，KM_2(6-7)自锁触头闭合实现自锁，KM_2 主触头闭合，电机 M_2 接通电源启动连续运转，KM_2(3-4)常开触头闭合实现对 SB_2 停止按钮短接。

停止：按下 SB_4 停止按钮，KM_2 线圈失电，KM_2(6-7)自锁触头断开解除自锁，KM_2 主触头断开，电机 M_2 断开电源停止运转，KM_2(3-4)常开触头断开对 SB_2 停止按钮解除短接。按下 SB_2 停止按钮，KM_1 线圈失电，KM_1(4-5)自锁触头断开解除自锁，KM_1 主触头断开，电机 M_1 断开电源停止运转，KM_1(7-8)常开触头断开。

3．线路安装接线

（1）根据图1-49列出所需的元器件明细见表1-19。

表1-19　元器件明细表

序号	代　号	名　　称	型　号	规　　格	数量
1	M	三相异步电机	Y112M-4	4kW、380W、△形接法、8.8A、1440r/min	2
2	QF	组合开关	HZ10-25/3	三极、25A	1
3	FU_1	熔断器	RL1-60/25	500V、60A、配熔体25A	3
4	FU_2	熔断器	RL1-15/2	500V、15A、配熔体2A	3
5	KM	接触器	CJ10-10	10A、线圈电压380V	2
6	FR	热继电器	JR16-20/3	三极、20A、整定电流8.8A	1
7	SB	按钮	LA10-3H	保护式、380V、5A、按钮数3位	2
8	XT	接线端子排	JX2-1015	380V、10A、15节	1

（2）按明细表清点各元器件的规格和数量，并检查各元器件是否完好无损，各项技术指标是否符合规定要求。

（3）根据原理图，设计并画出电器布置图，作为电器安装的依据。电器布置图如图1-52所示。

（4）按照电器布置图安装固定元器件。

（5）根据原理图，设计并画出安装接线图，作为接线安装的依据。

（6）按图施工，安装接线。

4．线路断电检查

（1）按电气原理图或电气安装接线图从电源端开始，逐段核对接线及接线端子处是否正确，有无漏接、错接之处。检查导线接点是否符合要求，压接是否牢固。

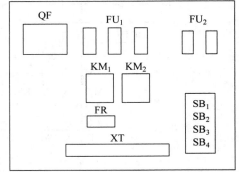

图1-52　电器布置图

（2）用万用表检查所接线路的通断情况。检查时，应选用倍率适当的欧姆挡，并进行校零，预防短路故障的发生。

对主线路进行检查时，电源线 L_1、L_2、L_3 先不要通电，使用万用表的欧姆挡，将量程选为×100 或×1k，L_1、L_2、L_3 先不通电，闭合电源开关 QF，分别按下 KM_1、KM_2，测量 L_1-1U、L_2-1V、L_3-1W 和 L_1-2U、L_2-2V、L_3-2W 之间的电阻值，若显示阻值为零，则表明线路连接正确，若显示阻值为∞，则表明线路存在开路或接触不良的现象。

对控制线路进行检查时，可先断开主线路，使 QF 处于断开位置，使用万用表的欧姆挡，将量程选为×100 或×1k，将万用表两个表笔分别搭在 FU_2 的两个进线端上（U_{11} 和 V_{11}），此时读数应为∞。按下启动按钮 SB_1 时，读数应为接触器 KM_1 线圈的电阻值；压下接触器 KM_1 衔铁时，读数也应为接触器 KM_1 线圈的电阻值；同时按下按钮 SB_2，此时读数重新变为∞。按下启动按钮 SB_3 时，读数应为∞，同时按下 KM_1 衔铁时读数应该为接触器 KM_1、KM_2 线圈并联的电阻值；再同时按下按钮 SB_2，读数应变为接触器 KM_2 线圈的电阻值；同时按下 SB_4，此时读数重新变为∞。

5. 通电调试和故障排除

在线路安装完成并经检查确定线路连接正确后，将 L_1、L_2、L_3 接通三相电源，闭合电源开关 QF，按下按钮 SB_1，接触器 KM_1 线圈得电，电机 M_1 得电运转；再按下按钮 SB_3，接触器 KM_2 线圈得电，电机 M_2 得电运转。停止时先按下按钮 SB_4，接触器 KM_2 线圈失电，电机 M_2 失电停转；再按下按钮 SB_2，接触器 KM_1 线圈失电，电机 M_1 失电停转。

操作过程中，如果出现不正常现象，应立即断开电源，分析故障原因，用万用表仔细检查线路。在指导教师认可的情况下才能再次通电调试。

1.4.4　技能考核

1. 考核任务

(1) 在规定的时间内按工艺要求完成控制线路的安装接线，且通电试验成功。

(2) 安装工艺应达到基本要求，线头长短应适当且接触良好。

(3) 遵守安全规程，做到文明生产。

2. 考核要求及评分标准

1) 安装接线（30 分）

安装接线评分标准见表 1-20。

表 1-20　安装接线评分标准

项目内容	要　求	评 分 标 准	扣分
导线连接	对于螺栓式接点，在导线连接时，应打羊眼圈，并按顺时针旋转，对于瓦片式接点，在导线连接时，直线插入接点固定即可	每处错误扣 2 分	
	严禁损伤线芯和导线绝缘层，接点上不能露铜丝太长	每处错误扣 2 分	
	每个接线端子上连接的导线根数一般以不超过两根为宜，并保证接线牢固	每处错误扣 1 分	
线路工艺	走线合理，做到横平竖直，布线整齐，各接点不能松动	每处错误扣 1 分	
	导线出线应留有一定的余量，并做到长度一致	每处错误扣 1 分	
	导线变换走向要弯成直角，并做到高低一致或前后一致	每处错误扣 1 分	
	避免交叉线、架空线、绕线和叠线	每处错误扣 2 分	
	导线折弯应折成直角	每处错误扣 1 分	
整体布局	板面线路应合理汇集成线束	每处错误扣 1 分	
	进出线应合理汇集在端子排上	每处错误扣 1 分	
	整体走线应合理美观	酌情扣分	

2) 不通电测试（30 分，每错一处扣 5 分，扣完为止）

(1) 主线路的测试。

电源线 L_1、L_2、L_3 先不要通电，闭合电源开关 QS，分别压下 KM_1、KM_2 的衔铁，使 KM_1、KM_2 的主触头闭合，测量 L_1-1U、L_2-1V、L_3-1W 和 L_1-2U、L_2-2V、L_3-2W 之间的电

阻值,将电阻值填入表 1-21 中。

(2) 控制线路的测试。

① 按下按钮 SB₁,测量控制线路两端的电阻,将电阻值填入表 1-21 中。

② 用手压下接触器 KM₁ 的衔铁,测量控制线路两端的电阻,将电阻值填入表 1-21 中。

③ 按下按钮 SB₃,同时压下 KM₁ 接触器衔铁,测量控制线路两端的电阻,将电阻值填入表 1-21 中。

④ 用手压下接触器 KM₂ 的衔铁,同时压下 KM₁ 接触器衔铁,测量控制线路两端的电阻,将电阻值填入表 1-21 中。

表 1-21　顺序启动、逆序停止控制线路的不通电测试记录

操作步骤	主　线　路						控制线路		
	闭合 QF,压下 KM₁			闭合 QF,压下 KM₂			按下 SB₁	压下 KM₁	按下 SB₃,压下 KM₁	压下 KM₂ 压下 KM₁
电阻值/Ω	L_1-1U	L_2-1V	L_3-1W	L_1-2U	L_2-2V	L_3-2W			

3) 通电测试(40 分)

在使用万用表检测后,把 L_1、L_2、L_3 三端接入电源通电试车。按照顺序测试线路的各项功能,每错一项扣 10 分,扣完为止。当出现功能不对的项目后,后面的功能均算错。将测试结果填入表 1-22 中。

表 1-22　顺序启动、逆序停止控制线路的通电测试记录

元件　　操作　现象	闭合 QF	按下 SB₁	按下 SB₃	按下 SB₄	按下 SB₂
KM₁ 线圈					
KM₂ 线圈					

拓展知识：电机多地控制线路

能在两地或多地控制同一台电机的控制方式叫电机的多地控制。多地控制在很多常用机床上使用,如 T68 镗床的主轴电机的启停。

1. 电机多地控制线路图

两地启停控制线路如图 1-53 所示。

2. 线路说明

图 1-53 中 SB₁、SB₂ 为安装在甲地的启动、停止按钮;SB₃、SB₄ 为安装在乙地的启动、停止按钮。线路特点：两地的启动按钮 SB₂、SB₄ 要并联接在一起;停止按钮 SB₁、

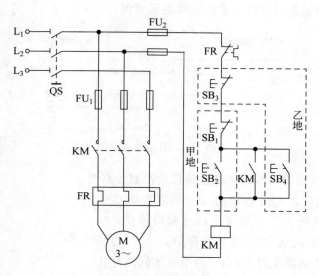

图 1-53　两地启停控制线路

SB₃要串联接在一起。这样就可以分别在甲、乙两地启动和停止同一台电机，达到操作方便的目的。多地控制线路的特点：启动按钮并联、停止按钮串联。

3. 控制线路工作原理

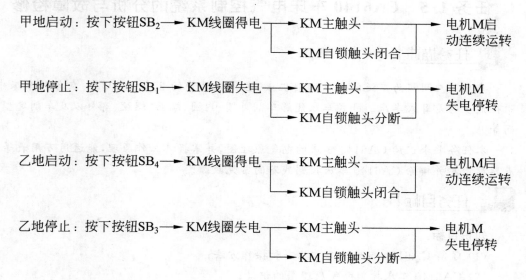

思考与练习

1. 低压断路器有哪些保护功能？分别由低压断路器的哪些部件完成？
2. 简述低压断路器的选用原则。
3. 中间继电器与交流接触器有什么区别？什么情况下可用中间继电器代替交流接触器使用？

4. 图 1-54 所示是三级传送带运输机的示意图。

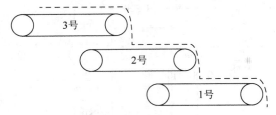

图 1-54　任务 1.4 题图

请按下述要求画出三级传送带运输机的控制线路图。

（1）1 号启动后,2 号才能启动,3 号最后启动;

（2）停止时 3 号先停,2 号再停,1 号最后停止;

（3）具有短路、过载、欠压及失压保护;

（4）当一台电机发生过载时,三台电机能同时停止。

5．某机床电机控制要求如下：①M_1、M_2 可以分别启动和停止；②M_1、M_2 可以同时启动、同时停止；③当一台电机发生过载时,两台电机能同时停止。试设计出满足工作要求的控制线路图。

任务 1.5　CA6140 车床电气控制系统的分析与故障检修

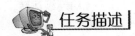 **任务描述**

车床是应用极为广泛的金属切削机床,占机床总数的 $25\%\sim50\%$。在各种车床中,用得最多的是卧式车床。卧式车床能够车削外圆、内圆、端面、螺纹、螺杆以及车削定型表面等。

本任务要求识读 CA6140 车床的电气原理图,并掌握其工作原理,能运用万用表等仪表器材检测并排除 CA6140 车床控制线路的常见故障。

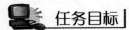 **任务目标**

知识目标：

（1）了解 CA6140 车床的工作状态和操作方法;

（2）CA6140 车床控制电气原理图的识读;

（3）能够正确分析 CA6140 车床工作原理;

（4）能够快速准确判断 CA6140 车床常见故障。

能力目标：

（1）会识读与绘制 CA6140 车床电气控制原理图;

（2）会根据故障现象分析 CA6140 车床常见电气故障原因,并能确定故障范围;

（3）会用万用表等仪表器材,检测并排除 CA6140 车床控制线路常见电气故障。

相关知识

要对 CA6140 车床常见电气故障进行检测与维修,首先要了解 CA6140 车床的工作过程,掌握 CA6140 车床工作原理及故障检测方法等。学生通过进行车床线路的原理分析及故障排除工作任务等相关活动,掌握 CA6140 车床工作原理及故障检测方法。

1.5.1　CA6140 车床控制线路分析

车床是应用极为广泛的金属切削机床,能够车削外圆、内圆、端面、螺纹、螺杆以及车削定型表面等。在各种车床中,用得最多的是卧式车床。下面以 CA6140 车床为例进行分析。

CA6140 车床型号含义如下。

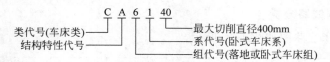

1. 主要结构及运动形式

CA6140 车床由主轴箱、挂轮箱、进给箱、溜板与刀架、溜板箱、尾架、丝杠、光杠、床身等部件组成。图 1-55 是 CA6140 车床的结构示意图。

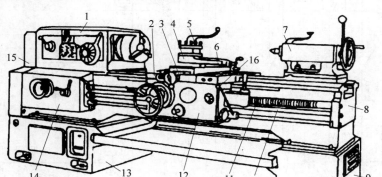

图 1-55　CA6140 车床的结构示意图

1、14—进给箱;2—纵溜板;3—横溜板;4—转盘;5—方刀架;6—小溜板;7—尾架;8—床身;
9—右床座;10—光杠;11—丝杠;12—溜板箱;13—左床座;15—挂轮架;16—操纵手柄

CA6140 车床的切削运动包括工件旋转的主运动和刀具的直线进给运动。车削速度是指工件与刀具接触点的相对速度。根据工件的材料性质、车刀材料及几何形状、工件直径、加工方式及冷却条件的不同,要求主轴有不同的切削速度。主轴变速是由主轴电机经 V 带传递到主轴变速箱来实现的。CA6140 车床的主轴正转速度有 24 种(10～1400r/min),反转速度有 12 种(14～1580r/min)。

车床的进给运动是刀架带动刀具的直线运动。溜板箱把丝杠或光杠的转动传递给刀架部分,变换溜板箱外的手柄位置,经刀架部分使车刀做纵向或横向进给。

车床的辅助运动为车床上除切削运动以外的其他一切必需的运动,如尾架的纵向移动、工件的夹紧与放松等。

2. 电力拖动特点及控制要求

(1)M_1 主轴电机一般选用笼型三相异步电机,不进行电气调速,采用齿轮箱进行机械有级调速;采用直接启动;在车削螺纹时,要求主轴有正反转,采用机械方法来实现;为减小振动,主拖动电机通过几条 V 带将动力传递到主轴箱。

(2)M_2 冷却泵电机,车削加工时,由于刀具与工件温度高,所以需要冷却。冷却泵电机应在主轴电机启动后方可启动;当主轴电机停止时,其也应立即停止。

(3)M_3 刀架快速移动电机,用以实现溜板箱的快速移动,采用点动控制。

(4)线路应具有必要的保护环节和安全可靠的照明和信号指示。

3. 电气控制线路分析

CA6140 车床线路图如图 1-56 所示。

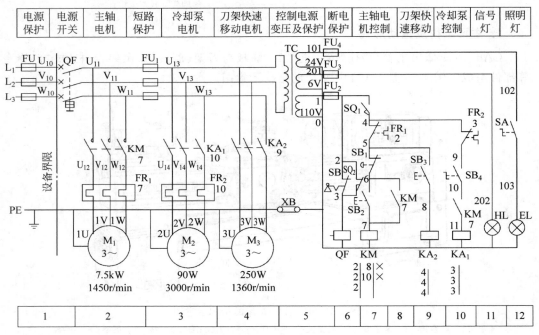

图 1-56　CA6140 车床线路图

1)主线路分析

主线路由三台电机:M_1 为主轴电机,带动主轴旋转和刀架做进给运动;M_2 为冷却泵电机,用以输送冷却液;M_3 为刀架移动电机。

将钥匙开关 SB 向右旋转,再扳动断路器 QF 将三相电源引入。主轴电机 M_1 由接触器 KM 控制,热继电器 FR_1 作过载保护,熔断器 FU 作短路保护,接触器 KM 作失压和欠压保护。冷却泵电机 M_2 由中间继电器 KA_1 控制,热继电器 FR_2 作为它的过载保护。刀

架快速移动电机 M_3 由中间继电器 KA_2 控制,由于是点动控制,故未设过载保护。FU_1 作为冷却泵电机 M_2、刀架快速移动电机 M_3、控制变压器 TC 的短路保护。

2) 控制线路分析

控制线路的电源由控制变压器 TC 二次侧输出 110V 电压提供。在正常工作时,位置开关 SQ_1 的常开触头闭合。打开床头皮带罩后,SQ_1 断开,切断控制线路电源,以确保人身安全。钥匙开关 SB 和位置开关 SQ_2 在正常工作时是断开的,QF 线圈不通电,断路器 QF 能合闸。打开配电盘壁龛门时,SQ_2 闭合,QF 线圈获电,断路器 QF 自动断开。

(1) 主轴电机的控制。按下启动按钮 SB_2,KM 接触器的线圈获电动作,其 KM 主触头(2 区)闭合,主轴电机 M_1 启动,同时 KM 自锁触头闭合(8 区)和 KM 常开触头闭合(10 区),为冷却泵电机启动做准备。按下按钮 SB_1,主轴电机 M_1 停车。

(2) 冷却泵电机控制。冷却泵电机 M_2 和主轴电机 M_1 在控制线路中采用顺序控制,只有当 M_1 启动后 M_2 才能启动。如果车削加工过程中,工艺需要使用冷却液时,合上旋钮开关 SB_4,在主轴电机 M_1 运转情况下接触器 KM 线圈得电,其常开触头 KM(10-11)闭合,中间继电器 KA_1 线圈得电,KA_1 触头闭合(3 区),冷却泵电机 M_2 获电运行。停止时 M_2 通过旋钮开关 SB_4 自行停止,或当 M_1 停止时,M_2 同时停止。

(3) 刀架快速移动电机的控制。刀架快速移动电机 M_3 的启动是由按钮 SB_3 来控制,它与中间继电器 KA_2 组成点动控制环节。刀架移动方向的改变,是由进给操作手柄配合机械装置实现的。将操纵手柄扳到所需的方向,压下按钮 SB_3,中间继电器 KA_2 线圈得电(9 区),KA_2 触头闭合(4 区),刀架快速移动电机 M_3 启动,刀架就向指定的方向快速移动。

3) 照明、信号灯线路分析

控制变压器 TC 的副边分别输出 24V 和 6V 电压。作为机床低压照明电灯、信号灯的电源。EL 为机床的低压照明灯,由开关 SA 控制;HL 为电源的指示灯。它们分别采用 FU_3 和 FU_4 作为短路保护。

1.5.2 CA6140 车床控制线路故障检修

1. 机床电气控制线路故障的检修

1) 机床电气设备故障产生的原因

(1) 自然故障。机床在运行过程中,由于电气设备常常要承受许多不利因素的影响,诸如电器动作过程中的机械振动、电弧的灼烧、长期动作的自然磨损、过电流的热效应致使电器元器件的绝缘老化、电器周围的环境等原因,都会使机床电气出现一些这样或那样的故障而影响机床的正常运行。

(2) 人为故障。机床在运行过程中,由于受到不应有的机械外力的破坏或因操作不当而造成的故障,也会造成机床事故。

2) 机床电气设备故障的类型

由于机床电气设备的结构不同,电器元器件的种类繁多,导致电气故障的因素又是多种多样,因此电气设备所出现的故障也是各式各样。但是这些故障可以大致分为两类。一类是有明显外部特征的故障,例如电机、电器的明显发热、冒烟、散发出焦臭味或电火花等。一类是没有明显外部特征的故障,例如在电气线路中由于电器元器件调整不当,机械动作失灵,触头及压接线头接触不良或脱落,导线断裂等原因所造成的故障。

3)故障的分析

当机床电气发生故障后,故障的检修一般分三步来完成,第一步检修前调查研究,第二步理论分析,第三步现场检测。

(1)检修前调查研究。当机床发生电气故障后,应先通过问、看、听、摸来了解故障前后的操作情况和故障发生后的异常现象,以便根据故障现象判断故障范围。

① 问:首先向机床操作者了解故障发生的前后情况,故障是首次突然发生还是经常发生;是否有冒烟、火花、气味和异常声响出现;有无误动作等,以便根据故障现象判断故障范围。

② 看:查看故障发生后有无明显的外观征兆,如熔断器是否熔断;接线是否脱落;线圈是否烧毁等。

③ 听:在线路还能运行和不扩大故障范围、不损害设备的前提下,可通电试车,听电机、接触器、继电器的声音是否正常。

④ 摸:在机床电气设备运行一段时间后,切断电源,用手摸有关电器的外壳或电磁线圈,是否有局部过热现象。

(2)从原理图分析确定故障范围。机床电气线路有的很简单,但有的也很复杂。对于简单的电气线路检修时,可以采用逐个电器逐根导线依次检查的方法查找故障。但是对于比较复杂的电气线路,往往电器元器件、连接导线都比较多,如采取逐一检查的方法,不仅需耗费大量的时间,而且也容易漏查。在这种情况下,可以根据线路图,采用逻辑分析的方法确定故障范围。分析线路时,通常先从主线路入手,了解整个机床设备有几台电机来拖动,每台电机在线路中的作用,每台电机分别由哪几个电器来控制,采用了何种控制方式,然后找到相应的控制线路,结合故障现象和线路的工作原理进行分析,判断出故障发生的可能范围。

4)故障的现场检测

现场检修阶段常按下列步骤进行检查分析。

(1)进行外表检查。在确定了故障可能发生的范围后,在此范围内对有关电器进行外表检查,例如,熔断器熔丝熔断,接线头松动或脱落,线圈烧毁,接触器触头接触不良,电气开关的动作机构失灵等,都能明显地表明故障点所在。

(2)用实验法进一步缩小故障范围。经外表检查未发现明显故障点时,则可采用通电试验的办法进一步查找故障点。具体做法是:操作某一按钮或开关时,线路中有关的接触器、继电器将按规定的动作顺序进行工作。若依次动作至某一电器元器件时发现动作不符,即说明此元件或相关线路有问题。再在此线路中逐项检查,一般便可发现故障。在通电实验时,必须注意人身和设备安全。

例如图 1-57 所示为电机自锁控制线路。假设线路出现故障,故障现象为按下启动按

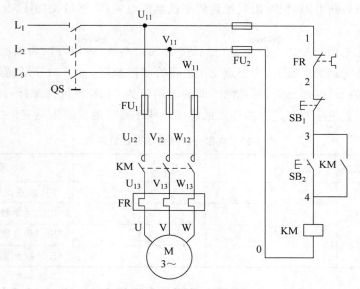

图 1-57 电机自锁控制线路

钮 SB_2 时电机 M 不能启动。发生以上事故，应首先要确定故障范围是发生在主线路还是发生在控制线路。依据是接触器 KM 是否吸合，如果按下按钮 SB_2 时接触器 KM 线圈能够得电，而电机不能启动，则说明故障出在主线路；如果按下按钮 SB_2 时接触器 KM 线圈不能得电，则说明控制线路中一定有故障。确定故障范围后，再进行逐项检查。

（3）利用测量法确定故障点。在确定了故障范围之后，可以利用各种仪表器材对线路进行逐项检测，以此进一步寻找或判断故障点。常用的检测方法有电阻测量法、电压测量法和短接法。下面以电机自锁正转控制线路为例，说明这几种方法的具体应用。

① 电阻测量法。电阻测量法分为分段测量法和分阶测量法，图 1-58 为分阶测量法示意图。

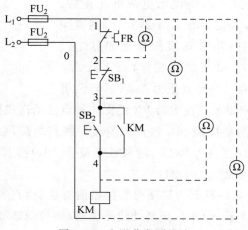

图 1-58 电阻分段测量法

检查时,先切断电源,把万用表拨到倍率适当的电阻挡,然后按图 1-55 所示方法进行测量。

检测时,首先切断控制电路电源,然后按下 SB$_2$ 不放,先用万用表依次测量 1-0 两点间的电阻,如果电阻为无穷大,说明点 1-0 之间的电路断电,接下来分别测量 1-2、1-3、1-4 各点间的电阻值,若电路正常,则该两点间的电阻值为 0;若测量到某标号间的电阻值为无穷大,则说明表笔刚刚跨过去的触点或连接导线断路。测量结果见表 1-23。

表 1-23 电阻分阶测量法查找故障点

故障现象	测试状态	1-2	1-3	1-4	1-0	故 障 原 因
按下 SB$_2$ 时,KM 不吸合	按下 SB$_2$ 不放	∞				FR 触点接触不良
		0	∞			SB$_1$ 动断触点接触不良
		0	0	∞		SB$_2$ 动合触点接触不良
		0	0	0	∞或0	KM 线圈断路或短路

电阻分阶测量法的优点是安全,缺点是测量电阻值不准确时,易造成判断错误,因此应注意以下三点。

第一点,用电阻测量法检查故障时,一定要先切断电源。

第二点,所测量的线路若与其他线路并联,必须将该线路与其他线路断开,否则所测电阻值不准确。

第三点,要注意选择好万用表的量程。

② 电压测量法。电压测量法分为分段测量法、分阶测量法和对地测量法,图 1-59 为电压分段测量法示意图。首先把万用表置于交流电压 500V 的挡位上,然后再对线路进行测量。测量时先用万用表测量如图 1-59 所示1-0 两点间的电压,若为 380V,则说明电源电压正常;然后按下启动按钮 SB$_2$,若接触器 KM 不吸合,则说明线路有故障。这时可用万用表逐段测量相邻点 1-2、2-3、3-4、4-0 之间的电压。如果线路正常,点 1-2、2-3、3-4 各段电压应均为 0,点 4-0 间电压为 380V。若测得

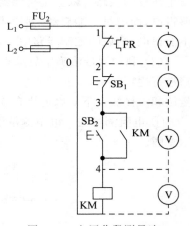

图 1-59 电压分段测量法

点 1-2 间电压为 380V,则说明热继电器 FR 的保护触点已动作或接触不良;若测得点 3-4 间电压为 380V,则说明启动按钮 SB$_2$ 触点或连接导线有故障,以此类推;若测得点 1-4 间各段电压为 0,点 4-0 间电压为 380V,而 KM 不吸合,则说明 KM 线圈有故障。根据各段电压值来检查故障的方法见表 1-24。

③ 短接法。短接法是一种更为简便可靠的检测方法,检查时,用一根绝缘良好的导线将所怀疑的断路部位短接,若短接到某处线路接通,则说明该处断路。图 1-60(a)为局部短接法的示意图,图 1-60(b)为长短接法的示意图。

表 1-24　电压分断测量法判断故障原因

故障现象	测试状态	1-2	2-3	3-4	4-0	故障原因
按下 SB$_2$， KM 不吸合	按下 SB$_2$ 不放	380	0	0	0	FR 触点接触不良
		0	380	0	0	SB$_1$ 动断触点接触不良
		0	0	380	0	SB$_2$ 动合触点接触不良
		0	0	0	380	KM 线圈断路

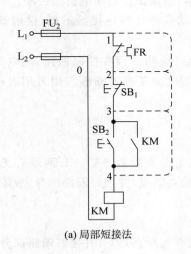
(a) 局部短接法

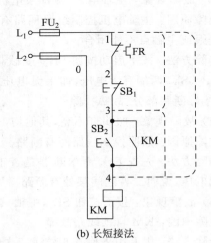
(b) 长短接法

图 1-60　短接法

　　按下启动按钮 SB$_2$，若 KM 不吸合，说明线路中存在故障，可用局部短接法进行检查。检查前，先用万用表测量 1-0 两点间的电压值，在电压正常的情况下，可按下启动按钮 SB$_2$ 不放，用一根绝缘良好的导线分别短接标号相邻的两点，如 1-2、2-3、3-4。当短接到某两点时 KM 吸合，说明这两点间存在断路故障。也可以先大范围短接，再小范围短接来查找故障。如先短接 1-4，若 KM 吸合，则说明 1-4 段之间线路有断路故障，然后再短接 1-3、3-4，若短接 1-3 时 KM 吸合，则说明故障在 1-3 段范围内，再用局部短接法将故障排除。

　　在用短接法检测故障时必须注意以下三点。

　　第一，短接法是带电操作，所以一定要注意安全，避免触电事故。

　　第二，短接法只适用于压降极小的导线及触头之类的断路故障，对于压降较大的电器，如电阻、线圈、绕组等断路故障，不能采用短接法。

　　第三，对于机床设备的某些重要部位，最好不用此法。

2. CA6140 车床的故障检测与维修

　　(1) 故障现象：主轴、冷却泵和刀架快速启动电机都不能启动，信号灯和照明灯不亮。

　　故障原因：FU$_1$、FU$_2$ 熔断；变压器 TC 前有断路等。

排除方法：按惯例先检查 FU_1 和 FU_2，就会发现熔断器故障。如果熔断器完好，用电笔检查 TC 一次侧有无电压，如果无电压，说明 FU_2 线与 TC 间断路。用万用表检查断点，并接好断路部分，故障排除。

（2）故障现象：主轴、冷却泵和刀架快速启动电机都不能启动。

故障原因：FU_3 熔断，热继电器 FR_1 或 FR_2 动作后没有复位。

排除方法：用试电笔分别检查 FU_3、FR_1、FR_2 两端有无电压，如果无电压，说明它们之间某处有断路。用万用表检查断点，并接好断路部分，故障排除。

（3）故障现象：主轴电机、冷却泵电机不能工作，刀架快速启动电机能启动。

故障原因：主轴电机控制线路回路有故障，启动或停止按钮接触不良，接触器 KM_1 线圈烧毁或主触点不能闭合。

排除方法：按下启动按钮 SB_2，接触器不能吸合，说明故障在控制回路，用电笔分别检查 SB_1、SB_2 两端有无电压，如果无电压，说明二者之间某处有断路。用万用表检查断电，并接好断路部分，故障排除。

（4）故障现象：照明灯不亮，其他均正常。

故障原因：照明控制线路间有断路。

排除方法：先查 FU_4 看熔断器是否正常，用电笔分别检查 SA_1、EL 两端有无电压，如果无电压，说明二者之间某处有断路。用万用表检查断点，并接好断路部分，故障排除。

（5）故障现象：按下按钮 SB_2，主轴只能点动。

故障原因：KM 自锁线路故障。

排除方法：用万用表检查 6 号线、7 号线的接线有无断点，如有并接好断路部分，故障排除。

1.5.3　技能考核

1. 考核任务

在 CA6140 车床电气控制线路中设置 1～2 个故障点，让学生观察故障现象，在限定时间内分析故障原因和故障范围，用电阻测量法或电压测量法等方法进行故障的检查与排除。

2. 考核要求及评分标准

在 30 分钟内排除两个 CA6140 车床电气控制线路的故障，评分标准见表 1-25。

表 1-25　CA6140 车床电气故障检修评分标准

序号	项　目	评 分 标 准	配分	扣分	得分
1	观察故障现象	两个故障，观察不出故障现象，每个扣 10 分	20		
2	故障分析	分析和判断故障范围，每个故障占 20 分；对每个故障的范围判断不正确，每次扣 10 分；范围判断过大或过小，每超过一个元器件或导线标号扣 5 分，直至扣完这个故障的 20 分为止	40		
3	故障排除	正确排除两个故障，不能排除的故障每个扣 20 分	40		

续表

序号	项　目	评 分 标 准	配分	扣分	得分
4	其他	不能正确使用仪表扣 10 分；拆卸无关的元器件、导线端子，每次扣 5 分；扩大故障范围，每个故障扣 5 分；违反电气安全操作规程，造成安全事故者酌情扣分；修复故障过程中超时，每超时 5min 扣 5 分	从总分倒扣		
开始时间		结束时间		成绩		评分人	

思考与练习

1. 机床电气控制线路故障的检测步骤。

2. 试用电阻分段测量法检测图 1-57 线路中的故障。

3. 简述 CA6140 车床中按下按钮主轴电机不能启动的故障排除的步骤。

4. 简述排除 CA6140 车床中刀架快速电机不能移动故障的步骤。

5. CA6140 车床中，若发现主轴电机 M_1 只能点动，问可能的故障原因是什么？在此情况下，冷却泵电机能否正常工作？

Z3040钻床控制线路的安装与调试

 项目描述

以 Z3040 钻床电气控制线路分析及故障排除工作任务为载体,通过钻床电气控制线路的分析及故障排除等具体工作任务,学习与具体工作相关联的线路分析、故障排除,加强理解能力和故障排除检修能力。

任务 2.1 电机正反转控制线路的安装与调试

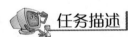 **任务描述**

正转控制线路只能使电机朝一个方向旋转,带动生产机械的运动部件朝一个方向运动。但许多生产机械往往要求运动部件能向正、反两个方向运动。如机床工作台的前进与后退;起重机吊钩的上升与下降等。当改变通入电机定子绕组的三相电源相序,即把接入电机三相电源进线中的任意两相对调接线时,电机就可以反转。2.1.3 小节任务实施中的图 2-10 为电机双重联锁正反转控制线路。

本任务要求识读图 2-10 所示的电机双重联锁正反转控制线路,并掌握其工作原理,能对线路进行正确的安装接线、通电试验,并能进行线路的检测和故障排除。

任务目标

知识目标:

(1) 万能转换开关的结构、原理及选用;

(2) 接近开关的类型及选用;

(3) 联锁作用及实现方法;

(4) 电机接触器联锁正反转控制线路的原理分析;

(5) 电机双重联锁正反转控制线路的分析与实现;

（6）电机双重联锁正反转控制线路的故障诊断与维修。

能力目标：

（1）会识读与绘制电气控制系统图；

（2）会正确判断电器元器件的好坏；

（3）会根据电气原理图、接线图正确接线；

（4）会正确分析电机双重联锁正反转控制线路的原理、故障诊断与故障排除。

 **相关知识**

要对图 2-10 所示的线路进行安装接线及通电试验，首先要认识图中所用到的元器件。本任务中用到的元器件有万能转换开关、接近开关。学生通过对元器件进行外形观察、参数识读及测试等相关活动，掌握这些元器件的功能和使用方法。下面就来学习线路中所涉及的元器件。

2.1.1 万能转换开关

万能转换开关是由多组相同结构的触头组件叠装而成的多回路控制电器。其主要用作控制线路的转换及电气测量仪表的转换，也可用于控制小容量异步电机的启动、换向及变速。由于触头挡数多、换接线路多、用途广泛，故称为万能转换开关。

1. 万能转换开关的型号及含义

常用的万能转换开关有 LW5、LW6、LW15 等系列，不同系列的万能转换开关的型号组成及含义有较大差别，LW5 系列的型号及含义如下。

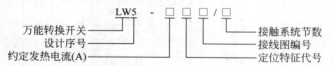

例如，LW5-16 YH3/3 的含义是：LW—万能转换开关的"万能"的反拼音；5—设计序号；16—约定发热电流；Y—电压；H—转换的"换"的拼音首字母；3—三相、三节。LW5-16 YH3/3 的意思就是用于电压指示转换相间电压的万能转换开关。

2. 万能转换开关的结构与工作原理

万能转换开关主要由接触系统、操作机构、转轴、手柄、定位机构等部件组成，用螺栓组装成整体。其外形及结构原理如图 2-1 所示。

万能转换开关的接触系统由许多接触元件组成，每一接触元件均有一胶木触头座，中向装有一对或三对触头，分别由凸轮通过支架操作。操作时，手柄带动转轴和凸轮一起旋转，则凸轮即可推动触头接通或断开，如图 2-1（b）所示。由于凸轮的形状不同，当手柄处于不同的操作位置时，触头的分合情况也不同，从而达到换接线路的目的。

3. 万能转换开关的符号

万能转换开关在线路图中的符号如图 2-2（a）所示。图 2-2（a）中—○—代表一路触头，竖的虚线表示手柄位置。用有无•表示触点的闭合和断开状态，例如，在触点图形符号下方的虚线位置上画•，则表示当操作手柄处于该位置时，该触点是处于闭合状态；若

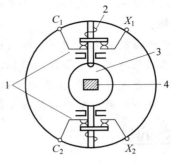

(a) 外形　　　　　　　　　(b) 原理图

图 2-1　万能转换开关外形及结构原理

1—触点；2—触点弹簧；3—凸轮；4—转轴

在虚线位置上未画 • 时，则表示该触点是处于断开状态。触头的通断也可用如图 2-2(b)所示的触头分合表来表示。表中×号表示触头闭合，空白表示触头分断。当转换开关扭到 1 挡时，1 挡这一列有×号的 1-2、5-6、9-10 这几对接线端子接通，即 1 和 2 接通，5 和 6接通，9 和 10 接通。当转换开关扭到 0 挡，0 挡这一列没有×号，所以扭到这个挡位后，所有触点均断开。当转换开关扭到 2 挡时，2 挡这一竖列有×号的 3-4、7-8、11-12 这几对接线端子接通，即 3 和 4 接通，7 和 8 接通，11 和 12 接通。

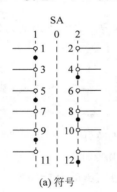

(a) 符号

×代表接通	挡位 触点	1 −45°	0 0°	2 45°
1节	1–2	×		
	3–4			×
2节	5–6	×		
	7–8			×
3节	9–10	×		
	11–12			×

(b) 触头分合表

图 2-2　万能转换开关的符号

4. 万能转换开关的选用

万能转换开关根据用途、接线方式、所需触头挡数和额定电流来选择。

5. 万能转换开关的安装与使用

(1) 万能转换开关的安装位置应与其他电器元器件或机床的金属部件有一定间隙，以免在通断过程中因电弧喷出而发生对地短路故障。

(2) 万能转换开关一般应水平安装在屏板上，但也可以倾斜或垂直安装。

(3) 万能转换开关的通断能力不高。当用来控制电机时，LW5 系列只能控制5.5kW 以下的小容量电机。若用于控制电机的正反转，则只有在电机停止后才能反向转动。

（4）万能转换开关本身不带保护，使用时必须与其他电器配合。

（5）当万能转换开关有故障时，必须立即切断线路，检查有无妨碍可动部分正常转动的故障，检查弹簧有无变形或失效，触头工作状态和触头状况是否正常等。

2.1.2　接近开关

接近开关又称无触点行程开关，是一种与运动部件无机械接触而能操作的行程开关，是一种用于工业自动化控制系统中以实现检测、控制并与输出环节全盘无触点化的新型开关元件。

1. 接近开关的种类

因为位移传感器可以根据不同的原理和不同的方法做成，而不同的位移传感器对物体的"感知"方法也不同，所以常见的接近开关有以下几种。

（1）无源接近开关。这种开关不需要电源，通过磁力感应控制开关的闭合状态。当磁或者铁质触发器靠近开关磁场时，和开关内部磁力作用控制闭合。特点：不需要电源、非接触式、免维护、环保。无源接近开关外形如图 2-3 所示。

（2）涡流式接近开关。这种开关有时也叫电感式接近开关。导电物体在接近这个能产生电磁场的接近开关时，导电物体内部会产生涡流。这个涡流反作用到接近开关，使开关内部线路参数发生变化，由此识别出有无导电物体移近，进而控制开关的通或断。这种接近开关所能检测的物体必须是导电体。涡流式接近开关外形如图 2-4 所示。

图 2-3　无源接近开关

图 2-4　涡流式接近开关

（3）电容式接近开关。这种开关的测量通常是构成电容器的一个极板，而另一个极板是开关的外壳。这个外壳在测量过程中通常是接地或与设备的机壳相连接的。当有物体移向接近开关时，不论它是否为导体，由于它的接近，总要使电容的介电常数发生变化，从而使电容量发生变化，使得和测量头相连的线路状态也随之发生变化，由此便可控制开关的接通或断开。这种接近开关检测的对象不限于导体、也可以是绝缘的液体或粉状物等。电容式接近开关的外形如图 2-5 所示。

（4）霍尔接近开关。霍尔元件是一种磁敏元件。利用霍尔元件做成的接近开关叫作霍尔接近开关。当磁性物件移近霍尔接近开关时，开关检测面上的霍尔元件因产生霍尔效应而使开关内部线路状态发生变化，由此识别附近有磁性物体存在，进而控制开关的接通或断开。这种接近开关的检测对象必须是磁性物体。霍尔接近开关的外形如图 2-6 所示。

（5）光电式接近开关。利用光电效应做成的接近开关叫光电式接近开关。将发光元件与光电元件按一定方向装在同一个检测头内。当有反光面（被检测物体）接近时，光电元件接收到反射光后便有信号输出，由此便可"感知"有物体接近。光电式接近开关的外形如图 2-7 所示。

图 2-5　电容式接近开关

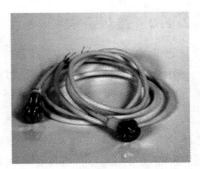

图 2-6　霍尔接近开关

2. 接近开关的功能

（1）检验距离。检测电梯、升降设备的停止、启动、通过位置；检测车辆的位置，防止两物体相撞检测；检测工作机械的设定位置，移动机器或部件的极限位置；检测回转体的停止位置，阀门的开或关位置。

（2）尺寸控制。金属板冲剪的尺寸控制装置；自动选择、鉴别金属件长度；检测自动装卸时堆物高度；检测物品的长、宽、高和体积。

（3）转速与速度控制。控制传送带的速度；控制旋转机械的转速；与各种脉冲发生器一起控制转速和转数。

（4）计数及控制。检测生产线上流过的产品数；高速旋转轴或盘的转数计量；零部件计数。

（5）检测异常。检测瓶盖有无；产品合格与不合格判断；检测包装盒内的金属制品缺乏与否；区分金属与非金属零件；产品有无标牌检测。起重机危险区报警；安全扶梯自动启停。

3. 接近开关的符号

接近开关的符号如图 2-8 所示。

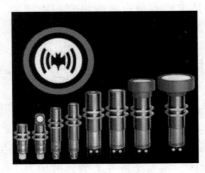

图 2-7　光电式接近开关

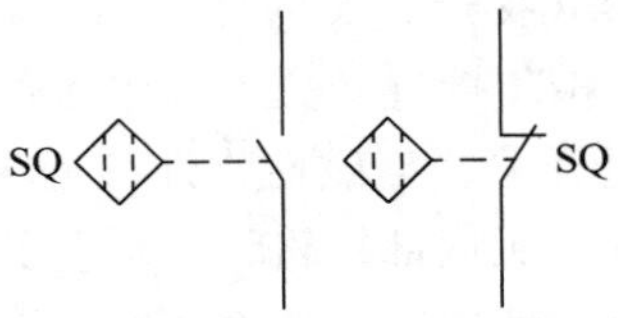

$$SQ \diamondsuit - - \quad \diamondsuit - SQ$$

图 2-8　接近开关的符号

2.1.3 任务实施

在实际生产过程中应用最多的正反转控制线路有接触器联锁的正反转控制线路和按钮、接触器双重联锁正反转控制线路两种线路。

1. 接触器联锁的正反转控制线路

1）识读线路图

接触器联锁的正反转控制线路如图2-9所示。线路中采用了两个接触器，即正转用的接触器 KM_1 和反转用的接触器 KM_2，它们分别由正转按钮 SB_1 和反转按钮 SB_2 控制。从线路图中可以看出，这两个接触器的主触头所接通的电源相序不同，KM_1 按 L_1-L_2-L_3 相序接线，KM_2 则按 L_3-L_2-L_1 相序接线。相应的控制线路有两条：①由按钮 SB_1 和 KM_1 线圈等组成的正转控制线路；②由按钮 SB_2 和 KM_2 线圈等组成的反转控制线路。

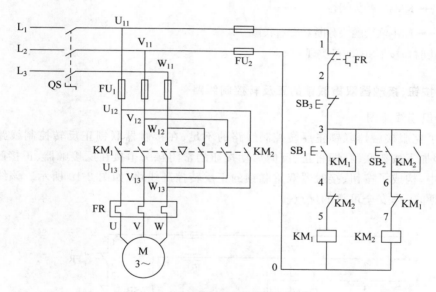

图 2-9　接触器联锁正反转控制线路

必须指出，接触器 KM_1 和 KM_2 的主触头绝不允许同时闭合，否则将造成两相电源短路事故。为了避免两个接触器 KM_1 和 KM_2 同时得电动作，就在正反转控制线路中分别串联了对方接触器的一对常闭辅助触头，这样，当一个接触器得电动作时，通过其常闭辅助触头使另一个接触器不能得电动作，接触器间这种相互制约的作用叫作接触器联锁（或互锁）。实现联锁作用的常闭辅助触头叫作联锁触头（或互锁触头）。

接触器联锁正反转控制线路的优点是工作安全可靠，缺点是操作不便。因为从正转到反转或者从反转到正转，必须经过停止这一环节，否则电机不能反向启动。

2）线路工作原理分析

接触器联锁正反转控制线路的工作原理如下：先合上电源开关 QS。

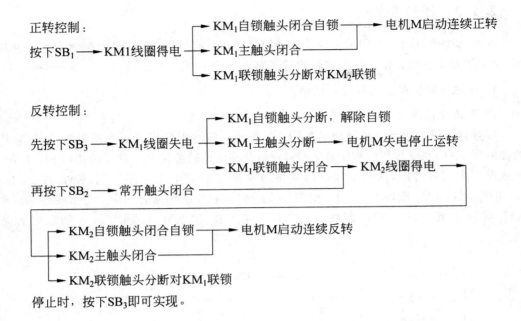

正转控制：

按下SB₁ ── KM1线圈得电 ──→ ┌─→ KM₁自锁触头闭合自锁 ──→ 电机M启动连续正转
　　　　　　　　　　　　　├─→ KM₁主触头闭合 ──┘
　　　　　　　　　　　　　└─→ KM₁联锁触头分断对KM₂联锁

反转控制：

先按下SB₃ ── KM₁线圈失电 ──→ ┌─→ KM₁自锁触头分断，解除自锁
　　　　　　　　　　　　　　　├─→ KM₁主触头分断 ──→ 电机M失电停止运转
　　　　　　　　　　　　　　　└─→ KM₁联锁触头闭合 ──→ KM₂线圈得电 ──→

再按下SB₂ ── 常开触头闭合 ─────────────────┘

┌─→ KM₂自锁触头闭合自锁 ──→ 电机M启动连续反转
├─→ KM₂主触头闭合
└─→ KM₂联锁触头分断对KM₁联锁

停止时，按下SB₃即可实现。

2. 按钮、接触器双重联锁的正反转控制线路

1）识读线路图

为了克服接触器联锁正反转控制线路的不足，在接触器联锁正反转控制线路的基础上，又增加了按钮联锁，即将正、反向启动按钮的常闭触头串接在反接触器、正接触器线圈的回路中，构成了按钮、接触器双重联锁的正反转控制线路，如图 2-10 所示。该线路具有操作方便，工作安全可靠的优点。

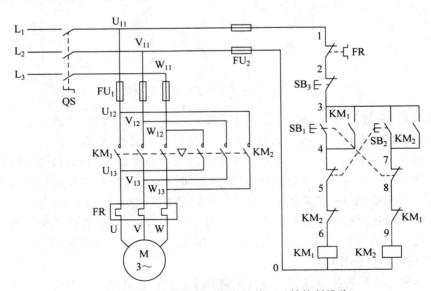

图 2-10　按钮、接触器双重联锁的正反转控制线路

2）线路工作原理分析

按钮、接触器双重联锁的正反转控制线路的工作原理如下：先合上电源开关 QS。

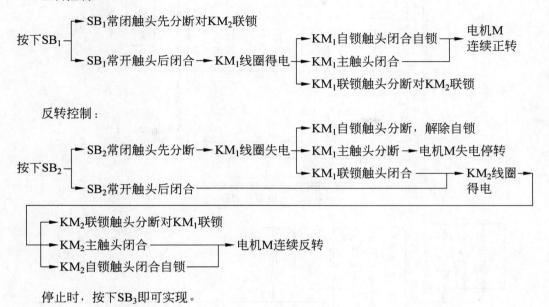

停止时，按下SB₃即可实现。

3. 线路安装接线

（1）根据图 2-10 列出所需的元器件并填入明细表 2-1 中。

表 2-1 元器件明细表

序号	代号	名称	型号	规格	数量
1	M	三相异步电机	Y112M-4	4kW、380V、△形接法、8.8A、1440r/min	1
2	QS	组合开关	HZ10-25/3	三极、25A	1
3	FU₁	熔断器	RL1-60/25	500V、60A、配熔体 25A	3
4	FU₂	熔断器	RL1-15/2	500V、15A、配熔体 2A	2
5	KM₁、KM₂	接触器	CJ10-10	10A、线圈电压 380V	2
6	FR	热继电器	JR16-20/5	三极、20A、整定电流 8.8A	1
7	SB₁～SB₃	按钮	LA10-3H	保护式、380V、5A、按钮数 3 位	1
8	XT	接线端子排	JX2-1015	380V、10A、15 节	1

（2）按明细表清点各元器件的规格和数量，并检查各个元器件是否完好无损，各项技术指标是否符合规定要求。

（3）根据原理图，设计并画出电器布置图，作为电器安装的依据。电器布置图如图 2-11 所示。

（4）按照电器布置图安装固定元器件。

（5）根据原理图，设计并画出安装接线图，作为接线安装的依据。安装接线图如图 2-12 所示。

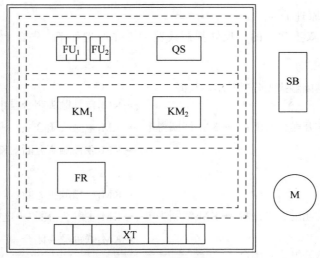

图 2-11　电器布置图

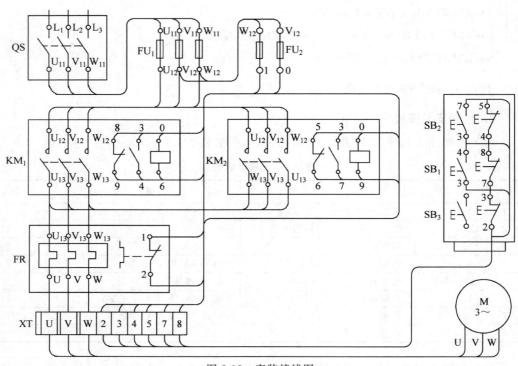

图 2-12　安装接线图

（6）按图施工，安装接线。

4. 线路断电检查

（1）按电气原理图或电气安装接线图从电源端开始，逐段核对接线及接线端子处是否正确，有无漏接、错接之处。检查导线接点是否符合要求，压接是否牢固。

（2）用万用表检查所接线路的通断情况。检查时，应选用倍率适当的欧姆挡进行校零,预防短路故障的发生。

对主线路进行检查时,电源线 L_1、L_2、L_3 先不通电,使用万用表的欧姆挡,将量程选为 $\times 100$ 或 $\times 1k$。闭合电源开关 QS,分别按下 KM_1、KM_2,测量 L_1-U、L_2-V、L_3-W 和 L_1-W、L_2-V、L_3-U 之间的电阻值,若显示阻值为零,则表明线路连接正确;若显示阻值为∞,则表明线路存在开路或接触不良的现象。

对控制线路进行检查时,可先断开主线路,使 QS 处于断开位置,使用万用表的欧姆挡,将量程选为 $\times 100$ 或 $\times 1k$,将万用表两表笔分别搭在 FU_2 的两个进线端上(U_{11} 和 V_{11}),此时读数应为∞。按下启动按钮 SB_1 时,读数应为接触器 KM_1 线圈的电阻值;同时按下 SB_3,此时读数重新变为∞。压下接触器 KM_1 衔铁时,读数也应为接触器 KM_1 线圈的电阻值;同时按下 KM_2 接触器衔铁,此时读数重新变为∞。按下启动按钮 SB_2 时,读数应为接触器 KM_2 线圈的电阻值;同时按下 SB_3,此时读数重新变为∞。压下接触器 KM_2 衔铁时,读数也应为接触器 KM_2 线圈的电阻值;同时压下接触器 KM_1 衔铁,此时读数重新变为∞;同时按下 SB_1 和 SB_2 时,读数应为∞。

5. 通电调试和故障排除

在线路安装完成并经检查确定线路连接正确后,将 L_1、L_2、L_3 接通三相电源,闭合电源开关 QS,按下 SB_1,接触器 KM_1 线圈得电,电机 M 得电正转;再按下 SB_2,接触器 KM_1 线圈失电,接触器 KM_2 线圈得电,电机 M 得电反转。停止时按下 SB_3,接触器 KM_2 线圈失电,电机 M 失电停转;同时按下 SB_1 和 SB_2,电机 M 不动。

在操作过程中,如果出现不正常现象,应立即断开电源,分析故障原因,用万用表仔细检查线路。在指导教师认可的情况下才能再次通电调试。

2.1.4　技能考核

1. 考核任务

(1)在规定的时间内按工艺要求完成控制线路的安装接线,且通电试验成功。

(2)安装工艺应达到基本要求,线头长短应适当且接触良好。

(3)遵守安全规程,做到文明生产。

2. 考核要求及评分标准

1)安装接线(30分)

安装接线评分标准见表2-2。

表 2-2　安装接线评分标准

项目内容	要　　　　求	评 分 标 准	扣分
导线连接	对于螺栓式接点,在导线连接时,应打羊眼圈,并按顺时针旋转;对于瓦片式接点,在导线连接时,直线插入接点固定即可	每处错误扣2分	
	严禁损伤线芯和导线绝缘层,接点上不能露铜丝太长	每处错误扣2分	
	每个接线端子上连接的导线根数一般以不超过两根为宜,并保证接线牢固	每处错误扣1分	

续表

项目内容	要　　求	评分标准	扣分
线路工艺	走线合理,做到横平竖直,布线整齐,各接点不能松动	每处错扣1分	
	导线出线应留有一定的余量,并做到长度一致	每处错扣1分	
	导线变换走向要弯成直角,并做到高低一致或前后一致	每处错误扣1分	
	避免交叉线、架空线、绕线和叠线	每处错误扣2分	
	导线折弯应折成直角	每处错误扣1分	
整体布局	板面线路应合理汇集成线束	每处错误扣1分	
	进出线应合理汇集在端子排上	每处错误扣1分	
	整体走线应合理美观	酌情扣分	

2) 不通电测试(30分,每错一处扣5分,扣完为止)

(1) 主线路的测试。

电源线 L_1、L_2、L_3 先不通电,闭合电源开关 QS,压下接触器 KM_1(或 KM_2)衔铁,使 KM_1(或 KM_2)的主触头闭合,测量从电源端(L_1、L_2、L_3)到出线端子(U、V、W)上的每一相线路,将电阻值填入表 2-3 中。

表 2-3　双重联锁正反转控制线路的不通电测试记录

操作步骤	主　线　路						控 制 线 路			
	闭合 QS,压下 KM_1 衔铁			闭合 QS,压下 KM_2 衔铁			按下 SB_1	按下 SB_2	压下 KM_1 衔铁	压下 KM_2 衔铁
电阻值/Ω	L_1-U	L_2-V	L_3-W	L_1-W	L_2-V	L_3-U				

(2) 控制线路的测试。

① 按下按钮 SB_1,测量控制线路两端的电阻,将电阻值填入表 2-3 中。

② 按下按钮 SB_2,测量控制线路两端的电阻,将电阻值填入表 2-3 中。

③ 用手压下接触器 KM_1 衔铁,测量控制线路两端的电阻,将电阻值填入表 2-3 中。

④ 用手压下接触器 KM_2 衔铁,测量控制线路两端的电阻,将电阻值填入表 2-3 中。

3) 通电测试(40分)

在使用万用表检测后,把 L_1、L_2、L_3 三端接入电源通电试车。按照顺序测试线路的各项功能,每错一项扣10分,扣完为止。当出现功能不对的项目后,后面的功能均算错。将测试结果填入表 2-4 中。

表 2-4　双重联锁正反转控制线路的通电测试记录

现象　　　操作　元件	闭合 QS	按下 SB_1	松开 SB_2	按下 SB_3
KM_1 线圈				
KM_2 线圈				

思考与练习

1. 万能转换开关的选用和使用注意事项。
2. 什么是接近开关？它有什么特点？
3. 试分析图 2-13 所示线路能否实现正反转？如不能，请说明原因。

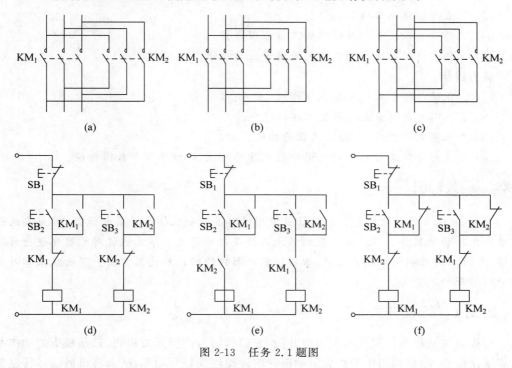

图 2-13　任务 2.1 题图

4. 某车床有两台电机，一台是主轴电机，要求能正反转控制；另一台是冷却泵电机，只要求正转控制；两台电机都要求有短路、过载、欠压和失压保护。试设计出满足要求的线路图。

5. 试画出能在两地控制同一台电机的正反转点动控制线路图。

任务 2.2　位置控制与自动往返控制线路的安装与调试

任务描述

在生产过程中，有些生产机械运动部件的行程或位置要受到限制，或者需要其运动部件在一定范围内自动往返循环等。如万能铣床、摇臂钻床、镗床、桥式起重机及各种自动或半自动控制机床设备中就经常遇到这种控制要求。位置控制或自动往返控制，通常是利用行程开关控制电机的得电、失电或电机的正反转来实现的。图 2-18 所示为工作台自动往返控制线路。

本任务要求识读图 2-18 所示的工作台自动往返控制线路,并掌握其工作原理,能对线路进行正确的安装接线和通电试验。

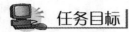 **任务目标**

知识目标:

(1) 行程开关的结构、原理及选用;

(2) 位置控制线路工作原理分析;

(3) 工作台自动往返控制线路的工作原理分析;

(4) 工作台自动往返控制线路的故障诊断与维修。

能力目标:

(1) 会识读与绘制电气控制系统图;

(2) 会正确判断电器元器件的好坏;

(3) 会根据电气原理图、接线图正确接线;

(4) 会正确分析工作台自动往返控制线路的原理、故障诊断与故障排除。

 相关知识

要对图 2-18 所示的工作台自动往返控制线路进行安装接线并通电试验,首先要认识图中所用到的元器件。本任务中用到的元器件是行程开关。学生通过对元器件进行外形观察、参数识读及测试等相关活动,掌握这些元器件的功能和使用方法。下面就来学习线路中所涉及的元器件。

2.2.1 行程开关

行程开关又称为位置开关或限位开关,它的作用与按钮开关相同,只是触头的动作不是靠手动操作,而是利用生产机械运动部件的碰撞使其触头动作,从而将机械信号转变为电信号,用以控制机械动作或用作程序控制。在电气控制系统中,位置开关的作用是实现顺序控制、定位控制和位置状态的检测,用于控制机械设备的行程及限位保护。

各系列行程开关的基本结构大体相同,都由操作头、触点系统和外壳组成。为了适应各种条件下的碰撞,行程开关有很多构造形式,常用的有直动式(按钮式)和滚轮式(旋转式)。其中滚轮式又有单滚轮式和双滚轮式两种。

1. 直动式行程开关

直动式行程开关的动作原理同按钮类似,所不同的是一个是手动,另一个是由运动部件的撞块碰撞。当外界运动部件上的撞块碰压按钮使其触头动作时,当运动部件离开后,在弹簧的作用下,其触头自动复位。其外形和结构原理如图 2-14 所示,其动作原理与按钮开关相同,但其触点的分合速度取决于生产机械的运行速度,不宜

(a) 外形

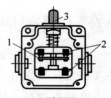
(b) 原理图

图 2-14 直动式行程开关

1—动触头;2—静触头;3—推杆

用于速度低于 0.4m/min 的场合。

2. 滚轮式行程开关

滚轮式行程开关又分为单滚轮自动复位和双滚轮(羊角式)非自动复位式。当运动机械的挡铁(撞块)压到行程开关的滚轮上时,传动杠连同转轴一同转动,使凸轮推动撞块,当撞块碰压到一定位置时,推动微动开关快速动作。当滚轮上的挡铁移开后,复位弹簧就使行程开关复位。这种开关是单轮自动恢复式行程开关。而双轮旋转式行程开关不能自动复原,它是依靠运动机械反向移动时,挡铁碰撞另一滚轮将其复原。其外形和结构原理如图 2-15 所示。

3. 行程开关的符号

行程开关的符号如图 2-16 所示。

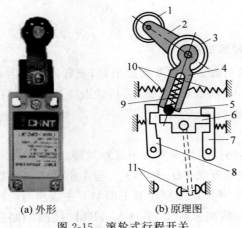

(a) 外形　　　　(b) 原理图
图 2-15　滚轮式行程开关

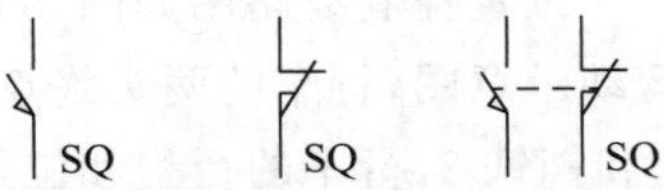

(a) 常开触头　(b) 常闭触头　(c) 复合触头
图 2-16　行程开关的符号

1—滚轮;2—上转臂;3—弹簧;4—支架;5—小滑轮;6—触点推杆;
7、8—压板;9—弹簧;10—弹簧;11—触头

LX19 和 JLXK1 系列行程开关的技术数据见表 2-5。

表 2-5　LX19 和 JLXK1 系列行程开关的主要技术数据

型　　号	额定电压/V	额定电流/A	结 构 形 成	常开触头数	常闭触头数	工作行程
LX19K		5	元件	1	1	3mm
LX19-001		5	无滚轮,仅用传动杆,能自动复位	1	1	<4mm
LXK19-111	AC380、DC220	5	单轮,滚轮装在传动杆内侧,能自动复位	1	1	~30°
LX19-121		5	单轮,滚轮装在传动杆外侧,能自动复位	1	1	~30°
LX19-131		5	单轮,滚轮装在传动杆凹槽内	1	1	~30°
LX19-212		5	双轮,滚轮装在 U 形传动杆内侧,不能自动复位	1	1	~30°

续表

型　号	额定电压/V	额定电流/A	结 构 形 成	常开触头数	常闭触头数	工作行程
LX19-222	AC380、DC220	5	双轮,滚轮装在 U 形传动杆外侧,不能自动复位	1	1	～30°
LX19-232		5	双轮,滚轮装在 U 形传动杆内外侧各一个,不能自动复位	1	1	～30°
JLXK1-111	AC500	5	单轮防护式	1	1	12～15°
JLXK1-211		5	双轮防护式	1	1	～45°
JLXK1-311		5	直动防护式	1	1	1～3mm
JLXK1-411		5	直动滚轮防护式	1	1	1～3mm

2.2.2　任务实施

1. 位置控制线路(又称行程控制或限位控制线路)

在生产过程中,有些生产机械运动部件的行程或位置要受到限制,或者需要其运动部件在一定范围内自动往返循环等。如万能铣床、摇臂钻床、镗床、桥式起重机及各种自动或半自动控制机床设备中就经常遇到这种控制要求。

1) 识读线路图

位置控制线路图如图 2-17 所示。工厂车间里的行车常采用这种线路,右下角是行车运动示意图,行车的两头终点处各安装一个位置开关 SQ_1 和 SQ_2。行车前后各装有挡铁1 和挡铁 2,行车的行程和位置可通过移动位置开关的安装位置来调节。主线路与电机正反转控制相同,控制线路在接触器联锁正反转线路基础上,在 KM_1、KM_2 线圈回路分别串接 SQ_1、SQ_2 常闭触头,通过 SQ_1、SQ_2 行程开关(位置开关)控制小车的行程限位。

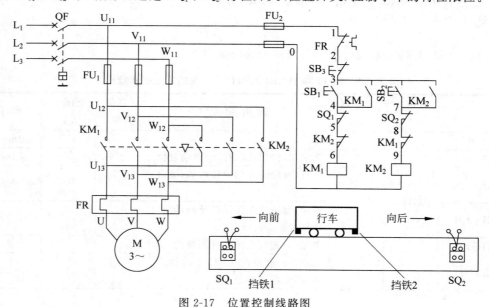

图 2-17　位置控制线路图

2）线路工作原理分析

位置控制线路的工作原理如下：先合上电源开关 QF。

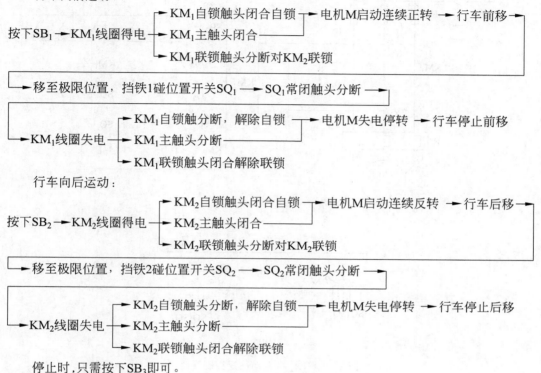

行车向前运动：

$$按下SB_1 \rightarrow KM_1线圈得电 \begin{cases} \rightarrow KM_1自锁触头闭合自锁 \rightarrow 电机M启动连续正转 \rightarrow 行车前移 \\ \rightarrow KM_1主触头闭合 \\ \rightarrow KM_1联锁触头分断对KM_2联锁 \end{cases}$$

$$\rightarrow 移至极限位置，挡铁1碰位置开关SQ_1 \rightarrow SQ_1常闭触头分断 \rightarrow$$

$$\rightarrow KM_1线圈失电 \begin{cases} \rightarrow KM_1自锁触分断，解除自锁 \rightarrow 电机M失电停转 \rightarrow 行车停止前移 \\ \rightarrow KM_1主触头分断 \\ \rightarrow KM_1联锁触头闭合解除联锁 \end{cases}$$

行车向后运动：

$$按下SB_2 \rightarrow KM_2线圈得电 \begin{cases} \rightarrow KM_2自锁触头闭合自锁 \rightarrow 电机M启动连续反转 \rightarrow 行车后移 \\ \rightarrow KM_2主触头闭合 \\ \rightarrow KM_2联锁触头分断对KM_2联锁 \end{cases}$$

$$\rightarrow 移至极限位置，挡铁2碰位置开关SQ_2 \rightarrow SQ_2常闭触头分断 \rightarrow$$

$$\rightarrow KM_2线圈失电 \begin{cases} \rightarrow KM_2自锁触头分断，解除自锁 \rightarrow 电机M失电停转 \rightarrow 行车停止后移 \\ \rightarrow KM_2主触头分断 \\ \rightarrow KM_2联锁触头闭合解除联锁 \end{cases}$$

停止时，只需按下SB_3即可。

2. 工作台自动往返控制线路

1）识读线路图

有些生产机械，要求工作台在一定的行程内能自动往返运动，以便实现对工件的连续加工，从而提高生产效率。这就需要电气控制线路能对电机实现自动转换正反转控制。由位置开关控制的工作台自动往返控制线路如图 2-18（a）所示，图 2-18（b）所示为工作台自动往返运动的示意图。

为了使电机的正反转控制与工作台的左右运动相配合，在控制线路中设置了四个位置开关 SQ_1、SQ_2、SQ_3 和 SQ_4，并把它们安装在工作台需限位的位置。其中，SQ_1、SQ_2 被用来自动换接电机正反转控制线路，实现工作台的自动往返行程控制；SQ_3、SQ_4 被用来作终端保护，以防止 SQ_1、SQ_2 失灵，使工作台越过限定位置而造成事故。在工作台边的 T 形槽中装有两块挡铁，挡铁 1 只能和 SQ_1、SQ_3 相碰撞，挡铁 2 只能和 SQ_2、SQ_4 相碰撞。当工作台运动到所限位置时，挡铁碰撞位置开关，使其触头动作，自动换接电机正反转控制线路，通过机械传动机构使工作台自动往返运动。工作台行程可通过移动挡铁位置来调节，拉开两块挡铁间的距离，行程就短，反之则长。

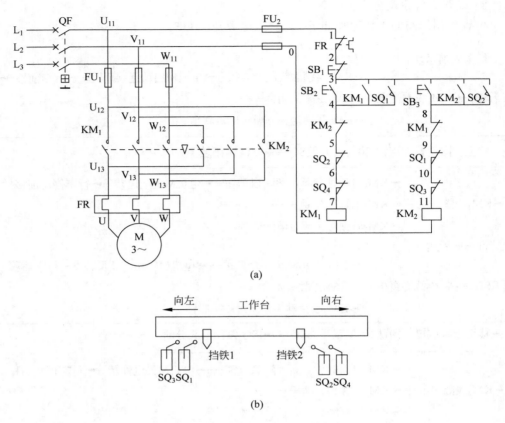

(a)

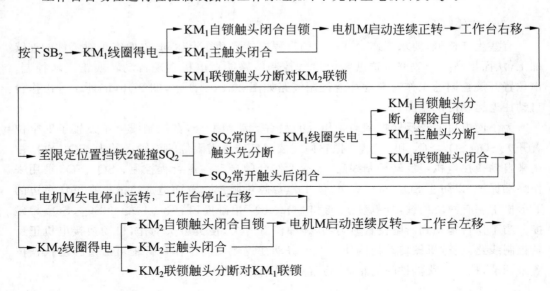

(b)

图 2-18 工作台自动往返控制线路

2）线路工作原理分析

工作台自动往返行程控制线路的工作原理如下：先合上电源开关 QF。

按下SB₂→KM₁线圈得电→
- KM₁自锁触头闭合自锁→电机M启动连续正转→工作台右移→
- KM₁主触头闭合
- KM₁联锁触头分断对KM₂联锁

至限定位置挡铁2碰撞SQ₂→
- SQ₂常闭触头先分断→KM₁线圈失电→
  - KM₁自锁触头分断，解除自锁
  - KM₁主触头分断
  - KM₁联锁触头闭合
- SQ₂常开触头后闭合

电机M失电停止运转，工作台停止右移→

KM₂线圈得电→
- KM₂自锁触头闭合自锁→电机M启动连续反转→工作台左移→
- KM₂主触头闭合
- KM₂联锁触头分断对KM₁联锁

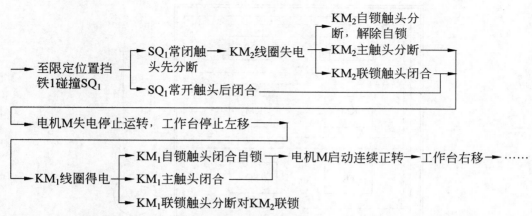

停止时，按下SB_1，KM_1或KM_2线圈失电主触头分断，电机M失电停转，工作台停止运行。

这里 SB_2、SB_3 分别作为正转启动按钮和反转启动按钮。若启动时工作台在右端，则应按下 SB_3 进行启动。

3. 线路安装接线

（1）根据图 2-18 列出所需的元器件并填入明细表 2-6 中。

表 2-6　元器件明细表

序号	代号	名称	型号	规格	数量
1	M	三相异步电机	Y112M-4	4kW、380V、△形接法、8.8A、1440r/min	2
2	QF	空气开关	DZ47-25/3	三极、25A	1
3	FU_1	熔断器	RL1-60/25	500V、60A、配熔体 25A	3
4	FU_2	熔断器	RL1-15/2	500V、15A、配熔体 2A	2
5	KM_1、KM_2	接触器	CJ10-10	10A、线圈电压 380V	2
6	FR	热继电器	JR16-20/5	三极、20A、整定电流 8.8A	1
7	$SB_1 \sim SB_3$	按钮	LA10-3H	保护式、380V、5A、按钮数 3 位	1
8	SQ	行程开关	LX19-111	380V、5A	4
9	XT	接线端子排	JX2-1015	380V、10A、15 节	1

（2）按明细表清点各元器件的规格和数量，并检查各个元器件是否完好无损，各项技术指标符合规定要求。

（3）根据原理图，设计并画出电器布置图，作为电器元器件安装的依据。电器布置图如图 2-19 所示。

（4）按照电器布置图安装固定元器件。

（5）根据原理图，设计并画出安装接线图，作为接线安装的依据。

（6）按图施工，安装接线。

4. 路断电检查

（1）按电气原理图或电气安装接线图从电源端开始，逐段核对接线及接线端子处是否正确，有无漏接、错接之处。检查导线接点是否符合要求，压接是否牢固。

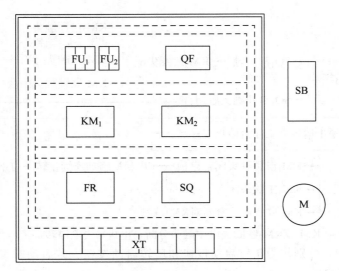

图 2-19　电器布置图

（2）用万用表检查所接线路的通断情况。检查时，应选用倍率适当的欧姆挡，并进行校零，预防短路故障的发生。

对主线路进行检查时，电源线 L_1、L_2、L_3 先不通电，使用万用表的欧姆挡，将量程选为×100 或×1k，闭合电源开关 QF，分别按下 KM_1、KM_2，测量 L_1-U、L_2-V、L_3-W 和 L_1-W、L_2-V、L_3-U 之间的电阻值。若显示阻值为零，则表明线路连接正确；若显示阻值为∞，则表明线路存在开路或接触不良的现象。

对控制线路进行检查时，可先断开主线路，使 QF 处于断开位置，使用万用表的欧姆挡，将量程选为×100 或×1k，将万用表两表笔分别搭在 FU_2 的两个进线端上（U_{11} 和 V_{11}），此时读数应为∞。按下启动按钮 SB_2 时，读数应为接触器 KM_1 线圈的电阻值；同时按下 SB_1 或 SQ_4，此时读数重新变为∞。压下接触器 KM_1 衔铁或按下 SQ_1 时，读数应为接触器 KM_1 线圈的电阻值；同时压下接触器 KM_2 衔铁，此时读数重新变为∞。按下启动按钮 SB_3 时，读数应为接触器 KM_2 线圈的电阻值；同时按下 SB_1 或 SQ_3，此时读数重新变为∞。压下接触器 KM_2 衔铁或按下 SQ_2 时，读数也应为接触器 KM_2 线圈的电阻值；同时压下接触器 KM_1 衔铁，此时读数重新变为∞。

5. 通电调试和故障排除

在线路安装完成并经检查确定线路连接正确后，将 L_1、L_2、L_3 接通三相电源，闭合电源开关 QF，按下 SB_2，接触器 KM_1 线圈得电，电机 M 得电正转；扳动 SQ_2，接触器 KM_1 线圈失电，接触器 KM_2 线圈得电，电机 M 得电反转；扳动 SQ_1，接触器 KM_2 线圈失电，接触器 KM_1 线圈得电，电机 M 得电正转。停止时按下 SB_1，接触器 KM_1 或 KM_2 线圈失电，电机 M 失电停转；扳动 SQ_3 或 SQ_4，电机停止。

在操作过程中，如果出现不正常现象，应立即断开电源，分析故障原因，用万用表仔细检查线路。在指导教师认可的情况下才能再次通电调试。

2.2.3　技能考核

1. 考核任务

（1）在规定的时间内按工艺要求完成控制线路的安装接线，且通电试验成功。

（2）安装工艺应达到基本要求，线头长短应适当且接触良好。

（3）遵守安全规程，做到文明生产。

2. 考核要求及评分标准

1）安装接线（30分）

安装接线评分标准见表2-7。

表 2-7　安装接线评分标准

项目内容	要　　求	评分标准	扣分
导线连接	对于螺栓式接点，在导线连接时，应打羊眼圈，并按顺时针旋转；对于瓦片式接点，在导线连接时，直线插入接点固定即可	每处错误扣2分	
	严禁损伤线芯和导线绝缘层，接点上不能露铜丝太长	每处错误扣2分	
	每个接线端子上连接的导线根数一般以不超过两根为宜，并保证接线牢固	每处错误扣1分	
线路工艺	走线合理，做到横平竖直，布线整齐，各接点不能松动	每处错误扣1分	
	导线出线应留有一定的余量，并做到长度一致	每处错误扣1分	
	导线变换走向要弯成直角，并做到高低一致或前后一致	每处错误扣1分	
	避免交叉线、架空线、绕线和叠线	每处错误扣2分	
	导线折弯应折成直角	每处错误扣1分	
整体布局	板面线路应合理汇集成线束	每处错误扣1分	
	进出线应合理汇集在端子排上	每处错误扣1分	
	整体走线应合理美观	酌情扣分	

2）不通电测试（30分，每错一处扣5分，扣完为止）

（1）主线路的测试。电源线 L_1、L_2、L_3 先不通电，闭合电源开关 QF，压下接触器 KM_1（或 KM_2）衔铁，使 KM_1（或 KM_2）的主触头闭合，测量从电源端（L_1、L_2、L_3）到出线端子（U、V、W）上的每一相线路，将电阻值填入表2-8中。

（2）控制线路的测试。

① 按下按钮 SB_2，测量控制线路两端的电阻，将电阻值填入表2-8中。

② 按下按钮 SB_3，测量控制线路两端的电阻，将电阻值填入表2-8中。

③ 用手压下接触器 KM_1 衔铁或 SQ_1，测量控制线路两端的电阻，将电阻值填入表2-8中。

④ 用手压下接触器 KM_2 衔铁或 SQ_2，测量控制线路两端的电阻，将电阻值填入表2-8中。

表 2-8　工作台自动往返控制线路的不通电测试记录

操作步骤	主　线　路						控制线路					
	闭合 QF,压下 KM$_1$衔铁			闭合 QF,压下 KM$_2$衔铁			按下 SB$_2$	按下 SB$_3$	压下 KM$_1$	扳动 SQ$_1$	压下 KM$_2$	扳动 SQ$_2$
电阻值/Ω	L$_1$-U	L$_2$-V	L$_3$-W	L$_1$-W	L$_2$-V	L$_3$-U						

3) 通电测试(40 分)

在使用万用表检测后,把 L$_1$、L$_2$、L$_3$ 三端接入电源通电试车。按照顺序测试线路的各项功能,每错一项扣 10 分,扣完为止。当出现功能不对的项目后,后面的功能均会算错。将测试结果填入表 2-9 中。

表 2-9　工作台自动往返控制线路的通电测试记录

现象　元件 ＼ 操作	闭合 QF	按下 SB$_2$	扳动 SQ$_1$	按下 SB$_3$	扳动 SQ$_2$	按下 SB$_1$
KM$_1$ 线圈						
KM$_2$ 线圈						

思考与练习

1. 行程开关的触头动作方式有哪几种?各有什么特点?

2. 行程开关的作用是什么?常用的型号有哪些?

3. 什么是位置控制?怎样来实现?

4. 设计一个工作台前进—退回的控制线路。工作台由电机 M 拖动,行程开关 SQ$_1$、SQ$_2$ 分别装在工作台的原位和终点。要求:①能自动实现前进—后退—停止到原位;②工作台在前进中可以手动立即后退到原位;③有终端保护。

5. 设计一台异步电机的控制线路。要求:①能实现启、停的两地控制;②能实现点动调整;③能实现单方向的行程保护;④有短路和过载保护。

任务 2.3　Z3040 钻床电气控制系统的分析与故障检修

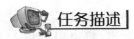 任务描述

本任务要求识读 Z3040 钻床的电气原理图,并掌握其工作原理,能运用万用表等仪表器材检测并排除 Z3040 钻床控制线路的常见故障。

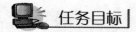

任务目标

知识目标：

（1）了解 Z3040 钻床的工作状态和操作方法；

（2）Z3040 钻床控制电气原理图的识读；

（3）能够正确分析 Z3040 钻床工作原理；

（4）能够快速而准确地判断 Z3040 钻床常见故障。

能力目标：

（1）会识读与绘制 Z3040 钻床电气控制原理图；

（2）会根据故障现象分析 Z3040 钻床常见电气故障原因，并能确定故障范围；

（3）会用万用表等仪表器材，检测并排除 Z3040 钻床控制线路常见电气故障。

相关知识

要对 Z3040 钻床常见电气故障进行检测与维修，首先要了解 Z3040 钻床的工作过程，掌握 Z3040 钻床工作原理及故障检测方法等。学生通过进行车床线路的原理分析及故障排除工作任务等相关活动，掌握 Z3040 钻床工作原理及故障检测方法。下面就来学习所涉及的相关知识。

2.3.1　Z3040 钻床的电气控制系统分析

钻床是一种用途广泛的孔加工机床。它主要用钻头钻削精度要求不太高的孔，还可以用来扩孔、铰孔、镗孔以及攻螺纹等。

钻床的结构形式很多，有立式钻床、卧式钻床、台式钻床、深孔钻床及多轴钻床。摇臂钻床是一种立式钻床，它适用于单件或批量生产中带有多孔的大型零件孔加工，是一种机械加工车间常用的机床。本任务以 Z3040 钻床电气控制线路为例进行分析。

Z3040 钻床型号含义如下。

1. 主要结构及运动形式

1）钻床的主要结构

Z3040 钻床主要是由底座、内立柱、外立柱、摇臂升降丝杠、主轴箱、工作台等组成，如图 2-20 所示。

内立柱固定在底座上，在它外面套着空心的外立柱，外立柱可绕着内立柱回转一周，摇臂一端的套筒部分与外立柱滑动配合，借助于丝杠，摇臂可沿着外立柱上下移动，但两者不能做相对移动，所以摇臂与外立柱一起相对于内立柱回转。主轴箱是一个复合的部件，它具有主轴及主轴旋转部件和主轴进给的全部变速与操纵机构。主轴箱可沿着摇臂上的水平导轨作径向移动。当进行加工时，可利用特殊的加紧机构将外立柱紧固在内立

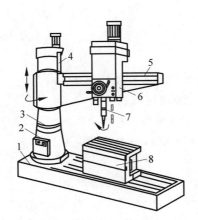

图 2-20　Z3040 钻床结构示意图

1—底座；2—内立柱；3、4—外立柱；5—摇臂；6—主轴箱；7—主轴；8—工作台

柱上，摇臂紧固在外立柱上，主轴箱紧固在摇臂导轨上，然后进行钻削加工。

2）钻床的运动形式

摇臂钻床主运动为主轴带动钻头的旋转运动；进给运动是钻头的上下运动；辅助运动是指摇臂连同外立柱一起相对于内立柱的回旋运动，摇臂沿外立柱上下移动，主轴箱沿摇臂水平移动等。

2. 摇臂钻床的电力拖动特点及控制要求

（1）由于摇臂钻床的运动部件较多，为简化传动装置，使用多电机拖动，主电机承担主钻削及进给任务，摇臂升降、夹紧放松和冷却泵各用一台电机拖动。

（2）为了适应多种加工方式的要求，主轴及进给应在较大范围内调速。但这些调速都是机械调速，用手柄操作变速箱调速，对电机无任何调速要求。从结构上看，主轴变速机构与进给变速机构应该放在一个变速箱内，而且两种运动由一台电机拖动是合理的。

（3）加工螺纹时要求主轴能正反转。摇臂钻床的正反转一般用机械方法实现，电机只需单方向旋转。

（4）摇臂升降由单独电机拖动，要求能实现正反转。

（5）摇臂的夹紧与放松及立柱的夹紧与放松由一台异步电机配合液压装置来完成，要求这台电机能正反转。摇臂的回转和主轴箱的径向移动在中小型摇臂钻床上都采用手动。

（6）钻削加工时，为对刀具及工件进行冷却，需要一台冷却泵电机拖动冷却泵输送冷却液。

3. 控制线路分析

Z3040 钻床的电气控制线路如图 2-21 所示。

1）主线路分析

Z3040 钻床有 4 台电机，除了冷却泵采用开关直接启动外，其余三台异步电机均采用接触器启动。

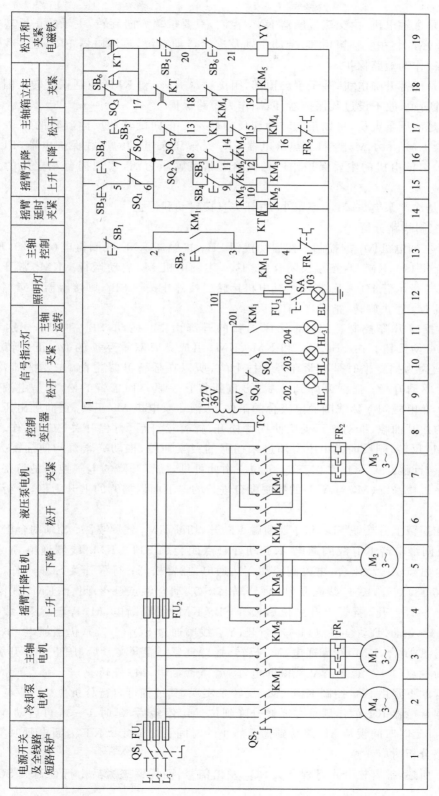

图 2-21 Z3040 钻床控制线路图

M₁ 是主轴电机，由交流接触器 KM₁ 控制，只要求单方向旋转，主轴的正反转机械轴手柄操作，M₁ 装在主轴箱顶部，带动主轴及进给传动系统，热继电器 FR₁ 是过载保护元器件，FU₁ 作为短路保护。

M₂ 是摇臂升降电机，装于主轴顶部，用接触器 KM₂ 和 KM₃ 控制正反转。因为该电机工作时间短，故不设过载保护器，FU₁ 作为短路保护。

M₃ 是液压泵电机，可以正向转动和反向转动。正向旋转和反向旋转的启动与停止由接触器 KM₄ 和 KM₅ 控制。热继电器 FR₂ 是液压泵电机的过载保护电器，FU₂ 作为短路保护。该电机的主要保护作用是供给夹紧装置压力油，实现摇臂和立柱的夹紧与松开。

M₄ 是冷却泵电机，其功率很小，由开关直接启动和停止。

2）控制线路分析

（1）主轴电机 M₁ 的控制。按启动按钮 SB₂，接触器 KM₁ 线圈得电（13 区），KM₁ 主触头闭合（3 区），KM₁ 自锁触头闭合（13 区），主轴电机 M₁ 启动运行。KM₁ 常开触头闭合（11 区），指示灯 HL₃ 亮，指示主轴电机运转。按停止按钮 SB₁，则接触器 KM₁ 释放，使主轴电机 M₁ 停止旋转，指示灯 HL₃ 灭。

（2）摇臂升降控制。Z3040 钻床摇臂的升降由 M₂ 拖动，SB₃ 和 SB₄ 分别为摇臂升、降的点动按钮。由 SB₃、SB₄ 和 KM₂、KM₃ 组成具有双重互锁的 M₂ 正反转点动控制线路。因为摇臂平时是夹紧在外立柱上的，所以在摇臂升降之前，先要把摇臂松开，再由 M₂ 驱动升降；摇臂升降到位后，再重新将它夹紧。而摇臂的松、紧是由液压系统完成的。在电磁阀 YV 线圈通电吸合的条件下，液压泵电机 M₃ 正转，正向供出压力油进入摇臂的松开油腔，推动松开机构使摇臂松开，摇臂松开后，行程开关 SQ₂ 动作、SQ₃ 复位；若 M₃ 反转，则反向供出压力油进入摇臂的夹紧油腔，推动夹紧机构使摇臂夹紧，摇臂夹紧后，行程开关 SQ₃ 动作、SQ₂ 复位。由此可见，摇臂升降的电气控制是与松紧机构液压——机械系统（M₃ 与 YV）的控制配合进行的。下面以摇臂的上升为例，分析控制的全过程。

按住摇臂上升按钮 SB₃，SB₃ 动断触点断开，切断 KM₃ 线圈支路；SB₃ 动合触点闭合（1-5），时间继电器 KT 线圈通电，KT 动合触点闭合（13-14），KM₄ 线圈通电，M₃ 正转；延时动合触点（1-17）闭合，电磁阀线圈 YV 通电，摇臂松开；行程开关 SQ₂ 动作，SQ₂ 动断触点（6-13）断开，KM₄ 线圈断电，M₃ 停转；SQ₂ 动合触点（6-8）闭合，KM₂ 线圈通电，M₂ 正转，摇臂上升；摇臂上升到位后松开 SB₃，KM₂ 线圈断电，M₂ 停转；KT 线圈断电后，延时 1～3s，KT 动合触点（1-17）断开，YV 线圈通过 SQ₃（1-17），仍然通电；KT 动断触点（17-18）闭合，KM₅ 线圈通电，M₃ 反转，摇臂夹紧；摇臂夹紧后，压下行程开关 SQ₃，SQ₃ 动断触点（1-17）断开，YV 线圈断电，KM₅ 线圈断电，M₃ 停转。

摇臂的下降由 SB₄ 控制 KM₃、M₂ 反转来实现，其过程可自行分析。

时间继电器 KT 的作用是在摇臂升降到位、M₂ 停转后，延时 1～3s 再启动 M₃ 将摇臂夹紧，其延时时间视从 M₂ 停转到摇臂静止的时间长短而定。KT 为断电延时类型，在进行线路分析时应注意。

如上所述，摇臂松开由行程开关 SQ₂ 发出信号，而摇臂夹紧后由行程开关 SQ₃ 发出信号。如果夹紧机构的液压系统出现故障,摇臂夹不紧;或者因 SQ_3 的位置安装不当,在摇臂已夹紧后 SQ_3 仍不能动作,则 SQ_3 的动断触点(1-17)长时间不能断开,使液压泵电机 M_3 出现长期过载,因此 M_3 须由热继电器 FR_2 进行过载保护。

摇臂升降的限位保护由行程开关 SQ_1 和 SQ_5 实现, SQ_1(5-6)实现上升限位保护, SQ_5(7-6)实现下降限位保护。

（3）主轴箱和立柱松、紧的控制。主轴箱和立柱的松、紧是同时进行的, SB_5 和 SB_6 分别为松开与夹紧控制按钮,由它们点动控制, KM_4、KM_5 控制 M_3 的正反转。由于 SB_5、SB_6 的动断触点(17-20-21)串联在 YV 线圈支路中,所以在操作 SB_5、SB_6 使 M_3 点动作的过程中,电磁阀 YV 线圈不吸合,液压泵供出的压力油进入主轴箱和立柱的松开、夹紧油腔,推动松、紧机构实现主轴箱和立柱的松开、夹紧。同时由行程开关 SQ_4 控制指示灯发出信号:主轴箱和立柱夹紧时, SQ_4 的动断触点(201-202)断开而动合触点(201-203)闭合,指示灯 HL_1 灭而 HL_2 亮;反之,在松开时 SQ_4 复位, HL_1 亮而 HL_2 灭。

3）辅助线路

辅助线路包括照明和信号指示线路。照明线路的工作电压为安全电压为 36V,信号指示灯的工作电压为 6V,均由控制变压器 TC 提供。

2.3.2　Z3040 钻床控制线路故障检修

Z3040 钻床控制线路的独特之处,在于其摇臂升降及摇臂、立柱和主轴箱松开与夹紧的线路部分,下面主要分析这部分线路的常见故障。

1. 摇臂不能松开

摇臂作升降运动的前提是摇臂必须完全松开。摇臂和主轴箱、立柱的松、紧都是通过液压泵电机 M_3 的正反转来实现的,因此先检查一下主轴箱和立柱的松、紧是否正常。如果正常,则说明故障不在两者的公共线路中,而在摇臂松开的专用线路上。如时间继电器 KT 的线圈有无断线,其动合触点(1-17)、(13-14)在闭合时是否接触良好,限位开关 SQ_1、SQ_5 的触点有无接触不良,等等。

如果主轴箱和立柱的松开也不正常,则故障多发生在接触器 KM_4 和液压泵电动机 M_3 这部分线路上。如 KM_4 线圈断线、主触点接触不良, KM_5 的动断互锁触点(14-15)接触不良等。如果是 M_3 或 FR_2 出现故障,则摇臂、立柱和主轴箱既不能松开,也不能夹紧。

2. 摇臂不能升降

除前述摇臂不能松开的原因之外,可能还有以下原因。

（1）行程开关 SQ_2 的动作不正常,这是导致摇臂不能升降的最常见的故障。如 SQ_2 的安装位置移动,使得摇臂松开后, SQ_2 不能动作,或者是液压系统的故障导致摇臂放松不够, SQ_2 也不会动作,摇臂就无法升降。 SQ_2 的位置应结合机械、液压系统进行调整,然后紧固。

（2）摇臂升降电机 M_2,控制其正反转的接触器 KM_2、KM_3 以及相关线路发生故障,也会造成摇臂不能升降。在排除了其他故障之后,应对此进行检查。

（3）如果摇臂是上升正常而不能下降，或是下降正常而不能上升，则应单独检查相关的线路及电器部件（如按钮开关、接触器、限位开关的有关触点等）。

3. 摇臂上升或下降到极限位置时，限位保护失灵

检查限位保护开关 SQ_1、SQ_5，通常是 SQ_1、SQ_5 损坏或是其安装位置移动。

4. 摇臂升降到位后夹不紧

如果摇臂升降到位后夹不紧（而不是不能夹紧），通常是行程开关 SQ_3 的故障造成的。如果 SQ_3 移位或安装位置不当，使 SQ_3 在夹紧动作未完全结束就提前吸合，M_3 提前停转，从而造成夹不紧。

5. 摇臂的松紧动作正常，但主轴箱和立柱的松、紧动作不正常

应重点检查以下两点。

（1）控制按钮 SB_5、SB_6，其触点有无接触不良或接线松动。

（2）液压系统是否出现故障。

2.3.3 技能考核

1. 考核任务

在 Z3040 钻床电气控制线路中设置 1 个或 2 个故障点，由学生观察故障现象，在限定时间内分析故障原因和故障范围，用电阻测量法或电压测量法等方法进行故障的检查与排除。

2. 考核要求及评分标准

在 30min 内排除两个 Z3040 钻床电气控制线路的故障。评分标准见表 2-10。

表 2-10　Z3040 钻床电气控制线路的故障检修评分标准

序号	项　目	评分标准	配分	扣分	得分
1	观察故障现象	两个故障，观察不出故障现象，每个扣 10 分	20		
2	故障分析	分析和判断故障范围，每个故障占 20 分；对每个故障的范围判断不正确，每次扣 10 分；范围判断过大或过小，每超过一个元器件或导线标号扣 5 分，直至扣完这个故障的 20 分为止	40		
3	故障排除	正确排除两个故障，不能排除的故障每个扣 20 分	40		
4	其他	不能正确使用仪表扣 10 分；拆卸无关的元器件、导线端子，每次扣 5 分；扩大故障范围，每个故障扣 5 分；违反电气安全操作规程，造成安全事故者酌情扣分；修复故障过程中超时，每超时 5min 扣 5 分	从总分倒扣		
开始时间		结束时间		成绩		评分人	

思考与练习

1．Z3040 钻床大修后，若 SQ_3 安装位置不当，会出现什么故障？

2．如果 Z3040 钻床的主轴电机 M_1 不能启动，可能的故障有哪些？

3．分析 Z3040 钻床电气控制线路，说明：①摇臂下降的自动过程；②时间继电器 KT 的作用是什么？③线路在安全保护方面有什么特色？

4．在 Z3040 钻床电气控制线路中，$SQ_1 \sim SQ_5$ 各起什么作用？

5．Z3040 钻床在机械加工时要完成哪几个加紧与放松？

T68镗床电气控制系统的安装与调试

 项目描述

以 T68 镗床电气控制线路分析及故障排除工作任务为载体,通过镗床电气控制线路的分析及故障排除等具体工作任务,学习与具体工作相关联的线路分析、故障排除,加强理解能力和故障排除检修能力。

任务 3.1 电机 Y-△降压启动控制线路的安装与调试

 任务描述

电机星形-三角形(Y-△)降压启动是指电机启动时,把定子绕组接成 Y 形,以降低启动电压,减小启动电流;待电机启动后,再把定子绕组改接成△形,使电机全压运行。Y-△启动只能用于正常运行时定子绕组作△形连接的异步电机。图 3-6 所示为电机 Y-△降压启动控制线路。

本任务要求识读电机 Y-△降压启动控制线路,并掌握其工作原理,能对电机 Y-△降压启动线路进行正确的安装接线、线路检测和故障排除。

 任务目标

知识目标:

(1) 了解降压启动的基本知识;

(2) 理解电机定子绕组的连接方式;

(3) 时间继电器的结构、工作原理及选用;

(4) 电机星形-三角形(Y-△)降压启动控制线路的分析与实现;

(5) 电机星形-三角形(Y-△)降压启动控制线路的故障诊断与维修。

能力目标：

（1）会识读与绘制电气控制系统图；

（2）会正确判断电器元器件的好坏；

（3）会根据电气原理图、接线图正确接线；

（4）会正确分析电机 Y-△ 降压启动控制线路的原理、故障诊断与故障排除。

 相关知识

要对图 3-6 所示的线路进行安装接线并通电试验，首先要认识图中所用到的元器件。本任务中用到的元器件为时间继电器。学生通过对元器件进行外形观察、参数识读及测试等相关活动，掌握这些元器件的功能和使用方法。下面就来学习线路中所涉及的元器件。

3.1.1 时间继电器

时间继电器用来按照所需时间间隔接通或断开被控制的线路，以协调和控制生产机械的各种动作，因此是按整定时间长短进行动作的控制电器。

时间继电器的种类很多，按构成原理分为电磁式、电动式、空气阻尼式、晶体管式和数字式等；按延时方式分为通电延时型、断电延时型。

1. 空气阻尼式时间继电器

JS7-A 系列空气阻尼式时间继电器是利用空气通过小孔节流的原理来获得延时的。它由电磁机构、触头系统、气室及传动机构四部分组成。延时方式有通电延时和断电延时两种。当衔铁位于铁心和延时机构之间时为通电延时型；当铁心位于衔铁和延时机构之间时为断电延时型。JS7-A 系列空气阻尼式时间继电器的外形如图 3-1 所示。

图 3-1 JS7-A 系列空气阻尼式时间继电器的外形

1）JS7-A 系列空气阻尼式时间继电器的结构

（1）电磁系统。电磁系统由动铁心（衔铁）、静铁心和线圈三部分组成。

（2）工作触头。工作触头由两对瞬时触头及两对延时触头组成。

（3）气室。气室内有一块橡皮薄膜和活塞随空气量的增减而移动，气室上面的调节螺钉可以调节延时的长短。

（4）传动机构。传动机构由杠杆、推板、推杆和宝塔形弹簧等组成。

2）JS7-A 系列空气阻尼式时间继电器的动作原理

JS7-A 系列空气阻尼式时间继电器的工作原理示意图如图 3-2 所示。其中，图 3-2(a)所示为通电延时型，图 3-2(b)所示为断电延时型。

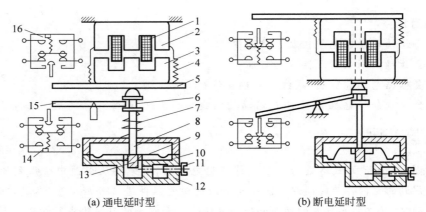

(a) 通电延时型   (b) 断电延时型

图 3-2   JS7-A 系列空气阻尼式时间继电器结构原理图

1—线圈；2—铁心；3—衔铁；4—反力弹簧；5—推板；6—活塞杆；7—塔形弹簧；8—弱弹簧；9—橡皮膜；
10—空气室壁；11—调节螺钉；12—进气孔；13—活塞；14、16—微动开关；15—杠杆

（1）通电延时型时间继电器的工作原理。当线圈 1 通电后，铁心 2 产生吸力，衔铁 3 克服反力弹簧 4 的阻力与铁心吸合，带动推板 5 立即动作，微动开关 16 被压下，使其常闭触头瞬时断开，常开触头瞬时闭合。同时活塞杆 6 在塔形弹簧 7 的作用下向上移动，带动与活塞 13 相连的橡皮膜 9 向上移动，由于橡皮膜下方的空气稀薄形成负压，起到空气阻尼的作用，因此活塞杆 6 带动杠杆 15 只能缓慢向上移动，移动速度由进气孔 12 的大小而定，可通过调节螺钉 11 调整。经过一段延时后，活塞 13 才能移到最上端，并通过杠杆 15 压动微动开关 14，使其常开触点闭合，常闭触点断开。由于从线圈通电到触头动作需延时一段时间，因此微动开关 14 的两对触头分别被称为延时闭合瞬时断开的常开触头和延时断开瞬时闭合的常闭触头。

当线圈 1 断电时，衔铁 3 在反力弹簧 4 作用下，通过活塞杆 6 将活塞推向下端，这时橡皮膜 9 下方气室内的空气通过橡皮膜 9、弱弹簧 8 和活塞 13 的局部所形成的单向阀迅速将空气排掉，使微动开关 14、16 触头复位。

（2）断电延时型时间继电器的工作原理。断电延时型时间继电器的动作原理与通电延时型时间继电器的工作原理基本相同，在此不再赘述，读者可自行分析。

空气阻尼式时间继电器的结构简单、价格低廉、延时范围较大，延时时间为 0.4～180s，但精度不高，常用于对延时精度要求不高的场合。

3）时间继电器的型号含义

时间继电器的型号含义如下。

继电器
时间
设计序号
结构设计稍有改造
基本规格代号

2. 晶体管时间继电器

晶体管时间继体器也称为半导体时间继电器或电子式时间继电器，具有机械结构简单、延时范围广、精度高、消耗功率小、调整方便及寿命长等优点，所以发展迅速，其应用也

越来越广泛。晶体管时间继电器按结构分为阻容式和数字式两类;按延时方式分为通电延时型、断电延时型及带瞬动触点的通电延时型。常用的 JS20 系列晶体管时间继电器是全国推广的统一设计产品,适用于交流 50 Hz、电压 380 V 及以下或直流 110 V 及以下的控制线路,作为时间控制元器件,按预定的时间延时,周期性地接通或分断线路。

1) 型号含义

JS20 系列时间继电器的型号含义如下。

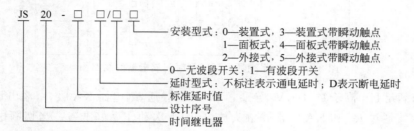

2) 结构

JS20 系列时间继电器的外形如图 3-3(a)所示。继电器具有保护外壳,其内部结构采用印刷线路组件。安装和接线采用专用的插接座,并配有带插脚标记的下标牌作接线指示,上标盘上还带有发光二极管作为动作指示。结构形式有外接式、装置式和面板式三种。外接式的整定电位器可通过插座用导线接到所需的控制板上;装置式具有带接线端子的胶木底座;面板式采用通用八大脚插座,可直接安装在控制台的面板上,另外还带有延时刻度和延时旋钮供整定延时时间用。JS20 系列通电延时型时间继电器的接线示意图如图 3-3(b)所示。

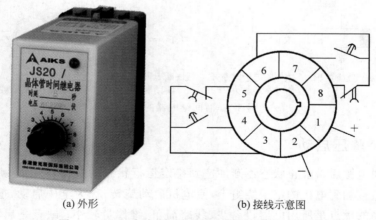

(a) 外形   (b) 接线示意图

图 3-3 JS20 系列时间继电器的外形与接线示意图

3) 工作原理

JS20 系列通电延时型时间继电器的线路如图 3-4 所示。它由电源、电容充放电线路、电压鉴别线路、输出和指示线路五部分组成。电源接通后,经整流滤波和稳压后的直流电经过 RP_1 和 R_2 向电容 C_2 充电。当场效应管 V_6 的栅源电压 U_{gs} 低于夹断电压 U_p 时,V_6 截止,因而 V_7、V_8 也处于截止状态。随着充电的不断进行,电容 C_2 的电位按指数规

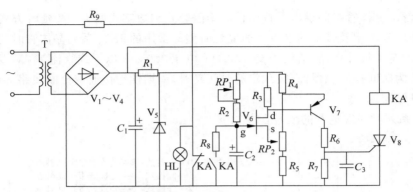

图 3-4　JS20 系列通电延时型时间继电器的线路图

律上升,当满足 U_{gs} 高于 U_p 时,V_6 导通,V_7、V_8 也导通,继电器 KA 吸合,输出延时信号。同时电容 C_2 通过 R_8 和 KA 的常开触头放电,为下次动作做好准备。当切断电源时,继电器 KA 释放,线路恢复原始状态,等待下次动作。调节 RP_1 和 RP_2 即可调整延时时间。

3. 时间继电器的符号

时间继电器在线路图中的符号如图 3-5 所示。

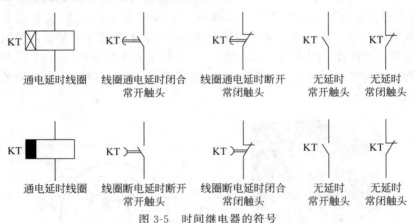

图 3-5　时间继电器的符号

3.1.2　降压启动

电机接通电源后由静止状态逐渐加速到稳定运行状态的过程,称为电机的启动。若将额定电压直接加到电机的定子绕组上,使电机启动旋转,称为全压启动,也称为直接启动。全压启动的优点是所用电器设备少、线路简单、维修量较小;缺点是启动电流大,会使电网电压降低而影响其他电器设备的稳定运行。因此,较大容量的电机启动时需采用降压启动。

通常规定:电源容量在 180kV·A 以上,电机容量在 7kW 以下的三相异步电机可采用直接启动。判断一台电机能否直接启动,可用下面的经验公式来确定:

$$\frac{I_{ST}}{I_N} \leqslant \frac{3}{4} + \frac{S}{4P}$$

式中，I_{ST} 为电机全压启动电流，单位为 A；I_N 为电机额定电流，单位为 A；S 为电源变压器容量，单位为 kV·A；P 为电机容量，单位为 kW。

满足此条件即可全压启动，否则应采用降压启动。

降压启动是指利用启动设备将电压适当降低后加到电机的定子绕组上进行启动，待电机启动运转后，再使其电压恢复到额定值正常运转。降压启动的目的是为了减小启动电流。降压启动适用于空载或轻载下启动。常用的降压启动方法有：定子绕组串电阻降压启动；Y-△降压启动；延边三角形降压启动；自耦变压器降压启动。下面分别介绍定子绕组串电阻降压启动、Y-△降压启动和自耦变压器降压启动。

3.1.3　任务实施

1. 识读线路图

常用的电机 Y-△降压启动控制线路如图 3-6 所示。Y-△降压启动是指电机启动时，把定子绕组接成 Y 形，以降低启动电压，减小启动电流；待电机启动后，再把定子绕组改成△形，使电机全压运行。Y-△启动只能用于正常运行时定子绕组作△形连接的异步电机。电机启动时接成 Y 形，加在每一相定子绕组的启动电压只有△形接法的 $\dfrac{1}{\sqrt{3}}$，启动电流是△形接法的 $\dfrac{1}{3}$，启动转矩也只有△形接法的 $\dfrac{1}{3}$。因此，Y-△降压启动只适用于轻载或空载下启动。

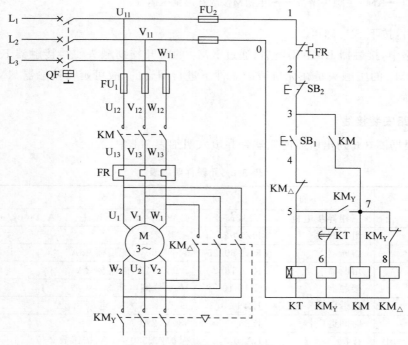

图 3-6　Y-△降压启动控制线路

该线路由三个接触器、一个热继电器、一个时间继电器和两个按钮组成。KM 接触器用于电源与电机绕组之间的连接,KM$_Y$ 用于电机绕组 Y 形连接,KM$_\triangle$ 用于电机绕组 △形连接,时间继电器 KT 用作控制 Y 形降压启动到△形运行的自动切换,为保证只有在电机绕组 Y 形连接时才能降压启动,故启动按钮 SB$_1$ 与 KM$_\triangle$ 常闭触头串联。

2. 线路工作原理分析

线路的工作原理如下:合上电源开关 QF。

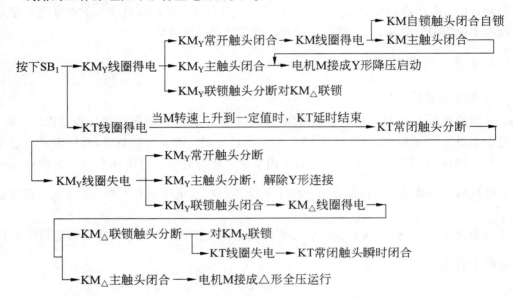

停止时,按下 SB$_2$ 即可。

该线路中,接触器 KM$_Y$ 得电后,通过 KM$_Y$ 的常开辅助触头使得接触器 KM 得电动作,这样 KM$_Y$ 的主触头是在无负载的条件下进行闭合的,故可延长接触器 KM$_Y$ 主触头的使用寿命。

3. 线路安装接线

(1) 根据图 3-6 列出所需的元器件并填入明细表 3-1 中。

表 3-1   元器件明细表

序号	代 号	名 称	型 号	规 格	数量
1	M	三相异步电机	Y112M-4	4kW、380V、△形接法、8.8A、1440r/min	1
2	QF	组合开关	HZ10-25/3	三极、25A	1
3	FU$_1$	熔断器	RL1-60/25	500V、60A、配熔体 25A	3
4	FU$_2$	熔断器	RL1-15/2	500V、15A、配熔体 2A	2
5	KM	接触器	CJ10-10	10A、线圈电压 380V	3
6	FR	热继电器	JR16-20/3	三极、20A、整定电流 8.8A	1
7	KT	时间继电器	JS20	380V、2A	1
8	SB$_1$～SB$_3$	按钮	LA10-3H	保护式、380V、5A、按钮数 3 位	1
9	XT	接线端子排	JX2-1015	380V、10A、15 节	1

（2）按明细表清点各元器件的规格和数量，并检查各个元器件是否完好无损，各项技术指标应符合规定要求。

（3）根据原理图，设计并画出电器布置图，作为电器元器件安装的依据。电器布置图如图3-7所示。

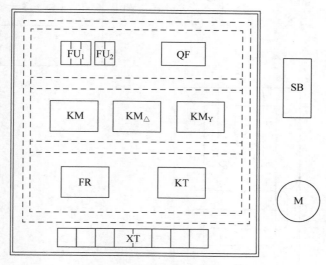

图3-7 电器布置图

（4）按照电器布置图安装固定元器件。

（5）根据原理图，设计并画出安装接线图，作为接线安装的依据。安装接线图如图3-8所示。

（6）按图施工，安装接线。

4. 线路断电检查

（1）按电气原理图或电气安装接线图从电源端开始，逐段核对接线及接线端子处是否正确，有无漏接、错接之处。检查导线接点是否符合要求，压接是否牢固。

（2）用万用表检查所接线路的通断情况。检查时，应选用倍率适当的欧姆挡，并进行校零，预防短路故障的发生。

（3）对主线路进行检测。

① 电源控制线路检测：万用表电阻挡位，将量程选为×100或×1k，红色表笔分别放在 L_1、L_2、L_3，黑色表笔分别放在 U_1、V_1、W_1，合上电源开关 QF，按下 KM 接触器，万用表示值应为 0，则线路接线正确。

② 电机△形连接检测：万用表电阻挡位，红色表笔分别放在 U_1、V_1、W_1，黑色表笔分别放在 W_2、U_2、V_2，按下 $KM_\triangle$ 接触器，万用表示值应为 0，则线路接线正确。

③ 电机 Y 形连接检测：万用表电阻挡位，红色表笔分别放在 U_2，黑色表笔分别放在 W_2、V_2，按下 KM_Y 接触器，万用表示值应为 0，则线路接线正确。

（4）对控制线路进行检测。万用表电阻挡位，红色表笔放在 L_1，黑色表笔放在 L_2，按下 SB_1，万用表示值应为 KM_Y 接触器线圈的阻值，同时按下 SB_2，阻值变为无穷大；松开 SB_2，

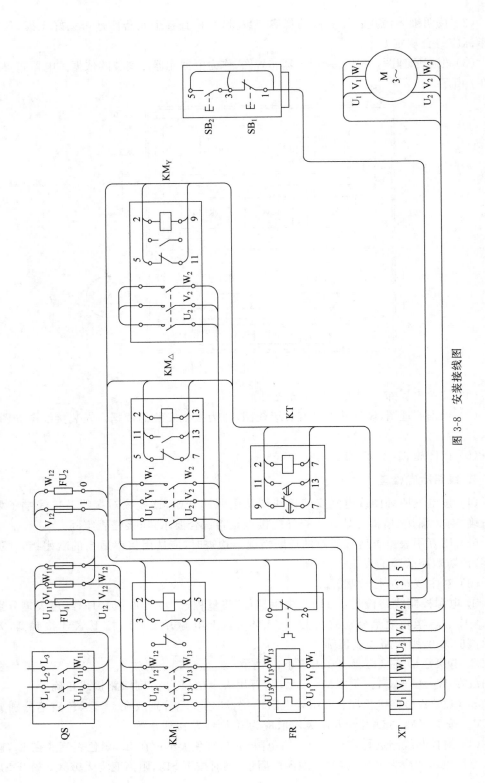

图 3-8 安装接线图

万用表示值恢复,再同时按下 $KM_\triangle$ 接触器,阻值再次变为无穷大,则线路接线正确。万用表电阻挡位,红色表笔放在 L_1,黑色表笔放在 L_2,按下 KM 接触器,万用表示值应为 KM 和 $KM_\triangle$ 接触器线圈的并联阻值,同时轻按 KM_Y,阻值变为 KM 线圈阻值;继续按下 KM_Y,阻值再次变为 KM 和 KM_Y 两个线圈并联的阻值,则线路接线正确。

5. 通电调试和故障排除

在线路安装完成并经检查确定线路连接正确后,将 L_1、L_2、L_3 接通三相电源,闭合电源开关 QF,按下 SB_1,时间继电器 KT 线圈、接触器 KM、KM_Y 线圈得电,电机 Y 形接法降压启动;经过延时接触器 KM_Y 线圈失电,接触器 $KM_\triangle$ 线圈得电,电机△形接法全压运行。停止时按下 SB_2。

在操作过程中,如果出现不正常现象,应立即断开电源,分析故障原因,用万用表仔细检查线路。在指导教师认可的情况下才能再次通电调试。

3.1.4 技能考核

1. 考核任务

(1) 在规定的时间内按工艺要求完成控制线路的安装接线,且通电试验成功。

(2) 安装工艺应达到基本要求,线头长短应适当且接触良好。

(3) 遵守安全规程,做到文明生产。

2. 考核要求及评分标准

1) 安装接线(30 分)

安装接线评分标准见表 3-2。

表 3-2 安装接线评分标准

项目内容	要 求	评 分 标 准	扣分
导线连接	对于螺栓式接点,在导线连接时,应打羊眼圈,并按顺时针旋转;对于瓦片式接点,在导线连接时,直线插入接点固定即可	每处错误扣 2 分	
	严禁损伤线芯和导线绝缘层,接点上不能露铜丝太长	每处错误扣 2 分	
	每个接线端子上连接的导线根数一般以不超过两根为宜,并保证接线牢固	每处错误扣 1 分	
线路工艺	走线合理,做到横平竖直,布线整齐,各接点不能松动	每处错误扣 1 分	
	导线出线应留有一定的余量,并做到长度一致	每处错误扣 1 分	
	导线变换走向要弯成直角,并做到高低一致或前后一致	每处错误扣 1 分	
	避免交叉线、架空线、绕线和叠线	每处错误扣 2 分	
	导线折弯应折成直角	每处错误扣 1 分	
整体布局	板面线路应合理汇集成线束	每处错误扣 1 分	
	进出线应合理汇集在端子排上	每处错误扣 1 分	
	整体走线应合理美观	酌情扣分	

2）不通电测试（30 分，每错一处扣 5 分，扣完为止）

（1）主线路的测试。电源线 L_1、L_2、L_3 先不通电，闭合电源开关 QF，压下接触器 KM 衔铁，使 KM 的主触头闭合，测量从电源端（L_1、L_2、L_3）到出线端子（U_1、V_1、W_1）上的每一相线路，将电阻值填入表 3-3 中。按下 $KM_\triangle$ 接触器，测量 U_1-W_2、V_1-U_2、W_1-V_2 之间的电阻，将电阻值填入表 3-3 中。按下 KM_Y 接触器，测量 U_2-V_2、U_2-W_2 之间的电阻，将电阻值填入表 3-3 中。

（2）控制线路的测试。

① 按下按钮 SB_1，测量控制线路两端的电阻，将电阻值填入表 3-3 中。

② 按下按钮 SB_1 同时按下 KM_Y，测量控制线路两端的电阻，将电阻值填入表 3-3 中。

③ 用手压下接触器 KM 的衔铁，测量控制线路两端的电阻，将电阻值填入表 3-3 中。

④ 用手压下接触器 KM 的同时按下接触器 KM_Y 衔铁，测量控制线路两端的电阻，将电阻值填入表 3-3 中。

表 3-3　Y-△降压启动控制线路的不通电测试记录

操作步骤	主线路（电源线路）			主线路（△形接法）			主线路（Y 形接法）	
	闭合 QF_1，压下 KM 衔铁			压下 $KM_\triangle$ 衔铁			压下 KM_Y 衔铁	
电阻值/Ω	L_1 相	L_2 相	L_3 相	U_1-W_2	V_1-U_2	W_1-V_2	U_2-V_2	U_2-W_2
	控制线路两端（U_{11}-V_{11}）							
操作步骤	按下 SB_1		按下 SB_1 同时压下 KM_Y 衔铁		压下 KM 衔铁		压下 KM 同时压下 KM_Y 衔铁	
电阻值/Ω								

3）通电测试（40 分）

在使用万用表检测后，把 L_1、L_2、L_3 三端接入电源通电试车。按照顺序测试线路的各项功能，每错一项扣 10 分，扣完为止。当出现功能不对的项目后，后面的功能均算错。将测试结果填入表 3-4 中。

表 3-4　Y-△降压启动控制线路的通电测试记录

现象 元件　操作	闭合 QS	按下 SB_1	KT 延时	按下 SB_2
KM 线圈				
KM_Y 线圈				
$KM_\triangle$ 线圈				

拓 展 知 识

1. 定子绕组串电阻降压启动控制线路

定子绕组串电阻降压启动是指电机启动时，把电阻串接在电机的定子绕组与电源之间,通过电阻分压作用来降低定子绕组上的启动电压。待电机启动后,再将电阻短接,使其电压恢复到额定值正常运行。时间继电器控制电机定子绕组串电阻降压启动控制线路如图 3-9 所示。

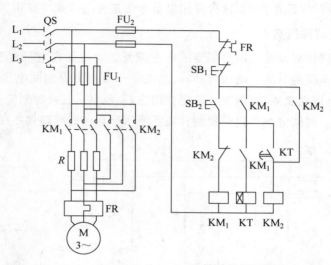

图 3-9　时间继电器控制电机定子绕组串电阻降压启动控制线路

线路的工作原理如下:先合上电源开关 QS。

启动:

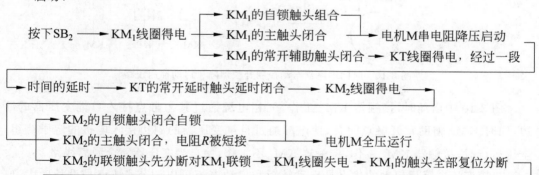

停止:按下SB$_1$即可。

启动电阻 R 一般采用 ZX1、ZX2 系列铸铁电阻。铸铁电阻能够通过较大电流,功率大。启动电阻 R 可按下列近似公式确定:

$$R = 190 \times \frac{I_{st} - I'_{st}}{I_{st} I'_{st}}$$

式中,I_{st} 为未串电阻前的启动电流,单位为 A,一般 $I_{st} = (4 \sim 7)I_N$;I'_{st} 为串联电阻后的启动电流,单位为 A,一般 $I'_{st} = (2 \sim 3)I_N$;I_N 为电机的额定电流,单位为 A;R 为电机相应串接的启动电阻值,单位为 Ω。

电阻功率可用公式 $P=I_N^2R$ 计算。由于启动电阻 R 仅在启动过程中接入,且启动时间很短,所以实际选用的电阻功率可比计算值 $P=I_N^2R$ 减小到原来的 $1/4\sim1/3$。

串电阻降压启动的缺点是减小了电机的启动转矩,同时启动时在电阻上的功率消耗也较大,故在目前的实际生产中,这种降压启动方法正在逐步减少应用。

2. 自耦变压器降压启动

自耦变压器降压启动是利用自耦变压器来降低启动时加在电机定子绕组上的电压,以达到限制启动电流的目的。电机启动时,电机定子绕组上得到的电压是自耦变压器的二次侧电压,一旦启动完毕,自耦变压器便被切除,额定电压直接加到定子绕组上,电机进入全压运行状态。时间继电器自动控制补偿器降压启动控制线路如图 3-10 所示。

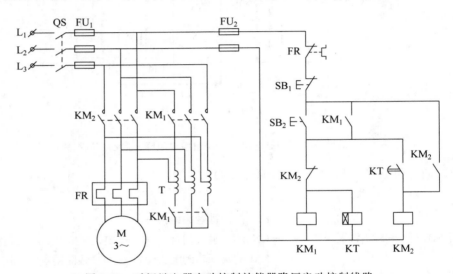

图 3-10　时间继电器自动控制补偿器降压启动控制线路

图 3-10 中启动时,接触器 KM₁ 工作,三相电源通过其主触点接入自耦变压器的原边,同时 KM₁ 辅助常开触点闭合,使电源通过自耦变压器的副边接入电机的定子绕组。全压运行时,接触器 KM₂ 工作,接触器 KM₁ 不工作,使自耦变压器完全脱离线路。

自耦变压器降压启动的优点是启动转矩和启动电流可以调节;缺点是设备庞大,成本较高。

思考与练习

1. 按工作原理分类,时间继电器可分为哪几种类型? 各有什么特点?
2. 空气阻尼式时间继电器的结构主要由哪几部分组成? 简述其工作原理?
3. 晶体管时间继电器适用于什么场合?
4. 如何选用时间继电器?
5. 什么叫降压启动? 笼型异步电机在什么情况下需要降压启动? 常见的降压启动

方法有哪四种？

6. 一台电机的接法是 Y-△，允许轻载启动，设计满足下列要求的控制线路。①采用手动和自动控制降压启动；②实现连续运转和点动工作，且当点动工作时要求处于降压状态工作；③具有必要的联锁和保护环节；④至少有一个现场急停开关。

7. 试设计 3 台笼型异步电机的启、停控制线路，要求如下：①M₁ 启动 10s 后，M₂ 自行启动；②M₂ 运行 8s 后，M₁ 停止，同时 M₃ 自行启动；③再运行 20s 后，M₂ 和 M₃ 停止。

8. 设计一个小车运行的控制线路。其要求如下：①小车由原位开始前进，到终端后自动停止；②在终端停留 2min 后自动返回原位停止；③要求能在前进或后退中任意位置都能停止或启动。

任务 3.2　电机反接制动控制线路的安装与调试

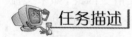 **任务描述**

电机断开电源以后，由于惯性作用不会马上停止转动，此时在电机定子绕组中通入反相序交流电，使其产生一个和电机实际转向相反的电磁力矩，迫使电机迅速停转。这就是电机的反接制动。图 3-16 所示为电机单向启动反接制动控制线路。

本任务要求能识读电机单向启动反接制动控制线路，并掌握其工作原理，能对线路进行正确的安装接线和通电调试。

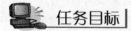 **任务目标**

知识目标：

(1) 电磁抱闸、速度继电器结构、工作原理及选用；

(2) 机械制动控制线路工作原理分析；

(3) 电机单向启动反接制动控制线路的分析与实现；

(4) 电机单向启动反接制动控制线路的故障诊断与维修；

(5) 电机双向启动反接制动控制线路的原理分析。

能力目标：

(1) 会识读与绘制电气控制系统图；

(2) 会正确判断电器元器件的好坏；

(3) 会根据电气原理图、接线图正确接线；

(4) 会正确分析电机单向启动反接制动控制线路的原理、故障诊断与故障排除。

 **相关知识**

要对图 3-16 所示的线路进行安装接线和通电试验，首先要认识图中所用到的元器件。本任务中用到的元器件有电磁抱闸和速度继电器。学生通过对元器件进行外形观察、参数识读及测试等相关活动，掌握这些元器件的功能和使用方法。下面就来学习线路中所涉及的元器件。

3.2.1　电磁抱闸

电磁铁是利用电磁吸力来操纵牵引机械装置,以完成预期的动作,或用于钢铁零件的吸持固定、铁磁物体的起重搬运等,因此它是将电能转化为机械能的一种低压电器。

电磁铁主要由铁心、衔铁、线圈和工作机构四部分组成。

按线圈中通过电流的种类,电磁铁可分为交流电磁铁和直流电磁铁。

1. 交流电磁铁

线圈中通以交流电的电磁铁称为交流电磁铁。

交流电磁铁在线圈工作电压一定的情况下,铁心中的磁通幅值基本不变,因而铁心与衔铁间的电磁吸力也基本不变。但线圈中的电流主要取决于线圈的感抗,在电磁铁吸合的过程中,随着气隙的减小,磁阻减小,线圈的感抗增大,电流减小。实验证明,交流电磁铁在开始吸合时电流最大,一般比衔铁吸合后的工作电流大几倍到十几倍。因此,如果交流电磁铁的衔铁被卡住不能吸合时,线圈会很快因过热而烧坏。同时,交流电磁铁也不允许操作太频繁,以免线圈因不断受到启动电流的冲击而烧坏。

为了减小涡流与磁滞损耗,交流电磁铁的铁心和衔铁用硅钢片叠压铆成,并在铁心端部装有短路环。

交流电磁铁的种类很多,按电流相数分为单相、二相和三相;按线圈额定电压可分为220V和380V;按功能可分为牵引电磁铁、制动电磁铁和起重电磁铁。制动电磁铁按衔铁行程又分为长行程(大于10mm)和短行程(小于5mm)两种。下面只简单分析交流短行程制动电磁铁。

交流短行程制动电磁铁为转动式,制动力矩较小,多为单相或两相结。常用的有MZD1系列,其型号及含义如下。

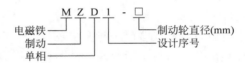

TJ2型闸瓦制动器和MZD1系列交流电磁铁实物图如图3-11所示。

(a) TJ2型闸瓦制动器　　　(b) MZD1系列交流动电磁铁(单相制动)

图3-11　TJ2型闸瓦制动器和MZD1系列交流电磁铁

MZD1系列电磁铁常与TJ2型闸瓦制动器配合使用,共同组成电磁抱闸制动器,其结构如图3-12所示。

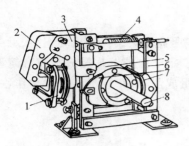

(a) 结构　　　　　(b) 电磁铁的一般符号　　(c) 电磁制动器符号　(d) 电磁阀符号

图 3-12　MZD1 系列制动电磁铁与制动器

1—线圈；2—衔铁；3—铁心；4—弹簧；5—闸轮；6—杠杆；7—闸瓦；8—轴

制动电磁铁由铁心、衔铁和线圈三部分组成。闸瓦制动器包括闸轮、闸瓦、杠杆和弹簧等部分。闸轮装在被制动轴上，当线圈通电后，U 形衔铁绕轴转动吸合，衔铁克服弹簧拉力，迫使制动杠杆带动闸瓦向外移动，使闸瓦离开闸轮，闸轮和被制动轴可以自由转动。而当线圈断电后，衔铁会释放，在弹簧的作用下，制动杠杆带动闸瓦向里运动，使闸瓦紧紧抱住闸轮完成制动。

不同种类的电磁铁在线路图中的符号不同，常用电磁铁的符号如图 3-12（b）、图 3-12（c）、图 3-12（d）所示。

2. 电磁铁的选用

（1）根据机械负载的要求选择电磁铁的种类和结构形式。

（2）根据控制系统电压选择电磁铁线圈电压。

（3）电磁铁的功率应不小于制动或牵引功率。对于制动电磁铁，当制动器的型号确定后，应根据规定正确选配电磁铁。TJ2 型制动器与 MZD1 系列电磁铁的配用见表 3-5。

表 3-5　制动器与制动电磁铁的配用

制动器型号	制动力矩/(N·cm)		闸瓦退距/mm（正常/最大）	调整杆行程/mm（正常/最大）	电磁铁型号	电磁铁转矩/(N·cm)	
	通电持续率为 25%或 40%	通电持续率为 100%				通电持续率为 25%或 40%	通电持续率为 100%
TJ2-100	2000	1000	0.4/0.6	2/3	MZD1-100	550	300
TJ2-200/100	4000	2000	0.4/0.6	2/3	MZD1-200	550	300
TJ2-200	16000	8000	0.5/0.8	2.5/3.8	MZD1-200	4000	2000
TJ2-300/200	24000	12000	0.5/0.8	2.5/3.8	MZD1-200	4000	2000
TJ2-300	50000	2000	0.7/1	3/4.4	MZD1-300	10000	4000

3.2.2　速度继电器

速度继电器是反映转速和转向的继电器，其作用是以速度的大小为信号与接触器配合，完成对电机的反接制动控制，故又称为反接制动继电器。常用的速度继电器有 JY1、JFZ0 系列。

1. 速度继电器的外形结构

速度继电器的外形结构及符号如图 3-13 所示。它是由定子、转子、可动支架、触头系统等部分组成。转子由永久磁铁制成,固定在转轴上;定子由硅钢片叠成并装有笼型短路绕组,能做小范围偏转;触头系统有两组转换触头组成,一组在转子正转时动作,一组在转子反转时动作。

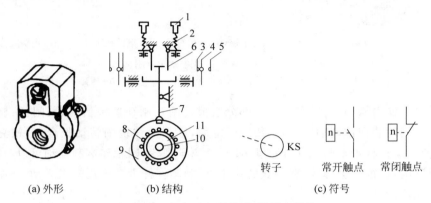

(a) 外形　　　　(b) 结构　　　　(c) 符号

图 3-13　速度继电器外形、结构和符号

1—调节螺钉;2—反力弹簧;3—常闭触头;4—动触头;5—常开触头;6—返回杠杆;7—杠杆;
8—定子导条;9—定子;10—转轴;11—转子

2. 工作原理

速度继电器的转轴与被控电机的转轴同轴相连,当电机运行时,速度继电器的转子随电机转子转动,永久磁铁形成旋转磁场,定子中的笼形导条切割磁力线而产生感应电动势,形成感应电流,在磁场的作用下产生电磁转矩,使定子随转子旋转方向偏转,但由于有返回杠杆挡住,故定子只能随转子方向转动一定角度。当定子偏转到一定的角度时,在杠杆 7 的作用下使常闭触点打开,常开触点闭合。当被控电机转速下降时,速度继电器转子也下降,当转子转速减小到接近零时,由于定子的电磁转矩减小,当电磁转矩小于反作用弹簧的反作用力时,定子返回原位,速度继电器的触点也恢复原位。

速度继电器的动作转速一般不低于 $100\mathrm{r/min}$,复位转速在 $100\mathrm{r/min}$ 以下。使用时,应将速度继电器的转子与被控电机同轴相连,而将其触点串联在控制线路中,通过接触器来实现反接制动。

3.2.3　电磁抱闸制动

1. 电机的制动

电机断开电源以后,由于惯性作用不会马上停止转动,而是需要转动一段时间才会完全停下来。这种情况对于某些生产机械是不适宜的。例如,起重机的吊钩需要准确定位;万能铣床要求立即停转等。满足生产机械的这种要求就需要对电机进行制动。

所谓制动,就是给电机一个与转动方向相反的转矩使它迅速停转(或限制其转速)。制动的方法一般有两类:机械制动和电力制动。

机械制动就是利用机械装置使电机断开电源后迅速停转的方法叫作机械制动。机械制动常用的方法有电磁抱闸制动器制动和电磁离合器制动。

电气制动就是使电机在断电停转的过程中,产生一个和电机实际转向相反的电磁力矩,迫使电机迅速停转的方法。电气制动常用的方法有反接制动、能耗制动、电容制动和再生制动。

2. 电磁抱闸制动器制动

电磁抱闸制动器分为断电制动型和通电制动型两种。断电制动型的工作原理是:当制动电磁铁的线圈得电时,制动器的闸瓦与闸轮分开,无制动作用;当制动电磁铁的线圈失电时,闸瓦紧紧抱住闸轮制动。通电制动型的工作原理是:当线圈得电时,闸瓦紧紧抱住闸轮制动;当线圈失电时,闸瓦与闸轮分开,无制动作用。

1)电磁抱闸制动器断电制动控制线路

电磁抱闸制动器断电制动控制线路如图 3-14 所示。

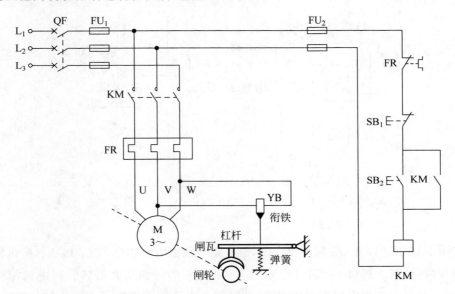

图 3-14 电磁抱闸制动器断电制动控制线路

2)线路工作原理分析

线路工作原理如下:先合上电源开关 QS。

启动运转:按下启动按钮 SB$_2$,接触器 KM 线圈得电,其自锁触头和主触头闭合,电机 M 接通电源,同时电磁抱闸制动器 YB 线圈得电,衔铁与铁心吸合,衔铁克服弹簧拉力迫使制动杠杆向上移动,从而使制动器的闸瓦与闸轮分开,电机正常运转。

制动停转:按下停止按钮 SB$_1$,接触器 KM 线圈失电,其自锁触头和主触头分断,电机 M 失电,同时电磁抱闸制动器线圈 YB 失电,衔铁与铁心分开,在弹簧拉力的作用下,闸瓦紧紧抱住闸轮,使电机被迅速制动而停转。

电磁抱闸制动器断电制动在起重机械上被广泛使用。其优点是能够准确定位,同时可防止电机突然断电时重物的自行坠落。当重物起吊到一定高度时,按下停止按钮,电机和电磁抱闸制动器的线圈同时断电,闸瓦立即抱住闸轮,电机立即制动停转,重物随之被准确定位。如果电机在工作时,线路发生故障而突然断电,电磁抱闸制动器同样会使电机迅速制动停转,从而避免重物自行坠落。这种制动方法的缺点是不经济,因为电磁抱闸制动器线圈耗电时间与电机一样长。另外,切断电源后,由于电磁抱闸制动器的制动作用,手动调整工件非常困难。因此,对要求电机制动后能调整工件位置的机床设备不能采用这种制动方法,可采用通电制动控制线路。

3.2.4　任务实施

1. 单向启动反接制动控制线路

1) 反接制动原理

反接制动是利用改变电机电源的相序,使定子绕组产生相反方向的旋转磁场,因而产生制动转矩,迫使电机迅速停转的一种制动方法。其原理图如图 3-15 所示。

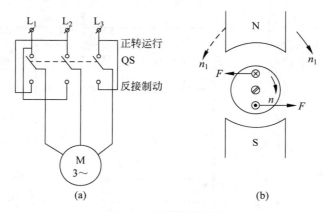

图 3-15　反接制动原理

在图 3-15(a)中,当 QS 向上投合时,电机定子绕组电源相序为 L_1-L_2-L_3,电机将沿旋转磁场方向[如图 3-15(b)中顺时针方向]以 $n < n_1$ 的转速正常运转。当电机需要停转时,可拉开开关 QS,使电机先脱离电源(此时转子由于惯性仍按原方向旋转),随后,将开关 QS 迅速向下投合,由于 L_1、L_2 两相电源线对调,电机定子绕组电源相序变为 L_2-L_1-L_3,旋转磁场反转[图 3-15(b)中逆时针方向],此时转子将以 $n_1 + n$ 的相对转速沿原转动方向切割旋转磁场,在转子绕组中产生感应电流,其方向用右手定则判断,如图 3-15(b)所示。而转子绕组一旦产生电流又受到旋转磁场的作用产生电磁转矩,其方向由左手定则判断。可见此转矩方向与电机的转动方向相反,使电机受制动迅速停转。

值得注意的是,当电机转速接近于零时,应立即切断电源,否则电机将反转。

反接制动的优点是制动力强,制动迅速;缺点是制动准确性差,制动过程中冲击强烈易损坏传动零件,制动能量消耗大,不宜经常制动。因此,反接制动一般适用于制动要求迅速、系统惯性较大、不经常启动与制动的场合,如铣床、镗床、中型车床等主轴的制动控制。

2）单向启动反接制动控制线路

（1）识读线路图。单向启动反接制动控制线路如图 3-16 所示。该线路的主线路由两部分构成，其中电源开关 QS、熔断器 FU_1、接触器 KM_1 主触头、热继电器 FR 热元件和电机组成单向直接启动线路；接触器 KM_2 主触头；制动电阻 R 和速度继电器 KS 组成反接制动线路。接触器 KM_2 用于引入反相序交流电源，制动电阻 R 起到限制制动电流的作用，KS 为速度继电器，其轴与电机轴相连，用来检测电机转速。

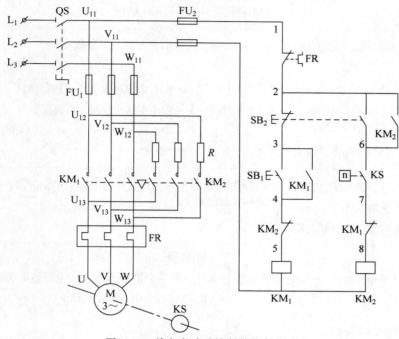

图 3-16   单向启动反接制动控制线路

控制线路中 KM_1 为正转控制接触器，KM_2 为反转控制接触器，SB_1 为启动按钮，SB_2 为停止按钮，KM_1、KM_2 之间相互联锁。

反接制动时，由于旋转磁场与转子的相对转速（n_1+n）很高，故转子绕组中感应电流很大，致使定子绕组中的电流也很大，一般为电机额定电流的 10 倍左右。因此，反制动适用于 10kW 以下小容量电机的制动，并且对 4.5kW 以上的电机进行反接制时，需在定子回路中串入限流电阻 R，以限制反接制动电流。限流电阻 R 的大小可参考下述经验计算公式进行估算。

在电源电压为 380V 时，若要使反接制动电流等于电机直接启动时的启动电流 $\frac{1}{2}I_{st}$，则三相线路每相应串入的电阻 $R(\Omega)$ 值可取为

$$R \approx 1.5 \times \frac{220}{I_{st}}$$

若使反接制动电流等于启动电流 I_{st}，则每相串入的电阻 R' 值可取为：

$$R' \approx 1.3 \times \frac{220}{I_{st}}$$

如果反接制动时只在电源两相中串接电阻,则电阻值应加大,分别取上述电阻值的 1.5 倍。

(2)线路工作原理分析。单向启动反接制动控制线路工作原理如下。

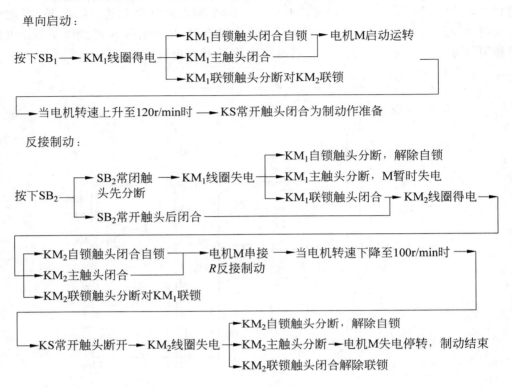

(3)线路安装接线。

① 根据图 3-16 列出所需的元器件并填入明细表 3-6 中。

表 3-6　元器件明细表

序号	代　号	名　　称	型　号	规　　格	数量
1	M	三相异步电机	Y112M-4	4kW、380V、△形接法、8.8A、1440r/min	1
2	QS	组合开关	HZ10-25/3	三极、25A	1
3	FU₁	熔断器	RL1-60/25	500V、60A、配熔体 25A	3
4	FU₂	熔断器	RL1-15/2	500V、15A、配熔体 2A	2
5	KM₁、KM₂	接触器	CJ10-10	10A、线圈电压 380V	2
6	FR	热继电器	JR16-20/3	三极、20A、整定电流 8.8A	1
7	SB₁~SB₃	按钮	LA10-3H	保护式、380V、5A、按钮数 3 位	1
8	KS	速度继电器	JY1		1
9	R	制动电阻		0.5Ω、50W(外接)	3
10	XT	接线端子排	JX2-1015	380V、10A、15 节	1

② 按明细表清点各元器件的规格和数量,并检查各个元器件是否完好无损,各项技术指标符合规定要求。

③ 根据原理图,设计并画出电器布置图,作为电器元器件安装的依据。电器布置图如图 3-17 所示。

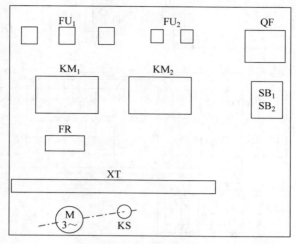

图 3-17 电器布置图

④ 按照电器布置图安装固定元器件。

⑤ 根据原理图,设计并画出安装接线图,作为接线安装的依据。电气接线图如图 3-18 所示。

⑥ 接线。接线时先接主线路,再接控制线路。

(4)线路断电检查。

① 按电气原理图或电气安装接线图从电源端开始,逐段核对接线及接线端子处是否正确,有无漏接、错接之处。检查导线接点是否符合要求,压接是否牢固。

② 用万用表检查所接线路的通断情况。检查时,应选用倍率适当的欧姆挡,并进行校零,预防短路故障的发生。

对主线路进行检查时,电源线 L_1、L_2、L_3 先不通电,使用万用表的欧姆挡,将量程选为 $\times 100$ 或 $\times 1k$,闭合 QS,用手压下接触器 KM_1 的衔铁来代替接触器线圈得电吸合时的情况进行检查,依次测量从电源端(L_1、L_2、L_3)到电机出线端子(U、V、W)的每一相线路的电阻值,检查是否存在开路或接触不良的现象。若显示阻值为零,则表明线路连接正确,若显示阻值为∞,则表明线路存在开路或接触不良的现象。

对控制线路进行检查时,可先断开主线路,使 QS 处于断开位置,使用万用表的欧姆挡,将量程选为 $\times 100$ 或 $\times 1k$,将万用表两表笔分别搭在 FU_2 的两个进线端上(V_{11} 和 W_{11}),此时读数应为∞。按下启动按钮 SB_1 时,读数应为接触器 KM_1 线圈的电阻值;压下接触器 KM_1 衔铁时,读数应为接触器 KM_1 线圈的电阻值。用导线短接速度继电器 KS 的常开触头,按下停止按钮 SB_2 时,读数应为接触器 KM_2 线圈的电阻值;压下接触器 KM_2 衔铁时,读数也应为接触器 KM_2 线圈的电阻值。

(5)通电调试和故障排除。通电试车,操作相应按钮,观察各电器的动作情况。

把 L_1、L_2、L_3 三端接上电源,闭合开关 QS,引入三相电源,按下启动按钮 SB_1,接触器

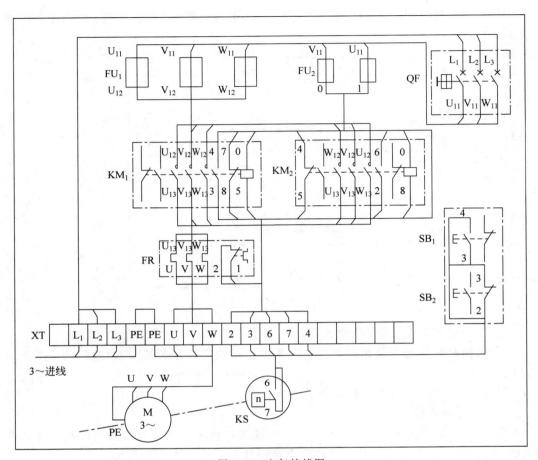

图 3-18　电气接线图

KM₁ 线圈通电，衔铁吸合，主触头闭合，电机接通电源直接启动运转。按下停止按钮 SB₂ 时，KM₁ 线圈断电释放，由于 KS 常开触头闭合，KM₂ 接触器得电，主触头闭合电机接入反相序制动，电机迅速停车。

　　在操作过程中，如果出现不正常现象，应立即断开电源，分析故障原因，用万用表仔细检查线路。在指导教师认可的情况下才能再次通电调试。

2. 双向启动反接制动控制线路

1）识读线路图

　　双向启动反接制动控制线路如图 3-19 所示。该线路所用电器较多，其中 KM₁ 既是正转运行接触器，又是反转运行时的反接制动接触器；KM₂ 既是反转运行接触器，又是正转运行时的反接制动接触器；KM₃ 作短接限流电阻 R 用；中间继电器 KA₁、KA₃ 和接触器 KM₁、KM₃ 配合完成电机的正向启动、反接制动的控制要求；中间继电器 KA₂、KA₄ 和接触器 KM₂、KM₃ 配合完成电机的反向启动、反接制动的控制要求；速度继电器 KS 有两对常开触头 KS-1、KS-2，分别用于控制电机正转和反转时反接制动的时间；R 既是反接制动限流电阻，又是正反向启动的限流电阻。

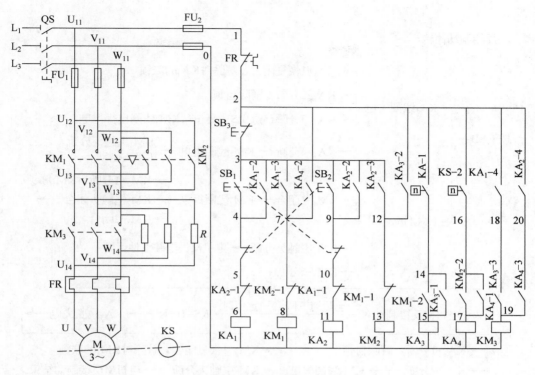

图 3-19　双向启动反接制动控制线路

2）工作原理分析

双向启动反接制动控制线路线路的工作原理如下。

先合上电源开关 QS。

正转启动运转：

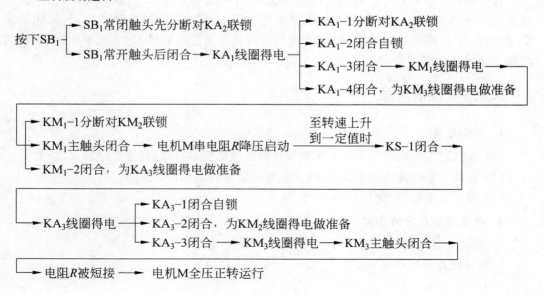

反接制动停转：

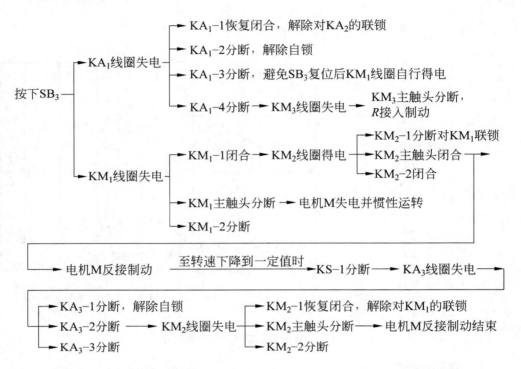

电机的反向启动及反接制动控制是由启动按钮 SB₂、中间继电器 KA₂ 和 KA₄、接触器 KM₂ 和 KM₃、停止按钮 SB₃、速度继电器的常开触头 KS-2 等电器来完成，其启动过程、制动过程和上述类同，读者可自行分析。

双向启动反接制动控制线路所用电器较多，线路也比较繁杂，但操作方便，运行安全可靠，是一种比较完善的控制线路。线路中的电阻 R 既能限制反接制动电流，又能限制启动电流；中间继电器 KA₃、KA₄ 可避免停车时由于速度继电器 KS-1 或 KS-2 触头的偶然闭合而接通电源。

3.2.5　技能考核

1. 考核任务

（1）在规定的时间内按工艺要求完成控制线路的安装接线，且通电试验成功。

（2）安装工艺应达到基本要求，线头长短应适当且接触良好。

（3）遵守安全规程，做到文明生产。

2. 考核要求及评分标准

1）安装接线（30 分）

安装接线评分标准见表 3-7。

表 3-7　安装接线评分标准

项目内容	要　　　求	评 分 标 准	扣分
导线连接	对于螺栓式接点,在导线连接时,应打羊眼圈,并按顺时针旋转;对于瓦片式接点,在导线连接时,直线插入接点固定即可	每处错误扣2分	
	严禁损伤线芯和导线绝缘层,接点上不能露铜丝太长	每处错误扣2分	
	每个接线端子上连接的导线根数一般以不超过两根为宜,并保证接线牢固	每处错误扣1分	
线路工艺	走线合理,做到横平竖直,布线整齐,各接点不能松动	每处错误扣1分	
	导线出线应留有一定的余量,并做到长度一致	每处错误扣1分	
	导线变换走向要弯成直角,并做到高低一致或前后一致	每处错误扣1分	
	避免交叉线、架空线、绕线和叠线	每处错误扣2分	
	导线折弯应折成直角	每处错误扣1分	
整体布局	板面线路应合理汇集成线束	每处错误扣1分	
	进出线应合理汇集在端子排上	每处错误扣1分	
	整体走线应合理美观	酌情扣分	

2) 不通电测试(30分,每错一处扣5分,扣完为止)

(1) 主线路的测试。电源线 L_1、L_2、L_3 先不要通电,闭合电源开关 QS,压下接触器 KM_1 衔铁,使 KM_1 的主触头闭合,测量从电源端(L_1、L_2、L_3)到出线端子(U、V、W)上的每一相线路,将电阻值填入表 3-8 中。

表 3-8　单向启动反接制动控制线路的不通电测试记录

操作步骤	主　线　路			控 制 线 路			
	闭合 QS,压下 KM_1 衔铁			按下 SB_1	压下 KM_1 衔铁	按下 SB_2	压下 KM_2 衔铁
电阻值/Ω	L_1 相	L_2 相	L_3 相				

(2) 控制线路的测试。

① 按下按钮 SB_1,测量控制线路两端的电阻,将电阻值填入表 3-8 中。

② 按下接触器 KM_1 衔铁,测量控制线路两端的电阻,将电阻值填入表 3-8 中。

③ 用导线短接速度继电器 KS 的常开触头,按下按钮 SB_2,测量控制线路两端的电阻,将电阻值填入表 3-8 中。

④ 用导线短接速度继电器 KS 的常开触头,用手压下接触器 KM_2 衔铁,测量控制线路两端的电阻,将电阻值填入表 3-8 中。

3）通电测试（40 分）

在使用万用表检测后，把 L_1、L_2、L_3 三端接入电源通电试车。按照顺序测试线路的各项功能，每错一项扣 10 分，扣完为止。当出现功能不对的项目后，后面的功能均算错。将测试结果填入表 3-9 中。

表 3-9　单向启动反接制动控制线路的通电测试记录

元件 ＼ 操作 现象	闭合 QS	按下 SB_1	按下 SB_2
KM_1 线圈			
KM_2 线圈			

拓 展 知 识

1. 能耗制动

能耗制动是电机脱离三相交流电源后，立即给定子绕组的任意两相通入直流电源，迫使电机迅速停转的一种制动方法。

对于 10kW 以上的电机多采用有变压器单相桥式整流能耗制动控制线路。其控制线路如图 3-20 所示，其中直流电源由单相桥式整流器 VC 供给，TC 是整流变压器，电阻 R 是用来调节直流电流的，从而调节制动强度，整流变压器一次侧与整流器的支流侧同时进行切换，有利于提高触头的使用寿命。

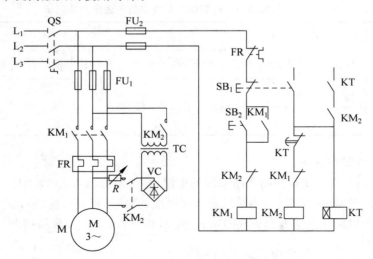

图 3-20　有变压器单相桥式整流单相启动能耗制动控制线路

线路的原理如下：先合上电源开关 QS。

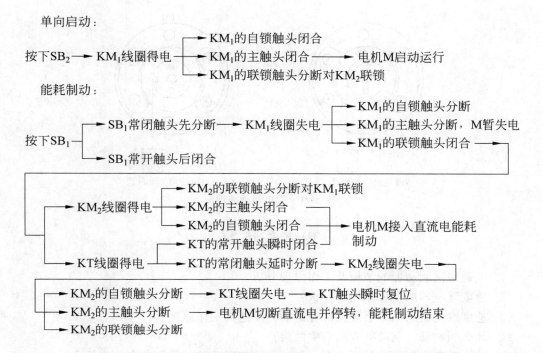

单向启动：

按下SB$_2$ ──→ KM$_1$线圈得电 ─┬─→ KM$_1$的自锁触头闭合
　　　　　　　　　　　　　　├─→ KM$_1$的主触头闭合 ──→ 电机M启动运行
　　　　　　　　　　　　　　└─→ KM$_1$的联锁触头分断对KM$_2$联锁

能耗制动：

按下SB$_1$ ─┬─→ SB$_1$常闭触头先分断 ──→ KM$_1$线圈失电 ─┬─→ KM$_1$的自锁触头分断
　　　　　├─→ SB$_1$常开触头后闭合　　　　　　　　　　　├─→ KM$_1$的主触头分断，M暂失电
　　　　　　　　　　　　　　　　　　　　　　　　　　　└─→ KM$_1$的联锁触头闭合

├─→ KM$_2$线圈得电 ─┬─→ KM$_2$的联锁触头分断对KM$_1$联锁
│　　　　　　　　　├─→ KM$_2$的主触头闭合
│　　　　　　　　　├─→ KM$_2$的自锁触头闭合 ──→ 电机M接入直流电能耗制动
└─→ KT线圈得电 ─┬─→ KT的常开触头瞬时闭合
　　　　　　　　└─→ KT的常闭触头延时分断 ──→ KM$_2$线圈失电

─┬─→ KM$_2$的自锁触头分断 ──→ KT线圈失电 ──→ KT触头瞬时复位
　├─→ KM$_2$的主触头分断 ──→ 电机M切断直流电并停转，能耗制动结束
　└─→ KM$_2$的联锁触头分断

图 3-20 中 KT 的瞬时闭合常开触头的作用是：当 KT 出现线圈断线或机械卡住等故障时，按下停止按钮 SB$_1$ 后能使电机制动后脱离直流电源。

能耗制动的优点是制动准确、平稳，且能量消耗小；缺点是需要附加直流电源设备，设备费用较高，制动能力较弱，在低速时制动力矩小。因此，能耗制动一般用于要求制动准确、平稳的场合，如磨床、立时铣床等控制线路中。

2. 再生发电制动

再生发电制动（又称回馈制动）主要用在起重机械和多速异步电机上。下面以起重机械为例说明其制动原理。

当起重机在高处开始下放重物时，电机转速 n 小于同步转速 n_1，这时电机处于电动运行状态，其转子电流和电磁转矩的方向如图 3-21(a)所示。但由于重力的作用，在重物的下放过程中，会使电机的转速 n 大于同步转速 n_1，这时电机处于发电运行状态，转子相对于旋转磁场切割磁力线的运动方向发生了改变（沿顺时针方向），其转子电流和电磁转矩的方向都与电动运行时相反，如图 3-21(b)所示。可见，电磁力矩变为制动力矩限制了重物的下降速度，保证了设备和人身安全。

对多速电机变速时，如使电机由 2 极变为 4 极，定子旋转磁场的同步转速 n_1 由 3000r/min 变为 1500r/min，而转子由于惯性仍以原来的转速 n（接近 3000r/min）旋转，此时 $n > n_1$，电机处于发电制动状态。

再生发电制动是一种比较经济的制动方法，其优点是制动时不需要改变线路即可从电动运行状态自动地转入发电制动状态，把机械能转换成电能，再回馈到电网，节能效果显著；缺点是应用范围较窄，仅当电机转速大于同步转速时才能实现发电制动。所以常用于在位能负载作用下的起重机械和多速异步电机由高速转为低速时的情况。

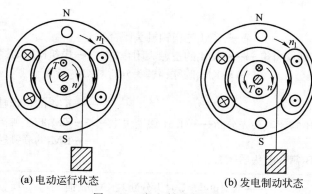

(a) 电动运行状态　　　　　　　(b) 发电制动状态

图 3-21　发电制动原理图

思考与练习

1. 电磁抱闸制动器的结构及工作原理分析。
2. 速度继电器的主要作用是什么?
3. 速度继电器的结构由哪几部分组成? 简述其工作原理。
4. 什么叫制动? 制动的方法有哪两类?
5. 什么叫电力制动? 常用的电力制动方法有哪几种? 分别用在什么场合?
6. 试设计一个按速度原则控制的可逆运行的能耗制动控制线路(含主线路)。
7. 试按下述要求画出某三相笼型异步电机的控制线路图。①既能点动又能连续运转;②停止时采用反接制动;③能在两处启停。

任务 3.3　双速电机控制线路的安装与调试

任务描述

在一些机床中,根据加工工件的材料、刀具种类、工件尺寸及工艺要求会选用不同的加工速度,这就要求电机的转速可以调节。电机的调速方法有机械调速和电气调速。在电气调速中,由三相异步电机的转速公式 $n = (1-s)\dfrac{60f_1}{p}$ 可知,改变异步电机转速可通过三种方法来实现:一是改变电源频率 f_1;二是改变转差率 s;三是改变磁极对数 p。本课题主要介绍通过改变磁极对数 p 来实现电机调速的基本控制线路。

图 3-26 所示为按钮控制双速异步电机的启动及调速控制线路。

本任务要求识读双速异步电机启动及调速控制线路,并掌握其工作原理,能对线路进行正确的安装接线和通电调试。

任务目标

知识目标:

(1) 电流继电器分类、工作原理及选用;

（2）电压继电器分类、工作原理及选用；

（3）双速电机控制线路的分析与实现；

（4）双速电机控制线路的故障诊断与维修。

能力目标：

（1）会识读与绘制电气控制系统图；

（2）会正确判断电器元器件的好坏；

（3）会根据电气原理图、接线图正确接线；

（4）会正确分析双速电机控制线路的原理、故障诊断与故障排除。

 相关知识

要对图 3-26 所示的线路进行安装接线并通电试验，首先要认识图中所用到的元器件。本任务中用到的元器件有电流继电器和电压继电器。通过引导学生对元器件进行外形观察、参数识读及测试等相关活动，使学生掌握这些元器件的功能和使用方法。下面就来学习线路中所涉及的元器件。

3.3.1　电流继电器

反映输入量为电流的继电器叫作电流继电器。使用时，电流继电器的线圈串联在被测量的线路中，根据通过线圈电流的大小而动作。为了使串入电流继电器线圈后不影响线路的正常工作，电流继电器线圈的匝数要少，导线要粗，阻抗要小。

电流继电器可分为过电流继电器和欠电流继电器。

1. 过电流继电器

当流过继电器的电流超过预置值时而动作的继电器叫作过电流继电器。它主要用于频繁启动和重载启动的场合，作为电机和主线路的过载与短路保护。常用的有 JT4、JL12 和 JL14 等系列过电流继电器。

1）型号及含义

常用的过电流继电器有 JT4 系列交流通用继电器和 JL14 系列交直流通用继电器，其型号含义分别如下所示。

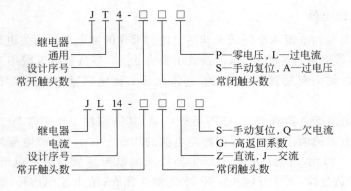

2）结构及工作原理

JT4 系列过电流继电器的外形结构工作原理如图 3-22 所示。它主要由线圈、圆柱形静铁心、衔铁、触头系统和反作用弹簧等组成。

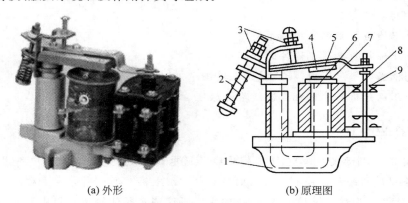

(a) 外形　　　　　　　　　(b) 原理图

图 3-22　JT4 系列通用继电器外形和原理图

1—底座；2—反作用弹簧；3—调节螺钉；4—非磁性垫片；5—衔铁；
6—铁心；7—极靴；8—线圈；9—触头

当线圈通过的电流为额定值时,它所产生的电磁吸力不足以克服反作用弹簧的反作用力,此时衔铁不动作。当线圈通过的电流超过整定值时,电磁吸力大于弹簧的反作用力,铁心吸引衔铁动作,带动常闭触头断开,常开触头闭合。整定继电器的动作电流值可通过两种方法进行,一是调整反作用弹簧的作用力来整定动作值,二是改变衔铁上非磁性垫片的厚度来整定动作值。

过电流动作过电流继电器的线圈串接在主线路中,当流过线圈的电流为额定电流值时,衔铁不吸合;当流过线圈的电流超过整定值时,衔铁吸合使触头动作,常闭触头打开,切断接触器线圈线路,使接触器线圈释放,接触器主触头断开,切断主线路,从而起到保护作用。

JT4 系列为交流通用继电器,在这种继电器的电磁系统上装设不同的线圈,便可制成过电流、欠电流、过电压或欠电压等继电器。JT4 系列通用继电器的技术参数见表 3-10。

2. 欠电流继电器

当通过继电器的电流减小到低于其整定值时动作的继电器称为欠电流继电器。在线路正常工作时,线圈流过额定电流,衔铁处于吸合状态;当负载电流减小至继电器释放电流时,衔铁释放,触头恢复到原始状态。它常用于直流电机励磁线路和电磁吸盘的弱磁保护。

常用的欠电流继电器有 JL14-Q 等系列产品,其结构和工作原理与 JT4 系列继电器相似。这种继电器的动作电流为线圈额定电流的 $30\% \sim 65\%$,释放电流为线圈额定电流的 $10\% \sim 20\%$。因此,当通过欠电流继电器线圈的电流降低到额定电流的 $10\% \sim 20\%$ 时,继电器即释放复位,其常开触头断开,常闭触头闭合,给出控制信号,使控制线路做出相应的反应。

表3-10　JT4系列通用继电器的技术数据

型号	可调参数调整范围	标称误差	返回系数	接点数量	吸引线圈		复位方式	机械寿命/万次	电寿命/万次	质量/kg
					额定电压（或电流）	消耗功率/W				
JT4-□□A 过电压继电器	吸合电压（1.05~1.20）U_N	±10%	0.1~0.3	1常开 1常闭	110V、220V、380V	75	自动	1.5	1.5	2.1
JT4-□□P 零电压（或中间）继电器	吸合电压（0.60~0.85）U_N 或释放电压（0.10~0.35）U_N		0.2~0.4		110V、127V、220V、380V			100	10	1.8
JT4-□□L 过电流继电器	吸合电流（1.10~3.50）I_N		0.1~0.3	1常开 1常闭 或2常开 2常闭	5V、10V、15V、20V、40V、80V、150V、300V、600A	5		1.5	1.5	1.7
JT4-□□S 手动过电流继电器							手动			

3. 电流继电器的选用

（1）过电流继电器的额定电流一般可按电机长期工作的额定电流来选择。对于频繁启动的电机，考虑到启动电流在继电器中的热效应，额定电流可选大一个等级。

（2）过电流继电器的触头种类、数量、额定电流及复位方式应满足控制线路的要求。

（3）过电流继电器的整定值一般为电机额定电流的 1.7～2 倍，频繁启动场合可取 2.5 倍。

4. 电流继电器的符号

过电流继电器、欠电流继电器在线路图中的符号如图 3-23 所示。

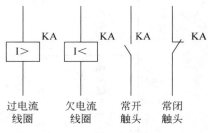

图 3-23　电流继电器的符号

3.3.2　电压继电器

反映输入量为电压的继电器叫作电压继电器。使用时，电压继电器的线圈并联在被测量的线路中，根据线圈两端电压的大小而接通或断开线路。因此这种继电器线圈的导线细、匝数多、阻抗大。根据实际应用的要求，电压继电器可分为过电压继电器和欠压继电器和零压继电器。

1. 过电压继电器

过电压继电器是当继电器线圈两端的电压超过预置值时而动作的电压继电器，在线路中主要用于过电压保护。在线路正常工作时，线圈两端电压为额定电压，衔铁不吸合，当线圈电压高于其额定电压一定值时，衔铁吸合，带动触头动作，对线路实现过电压保护。常用的过电压继电器为 JT4-A 系列，其动作电压可在 105％～120％额定电压范围内调整。

2. 欠电压继电器

欠电压继电器是当继电器线圈两端的电压降至整定值时而动作的电压继电器；零压继电器是欠电压继电器的一种特殊形式，是当继电器线圈两端的电压降至或接近消失时才动作的电压继电器。在线路中主要用于欠电压保护。在线路正常工作时，衔铁吸合，当线圈两端的电压降至低于整定值时，衔铁释放，带动触头动作，对线路实现欠电压或零电压保护。常用的有 JT4-P 系列，欠电压继电器的释放电压可在 40％～70％额定电压范围内整定，零电压继电器的释放电压可在 10％～35％额定电压范围内调节。

电压继电器的结构、工作原理及安装使用等知识，与电流继电器类似，这里不再重复。

3. 电压继电器的选择

电压继电器的选择，主要依据继电器的线圈额定电压、触头的数目和种类进行。

4. 电压继电器在线路图中的符号

电压继电器在线路图中的符号如图 3-24 所示。

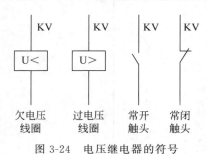

图 3-24　电压继电器的符号

3.3.3　任务实施

1. 双速电机定子绕组的连接

双速异步电机子绕组的△-YY接线图如图 3-25 所示。图中,三相定子绕组接成△形,由三个连接点接出三个出线端 U_1、V_1、W_1,从每相绕组的中点各接出一个出线端 U_2、V_2、W_2,这样定子绕组共有 6 个出线端。通过改变这 6 个出线端与电源的连接方式,就可以得到两种不同的转速。要使电机在低速工作时,就把三相电源分别接至定子绕组作△形连接顶点的出线端 U_1、V_1、W_1 上,另外三个出线端 U_2、V_2、W_2 空着不接,如图 3-25(a)所示,此时电机定子绕组接成△形,磁极为 4 极,同步转速为 1500r/min;若要使电机高速工作,就把三个出线端 U_1、V_1、W_1 并接在一起,另外三个出线端 U_2、V_2、W_2 分别接到三相电源上,如图 3-25(b)所示,这时电机定子绕组接成 YY 形,磁极为 2 极,同步转速为 3000r/min。可见双速电机高速运转时的转速是低速运转时转速的两倍。

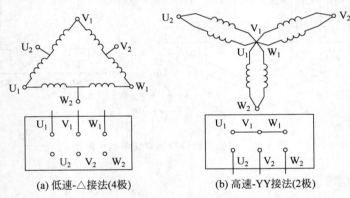

(a) 低速-△接法(4极)　　　　(b) 高速-YY接法(2极)

图 3-25　双速电机三相定子绕组△-YY 接线图

值得注意的是双速电机定子绕组从一种接法改变为另一种接法时,必须把电源相序反接,以保证电机的旋转方向不变。

2. 按钮控制的双速电机控制线路

1)识读线路图

用按钮和接触器控制双速电机的线路如图 3-26 所示。主线路中 KM_1 控制电源 L_1-U_1、L_2-V_1、L_3-W_1 之间的连接,此时电机接成△形低速运行;当 KM_1 控制器失电,KM_2、KM_3 得电时,L_1-W_2、L_2-V_2、L_3-U_2 相连,U_1、V_1、W_1 接成一点,电机接成 YY 形高速运转。控制线路中 SB_1 和 KM_1 控制双速电机的低速运行,SB_2、KM_2 和 KM_3 控制电机的高速运行。

2)线路工作原理分析

线路工作原理如下:先合上电源开关 QS。

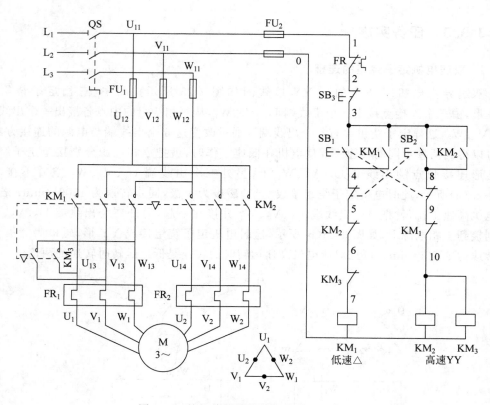

图 3-26　按钮接触器控制双速电机线路图

△形低速启动运转：

YY形高速启动运转：

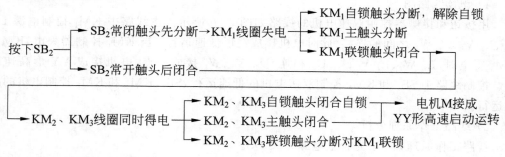

停转时，按下SB₃即可实现。

3）线路安装接线

（1）根据图 3-26 列出所需的元器件并填入明细表 3-11 中。

表 3-11　元器件明细表

序号	代　号	名　称	型　号	规　格	数量
1	M	三相异步电机	YD112M-4/2	3.3kW/4kW、380V、7.4A、△-YY	1
2	QS	组合开关	HZ10-25/3	三极、25A	1
3	FU$_1$	熔断器	RL1-60/25	500V、60A、配熔体 25A	3
4	FU$_2$	熔断器	RL1-15/2	500V、15A、配熔体 2A	2
5	KM$_1$～KM$_3$	接触器	CJ10-10	10A、线圈电压 380V	2
6	FR	热继电器	JR16-20/5	三极、20A、整定电流 8.8A	1
7	KT	时间继电器	JS20	380V、2A	1
8	SB$_1$～SB$_3$	按钮	LA10-3H	保护式、380V、5A、按钮数 3 位	1
9	XT	接线端子排	JX2-1015	380V、10A、15 节	1

（2）按明细表清点各元器件的规格和数量，并检查各元器件是否完好无损，各项技术指标符合规定要求。

（3）根据原理图，设计并画出电器布置图，作为电器安装的依据。电器布置图如图 3-27 所示。

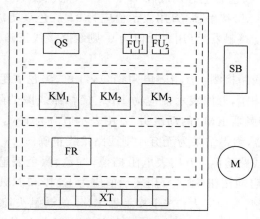

图 3-27　电器布置图

（4）按照电器布置图安装固定元器件。

（5）根据原理图，设计并画出安装接线图，作为接线安装的依据。电气接线图如图 3-28 所示。

（6）接线。接线时先接主线路，再接控制线路。

4）线路断电检查

（1）检测主线路。

① 定子绕组△形连接，即电机低速运行时主线路的检查：万用表电阻挡位，将量程选为"×100"或"×1k"，红色表笔分别放在 L$_1$、L$_2$、L$_3$，黑色表笔分别放在 U$_1$、V$_1$、W$_1$，合上电源开关 QF，按下 KM$_1$ 接触器，万用表示值为 0，则线路接线正确。

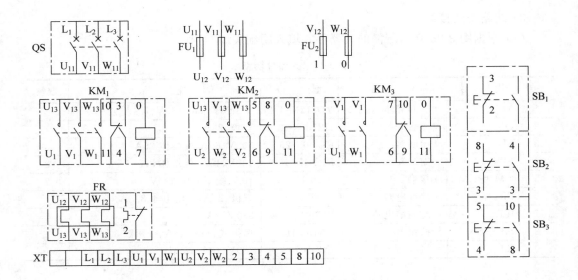

图 3-28　电气接线图

②定子绕组 YY 形连接，即电机高速运行时主线路的检查：万用表电阻挡位，将量程选为"×100"或"×1k"，红色表笔分别放在 L_1、L_2、L_3，黑色表笔分别放在 W_2、V_2、U_2，合上电源开关 QF，按下 KM_2 接触器，万用表示值应为 0；红色表笔放在 U_1，黑色表笔分别放在 V_1、W_1，按下 KM_3 接触器，万用表示值为 0，则线路接线正确。

（2）检测控制线路。

①电机低速控制线路检测：万用表电阻挡位，红色、黑色表笔分别放在 L_1、L_2 万用表示值为无穷大，按下 SB_1，万用表示值应为 KM_1 接触器线圈的阻值，同时按下 SB_3，阻值变为无穷大；按下接触器 KM_1 的动触头，万用表示值应为 KM_1 线圈的电阻值，同时按下 KM_2 或 KM_3 接触器，测得结果为无穷大则线路接线正确。

②电机高速控制线路检测：万用表电阻挡位，红色、黑色表笔分别放在 L_1、L_2 万用表示值为无穷大，按下启动按钮 SB_2，万用表示值应为 KM_2 和 KM_3 接触器线圈的并联阻值，同时按下 SB_3，阻值变为无穷大；按下接触器 KM_2 的动触头，测出 KM_2 和 KM_3 接触器线圈的并联阻值，同时按下 KM_1 接触器，测得结果为无穷大则线路接线正确。

5）通电调试和故障排除

在线路安装完成并经检查确定线路连接正确后，将 L_1、L_2、L_3 接通三相电源，闭合电源开关 QS，按下 SB_1，接触器 KM_1 线圈得电，电机△形低速启动；按下 SB_2，接触器 KM_2、KM_3 线圈得电，电机 YY 形高速运行。停止时按下 SB_3。

操作过程中，如果出现不正常现象，应立即断开电源，分析故障原因，用万用表仔细检查线路。在指导教师认可的情况下才能再次通电调试。

3. 时间继电器控制双速电机的控制线路

1）识读线路图

用按钮和时间继电器控制双速电机低速启动高速运转的线路图如图 3-29 所示。时

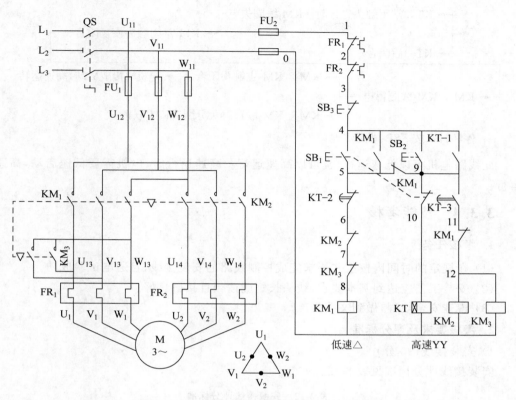

图 3-29　按钮和时间继电器控制双速电机线路图

继电器 KT 控制电机△形启动时间和△-YY 的自动换接运转。

　2）线路工作原理分析

　按钮和时间继电器控制双速电机线路工作原理如下：

　先合上电源开关 QS。

△形低速启动运转：

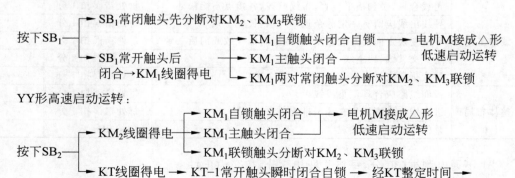

YY形高速启动运转：

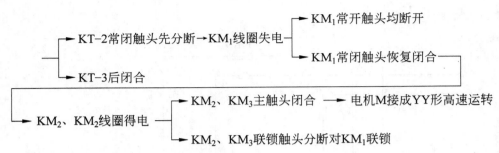

停转时，按下SB₃即可实现。

此线路电机可以低速运行，也可以高速运行。高速运行时，电机需要低速启动，高速运行。

3.3.4 技能考核

1. 考核任务

（1）在规定的时间内按工艺要求完成控制线路的安装接线，且通电试验成功。

（2）安装工艺应达到基本要求，线头长短应适当且接触良好。

（3）遵守安全规程，做到文明生产。

2. 考核要求及评分标准

1）安装接线（30分）

安装接线评分标准见表 3-12。

表 3-12 安装接线评分标准

项目内容	要 求	评 分 标 准	扣分
导线连接	对于螺栓式接点，在导线连接时，应打羊眼圈，并按顺时针旋转，对于瓦片式接点，在导线连接时，直线插入接点固定即可	每处错误扣2分	
	严禁损伤线芯和导线绝缘层，接点上不能露铜丝太长	每处错误扣2分	
	每个接线端子上连接的导线根数一般以不超过两根为宜，并保证接线牢固	每处错误扣1分	
线路工艺	走线合理，做到横平竖直，布线整齐，各接点不能松动	每处错误扣1分	
	导线出线应留有一定的余量，并做到长度一致	每处错误扣1分	
	导线变换走向要弯成直角，并做到高低一致或前后一致	每处错误扣1分	
	避免交叉线、架空线、绕线和叠线	每处错误扣2分	
	导线折弯应折成直角	每处错误扣1分	
整体布局	板面线路应合理汇集成线束	每处错误扣1分	
	进出线应合理汇集在端子排上	每处错误扣1分	
	整体走线应合理美观	酌情扣分	

2）不通电测试（30分，每错一处扣5分，扣完为止）

（1）主线路的测试。

电源线 L₁、L₂、L₃ 先不要通电，闭合电源开关 QS，压下接触器 KM₁（或 KM₂）的衔铁,使 KM_1(或 KM_2)的主触头闭合,测量从电源端(L_1、L_2、L_3)到出线端子(U、V、W)上的每一相线路,将电阻值填入表 3-13 中。

(2)控制线路的测试。

① 按下按钮 SB_2,测量控制线路两端的电阻,将电阻值填入表 3-13 中。

② 按下按钮 SB_3,测量控制线路两端的电阻,将电阻值填入表 3-13 中。

③ 用手压下接触器 KM_1 的衔铁,测量控制线路两端的电阻,将电阻值填入表 3-13 中。

④ 用手压下接触器 KM_2 的衔铁,测量控制线路两端的电阻,将电阻值填入表 3-13 中。

表 3-13　双速电机控制线路的不通电测试记录

操作步骤	主线路(△形接法)低速启动			主线路(YY形接法)高速运行				
	按下 KM_1			按下 KM_2			按下 KM_3	
电阻值/Ω	L_1-U_1	L_2-V_1	L_3-W_1	L_1-W_2	L_2-V_2	L_3-U_2	U_1-V_1	U_1-W_1

操作步骤	控制线路两端(U_{11}-V_{11})					
	按下 SB_1	按下 KM_1	按 KM_1 再按 KM_2	按下 SB_2	按下 KM_2	按 KM_2 再按 KM_1
电阻值/Ω						

3)通电测试(40 分)

在使用万用表检测后,把 L_1、L_2、L_3 三端接入电源通电试车。按照顺序测试线路的各项功能,每错一项扣 10 分,扣完为止。当出现功能不对的项目后,后面的功能均算错。将测试结果填入表 3-14 中。

表 3-14　双速电机控制线路的通电测试记录

现象　　操作　　元件	闭合 QS	按下 SB_1	按下 SB_2	按下 SB_3
KM_1 线圈				
KM_2 线圈				
KM_3 线圈				

思考与练习

1. 什么是电流继电器?与电压继电器相比,其线圈有何特点?

2. 电压继电器可分为哪几种?

3. 过电流继电器、欠电压继电器的线圈和触头在线路中怎样连接来保护线路?

4. 双速电机的定子绕组共有几个出线端?分别画出双速电机在低、高速时定子绕组的接线图。

5. 三相异步电机的调速方法有哪三种?笼型异步电机的变极调速是如何实现的?

6. 现有一台双速电机,试按下述要求设计控制线路。①分别用两个按钮操作电机的高速启动与低速启动,用一个总停止按钮操作电停止;②电机可低速运行;③启动高速时,应先接成低速,然后经延时后再换接到高速;④有短路保护和过载保护。

任务 3.4　T68 镗床电气控制系统的分析与故障检修

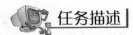**任务描述**

镗床是一种精密加工机床,主要用于加工精确的孔和孔间距离要求较为精确的零件。镗床按不同用途,可分为卧式镗床、立式镗床、坐标镗床和专用镗床等。在生产中使用较为广泛的是卧式镗床,它的镗刀主轴水平放置,是一种多用途的金属切削机床,不但能完成钻孔,镗孔等孔加工,而且能切削端面、内圆、外圆等。

本任务要求识读 T68 镗床的电气原理图,并掌握其工作原理,能运用万用表等仪表器材检测并排除 T68 镗床控制线路的常见故障。

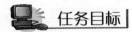**任务目标**

知识目标:

(1) 了解 T68 镗床的工作状态和操作方法;

(2) T68 镗床控制电气原理图的识读;

(3) 能够正确分析 T68 镗床工作原理;

(4) 能够快速准确判断 T68 镗床常见故障。

能力目标:

(1) 会识读与绘制 T68 镗床电气控制原理图;

(2) 会根据故障现象分析 T68 镗床常见电气故障原因,并能确定故障范围;

(3) 会用万用表等仪表器材,检测并排除 T68 镗床控制线路常见电气故障。

相关知识

要对 T68 镗床常见电气故障进行检测与维修,首先要了解 T68 镗床的工作过程,掌握 T68 镗床工作原理及故障检测方法等。学生通过进行车床线路的原理分析及故障排除工作任务等相关活动,掌握 T68 镗床工作原理及故障检测方法。下面就来学习所涉及的相关知识。

3.4.1　T68 镗床控制线路分析

镗床是一种精密加工机床,主要用于加工精确的孔和孔间距离要求较为精确的零件。镗床按不同用途,可分为卧式镗床、立式镗床、坐标镗床和专用镗床等。在生产中使用较为广泛的是卧式镗床,它的镗刀主轴水平放置,是一种多用途的金属切削机床,不但能完成钻孔,镗孔等孔加工,而且能切削端面、内圆、外圆等。下面以 T68 镗床为例进行分析。

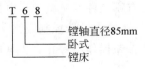

镗轴直径85mm
卧式
镗床

1. 镗床的主要结构和运动

1）T68 镗床的结构

T68 镗床的结构如图 3-30 所示，主要由床身、前立柱、镗头架、后立柱、尾座、下溜板、上溜板、工作台等部分组成。

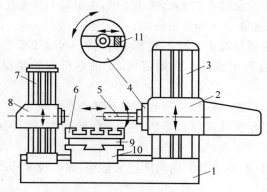

图 3-30   T68 镗床机构示意图

1—床身；2—镗头架；3—前立柱；4—平旋盘；5—镗轴；6—工作台；7—后立柱；8—尾座；

9—上溜板；10—下溜板；11—刀具溜板

床身是一个整体的铸件，在它的一端固定有前立柱，在前立柱的垂直导轨上装有镗头架，镗头架可沿导轨垂直移动。镗头架上装有主轴、主轴变速箱、进给箱与操纵机构等部件。切削刀具固定在镗轴前端的锥形孔里，或装在平旋盘的刀具溜板上。在镗削加工时，镗轴一面旋转，一面沿轴向做进给运动。平旋盘只能旋转，装在其上的刀具溜板做径向进给运动。镗轴和平旋盘轴经由各自的传动链传动，因此可以独自旋转，也可以不同转速同时旋转。

在床身的另一端装有后立柱，后立柱可沿床身导轨在镗轴轴线方向调整位置。在后立柱导轨上安装有尾座，用来支撑镗轴的末端，尾座与镗头架同时升降，保证两者的轴心在同一水平线上。

安装工件的工作台安放在床身中部的导轨上，它出下溜板、上溜板与可转动的工作台组成。下溜板可沿床身导轨做纵向运动，上溜板可沿下溜板的导轨做横向运动，工作台相对于上溜板可做回转运动。

2）T68 镗床的运动形式

（1）主运动：主轴的旋转与平旋盘的旋转运动。

（2）进给运动：镗轴的轴向进给；平旋盘上刀具的径向进给；镗头架的垂直进给；工作台的横向和纵向进给。这些进给运动都可以进行手动或机动。

（3）辅助运动：工作台的回转；主轴箱、工作台等的进给运动上的快速移动；后立柱的纵向移动；尾座的垂直移动。

2. 电力拖动方式和控制要求

1）电力拖动方式

镗床加工范围广，运动部件多，调速范围宽。而进给运动决定了切削量，切削量又与主轴转速、刀具、工件材料、加工精度等有关。所以一般卧式镗床主运动与经给运动由一台主轴电机拖动,由各自传动链传动。为缩短辅助时间,镗头架上、下,工作台前、后、左、右及镗轴的进、出运动除工作进给外,还应有快速移动,由快速移动电机拖动。

2)控制要求

(1)主轴旋转与进给量都有较大的调速范围,主运动与进给运动由一台电机拖动,为简化传动机构,采用双速笼型异步电机拖动。

(2)由于各种进给运动都需正反不同方向的运转,所以要求主轴电机能正反转。

(3)为满足加工过程中调整工作的需要,主轴电机应能实现正转以及反转的点动控制。

(4)要求主轴停车迅速、准确,主轴电机应有制动停车环节。

(5)主轴变速和进给变速在主轴电机停车或运转时进行。为便于变速时齿轮啮合,应有变速低速冲动。

(6)为缩短辅助时间,各进给方向均能快速移动,设有快速移动电机且采用正反转的点动控制方式。

(7)主轴电机为双速电机,有高、低两种速度供选择,高速运转时应先经低速启动再进入高速运行。

(8)由于卧式镗床运动部件多,应有必要的联锁和保护环节。

3. 控制线路分析

1)主线路分析

T68 镗床电气原理图如图 3-31 所示。电源经低压断路器 QS 引入,M_1 为主轴电机,由接触器 KM_1、KM_2 控制其正反转;KM_4 控制 M_1 低速运转(定子绕组接成△形,为 4 极),KM_5 控制 M_1 高速运转(定子绕组接成 YY 形,为 2 极);KM_3 控制 M_1 反接制动限流电阻。M_2 为快速移动电机,由 KM_6、KM_7 控制其正反转。热继电器 FR 作 M_1 过载保护,M_2 为短时运行不需要过载保护。

2)控制线路分析

由控制变压器 TC 供给 220V 控制线路电压,12V 局部照明电压及 6.3V 指示线路电压。

(1)M_1 主轴电机的点动控制。由主轴电机正反转接触器 KM_1、KM_2,正反转点动按钮 SB_4、SB_5 组成 M_1 电机正反转点动控制线路。以正向点动为例,合上电源开关 QS,按下 SB_4 按钮,KM_1 线圈通电,主轴头接通三相正相序电源,KM_1(3-13)闭合,KM_4 线圈通电,电机 M_1 三相绕组结成△形,串入电阻 R 低速启动。由于 KM_1、KM_4 此时都不能自锁故为点动,当松开 SB_3 按钮时,KM_1、KM_4 相继断电,M_1 断电而停车。反向点动,由 SB_5、KM_2 和 KM_4 控制。其原理与正向点的相似。

(2)M_1 电机正反转控制。M_1 电机正反转由正反转启动按钮 SB_2、SB_3 操作,由中间继电器 KA_1、KA_2 及正反转接触器 KM_1、KM_2,并配合接触器 KM_3、KM_4、KM_5 来完成 M_1 电机的可逆运行控制。M_1 电机启动前,主轴变速,进给变速均已完成,即主轴与进给变速手柄置于推合位置,此时行程开关 SQ_3、SQ_4 被压下,触头 SQ_3(4-9),SQ_4(9-10)闭合。

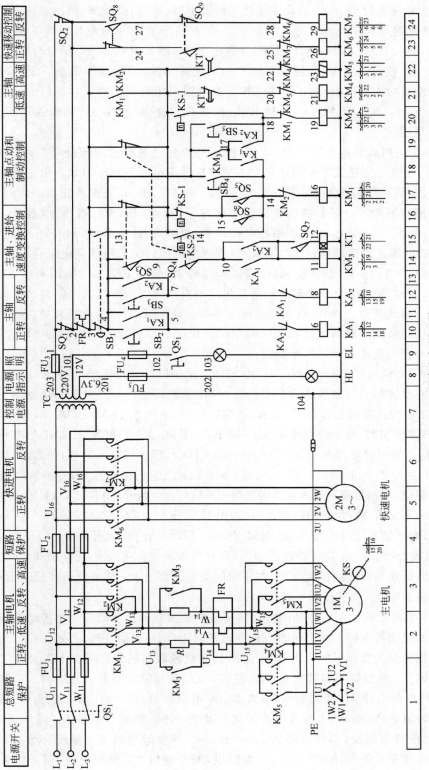

图 3-31 T68 镗床电气原理图

当选择 M_1 低速运转时,将主轴速度选择手柄置于"低速"挡位,此时经速度选择手柄联动机构,使高低速行程开关 SQ_7 处于释放状态,其触头 SQ_7(11-12)断开。按下 SB_2,KA_1 通电并自锁,触头 KA_1(10-11)闭合,使 KM_3 通电吸合;触头 KM_3(4-17)闭合与 KA_1(14-17)闭合,使 KM_1 线圈通电吸合,触头 KM_1(3-13)闭合又使 KM_4 线圈通电。于是,M_1 主轴电机定子绕组接成△形,接入正相序三相交流电源全压启动低速正向运行。反向低速启动运行是由 SB_3、KA_2、KM_3、KM_2 和 KM_4 控制的,其控制过程与正向低速运行相类似,此处不再复述。

(3)M_1 电机高低速的转换控制。行程开关 SQ_7 是高低速的转换开关,即 SQ_7 的状态决定 M_1 是在△形接线下运行还是在 YY 形接线下运行。SQ_7 的状态由主轴孔盘变速机构机械控制,高速时 SQ_7 被压动,低速时 SQ_7 不被压动。以正向高速启动为例,来说明高低速转换控制过程。将主轴速度选择手柄置于"高速"挡,SQ_7 被压动,触头 SQ_7(11-12)闭合。按下 SB_2 按钮,KA_1 线圈通电并自锁,相继使 KM_3、KM_1 和 KM_4 通电吸合,控制 M_1 电机低速正向启动运行;在 KM_3 线圈得电的同时 KT 线圈通电吸合,待 KT 延时时间到,触头 KT(13-20)断开使 KM_4 线圈断电释放,触头 KT(13-22)闭合使 KM_5 线圈通电吸合,这样,使 M_1 定子绕组由△形接法自动换接成 YY 形接线,M_1 自动由低速变为高速运行。由此可知,主轴电机在高速挡为两级启动控制,以减少电机高速挡启动时的冲击电流。反向高速挡启动运行,是由 SB_3、KA_2、KM_3、KT、KM_2、KM_4 和 KM_5 控制的,其控制过程与正向高速启动运行相类似。

(4)M_1 电机的停车的制动控制。由 SB_1 停止按钮、KS 速度继电器、KM_1 和 KM_2 组成了正反向反接制动控制线路。下面仍以 M_1 电机正转运行时的停车反接制动为例加以说明。若 M_1 为正转低速运行,即由按钮 SB_2 操作,由 KA_1、KM_3、KM_1 和 KM_4 控制使 M_1 运转。欲停车时,按下停止按钮 SB_1,使 KA_1、KM_3、KM_1 和 KM_4 相继断电释放。由于电机 M_1 正转时速度继电器 KS-1(13-18)触头闭合,所以按下 SB_1 后,使 KM_2 线圈通电并自锁,并使 KM_4 线圈仍通电吸合。此时 M_1 定子绕组仍接成△形,并串入限流电阻 R 进行反接制动,当速度降至 KS 复位转速时 KS-1(13-18)断开,使 KM_2 和 KM_4 断电释放,反接制动结束。若 M_1 为正向高速运行,即由 KA_1、KM_3、KM_1、KM_5 控制下使 M_1 运转。欲停车时,按下 SB_1 按钮,使 KA_1、KM_3、KM_1、KT、KM_5 线圈相继断电,于是 KM_2 和 KM_4 通电吸合,此时 M_1 定子绕组接成△形,并串入不对称电阻 R 反接制动。M_1 电机的反向高速或低速运行时的反接制动,与正向的类似。都使 M_1 定子绕组接成△形接法,串入限流电阻 R 进行,由速度继电器控制。

(5)主轴的变速控制。主轴的各种转速是由变速操纵盘来调节变速传动系统而取得的。主轴的变速可在停车时进行也可以在运转时进行,运转时变速,可不必停车。只要将主轴变速操纵盘的操作手柄拉出,与变速手柄有机械联系的行程开关 SQ_1、SQ_2 均复位。控制过程如下:将变速手柄拉出来 SQ_3 复位,SQ_3 常开触头断开,KM_3 和 KT 线圈都断电,KM_1 线圈断电,KM_4 线圈断电,电机 M_1 断电惯性旋转。SQ_3 常闭触头(3-13)闭合,由于此时转速较高,故 KS-1 常开触头为闭合状态,KM_2 线圈通电,KM_4 线圈通电,电机 M_1 接成△形进行制动,当转速降到 100r/min 时,速度继电器 KS 释放,KS-1(13-18)常开触头由接通变为断开,KM_2、KM_4 线圈断电,断开电机 M_1 反向电源,制动结束。转动变速盘进行变速,变速后将手柄推回 SQ$_3$ 被重新闭合,SQ$_3$ 常闭触头(3-13)断开,SQ$_3$ 常开触头(4-9)闭合,KM$_1$、KM$_3$、KM$_4$ 线圈获电吸合,电机 M$_1$ 启动,主轴以新选定的速度运转。

(6) 主轴的变速冲动控制。SQ$_6$ 为主轴变速冲动行程开关,在不进行变速时,SQ$_6$ 的常开触头(14-15)是断开的;在变速时,如果齿轮未啮合好,变速手柄就合不上,则 SQ$_6$ 被压合,SQ$_6$ 的常开触头(14-15)闭合,KM$_1$ 线圈得电,KM$_4$ 线圈得电,M$_1$ 串接电阻低速启动,当电机 M$_1$ 的转速升至 120r/min 时,KS-1 速度继电器动作,其常闭触头(13-15)断开,KM$_1$、KM$_4$ 线圈断电,KS-1(13-18)常开触头闭合,KM$_2$ 线圈得电,KM$_4$ 线圈得电,电机 M$_1$ 接成△形进行反接制动,电机转速下降。当转速降到 100r/min 时,速度继电器 KS 复位,KS-1(13-18)常开触头断开,KM$_2$、KM$_4$ 线圈断电,电机 M$_1$ 断开制动电源。当转速降到 100r/min 时,KS-1(13-15)重新闭合,从而又接通低速旋转线路而重复上述过程。这样,主轴电机就被间歇性的启动和制动而低速旋转,以便齿轮顺利啮合。直到齿轮啮合好,手柄推上后,压下行程开关 SQ$_3$,松开 SQ$_6$,将冲动线路切断。同时由于 SQ$_3$ 的常开触头闭合,主轴电机启动旋转,从而主轴获得所选定的转速。

(7) 进给变速冲动。与上述主轴变速冲动的过程基本相似,只是在进给变速控制时,拉动的是进给变速手柄,动作的行程开关是 SQ$_4$、SQ$_5$。

(8) 快速移动控制。主轴箱的垂直进给、工作台的纵向和横向进给、主轴的轴向进给的快速移动,手柄操作是由 M$_2$ 正反转来实现的。将快速手柄扳到正向位置,SQ$_9$ 压下,KM$_6$ 线圈通电吸合,M$_2$ 正转,使相应部件正向快速移动。反之,若将快速手柄扳到反向位置,则 SQ$_8$ 压下,KM$_7$ 线圈通电吸合,M$_2$ 反转,相应部件获得反向快速移动。

3) 联锁保护环节分析

(1) 主轴箱或工作台与主轴机进给联锁。为了防止在工作台或主轴箱机动进给时出现将主轴或平旋盘刀具溜板也扳到机动进给的误操作,安装有与工作台、主轴箱进给操纵手柄有机械联动的行程开关 SQ$_1$,在主轴箱上安装了与主轴进给手柄、平旋盘刀具溜板进给手柄有机械联动的行程开关 SQ$_2$。若工作台或主轴箱的操作手柄扳在机动进给时,压下 SQ$_1$,其常闭触头 SQ$_1$(1-2)断开;若主轴或平旋盘刀具溜板进给操纵手柄在机动进给时,压下 SQ$_2$,其常闭触头 SQ$_2$(1-2)断开,所以,当这两个进给操作手柄中的任一个扳在机动进给位置时,电机 M$_1$ 和 M$_2$ 都可启动运行。但若两个进给操作手柄同时扳在机动进给位置时,SQ$_1$、SQ$_2$ 常闭触头都断开,切断了控制线路电源,电机 M$_1$、M$_2$ 无法启动,也就避免了误操作造成事故的危险,实现了联锁保护作用。

(2) M$_1$ 电机正反转控制、高低速控制,M$_2$ 电机的正反转控制均设有互锁控制环节。

(3) 熔断器 FU$_1$～FU$_4$ 实现短路保护;热继电器 FR 实现 M$_1$ 过载保护;线路采用按钮、接触器或继电器构成的自锁环节具有欠电压与零电压保护作用。

4) 辅助线路分析

T68 镗床设有 12V 安全电压局部照明灯 EL,由开关 QS 手动控制。线路还有 6.3V 电源指示灯 HL。

3.4.2 T68 镗床常见故障的分析与诊断

镗床常见电气故障的诊断与其他机床大致相同,但由于镗床的机—电联锁较多,且采用双速电机,所以会有一些特有的故障,现举例分析如下。

1. 主轴的转速与标牌的指示不符

主轴的转速与标牌的指示不符一般有两种现象:第一种是主轴的实际转速比标牌指示转数增加或减少一半;第二种是电机 M_1 只有高速或只有低速。前者大多是由于安装调整不当而引起的。T68 镗床有 18 种转速,是由双速电机和机械滑移齿轮联合调速来实现的。第 1、2、4、6、8…挡是由电机以低速运行驱动的,而 3、5、7、9…挡是由电机以高速运行来驱动的。由以上分析可知,电机 M_1 的高低速转换是靠主轴变速手柄推动微动开关 SQ_7,由 SQ_7 的动合触点(11-12)通、断来实现的。如果安装调整不当,使 SQ_7 的动作恰好相反,则会发生第一种障碍。而产生第二种障碍的主要原因是 SQ_7 损坏(或安装位置移动);如果 SQ_7 的动合触点(11-12)总是接通,则电机 M_1 只有低速。此外,KT 的损坏(如线圈烧断,触点不动作等),也会造成此类故障发生。

2. 电机 M_1 能低速启动,但置"高速"挡时,不能高速运行而自动停机

电机 M_1 能低速启动,说明接触器 KM_3、KM_1、KM_4 工作正常;而低速启动后不能换成高速运行且自动停机,又说明时间继电器 KT 是工作的,其动断触点(13-20)能切断 KM_4 线圈支路,而动合触点(13-22)不能接通 KM_5 线圈支路。因此,应重点检查 KT 的动合触点(13-22);此外还应检查 KM_4 的互锁动断触点(22-23)。按此思路,接下去还应检查 KM_5 有无故障。

3. 电机 M_1 不能进行正反转点动,制动及变速冲动控制

电机 M_1 不能进行正反转点动原因往往是上述各种控制功能的公共线路部分出现故障,如果伴随着不能低速运行,则故障可能出在控制线路 13-20-21-0 支路中有断点。否则,故障可能出在主线路的制动电阻器 R 及引线上有断开点。如果主线路仅断开一相电源,电机还会伴有断相运行时发出的"嗡嗡"声。

3.4.3 技能考核

1. 考核任务

在 T68 镗床电气控制线路中设置 1-2 故障点,让学生观察故障现象,在限定时间内分析故障原因和故障范围,用电阻测量法或电压测量法等方法进行故障的检查与排除。

2. 考核要求及评分标准

在 30min 内排除两个 T68 镗床电气控制线路的故障。评分标准见表 3-15。

表 3-15　T68 镗床电气故障检修评分标准

学号	项　目	评 分 标 准	配分	扣分	得分
1	观察故障现象	两个故障,观察不出故障现象,每个扣 10 分	20		
2	故障分析	分析和判断故障范围,每个故障占 20 分;对每个故障的范围判断不正确,每次扣 10 分;范围判断过大或过小,每超过一个元器件或导线标号扣 5 分,直至扣完这个故障的 20 分为止	40		
3	故障排除	正确排除两个故障,不能排除的故障每个扣 20 分	40		
4	其他	不能正确使用仪表扣 10 分;拆卸无关的元器件、导线端子,每次扣 5 分;扩大故障范围,每个故障扣 5 分;违反电气安全操作规程,造成安全事故者酌情扣分;修复故障过程中超时,每超时 5min 扣 5 分	从总分倒扣		
开始时间		结束时间	成绩	评分人	

思考与练习

1. T68 镗床能低速启动,但不能高速运行,试分析故障原因。

2. 进给电机 M_2 快速移动正常,主轴电机 M_1 不工作,试分析故障原因。

3. 试述 T68 镗床主轴高速启动时的操作和线路工作情况。

4. 在 T68 镗床电气控制线路中,行程开关 $SQ_1 \sim SQ_9$ 的作用各是什么?它们安装在何处?各由哪些机械手柄来控制?

5. T68 镗床是如何实现变速时的连续反复低速冲动的?

6. T68 镗床主电机电气控制具有什么特点?

7. T68 镗床电气控制具有哪些特点?

项目 4

桥式起重机电气控制系统的安装与调试

项目描述

以桥式起重机电气控制线路分析及故障排除工作任务为载体，通过桥式起重机电气控制线路的分析及故障排除等具体工作任务，引导教授与具体工作相关联的线路分析、故障排除，加强理解能力和故障排除检修能力。

任务 4.1 绕线式异步电机控制线路的安装与调试

任务描述

笼型三相异步电机的控制，要求必须在轻载或空载的情况下启动，并且要求不频繁启动、制动和反转。但是在实际生产中有些场合要求电机的启动转矩较大且能平滑调速，比如起重机、卷扬机等，此时笼型三相异步电机一般不能满足启动要求，常常采用绕线转子异步电机。绕线转子异步电机一般采用转子绕组串电阻或串频敏变阻器来启动，以达到减小启动电流、增大启动转矩及平滑调速的目的。

本任务要求识读绕线式异步电机启动、调速控制线路，并掌握其工作原理，能对线路进行正确的安装接线和通电试验。

任务目标

知识目标：

（1）主令控制器结构及工作原理；

（2）凸轮控制器结构及工作原理；

（3）转子绕组串电阻启动控制线路及工作原理；

（4）凸轮控制器控制绕线式异步电机控制线路及工作原理。

能力目标：

（1）会识读与绘制电气控制系统图；

（2）会正确判断电器元器件的好坏；

（3）会根据电气原理图、接线图正确接线；

（4）会正确分析转子绕组串电阻启动控制线路的原理、故障诊断与故障排除；

（5）会正确分析凸轮控制器控制绕线式异步电机控制线路的原理、故障诊断与故障排除。

 相关知识

要对绕线式异步电机控制线路进行安装接线并通电试验，首先要认识图中所用到的元器件。本任务中用到的元器件有主令控制器和凸轮控制器。学生通过对元器件进行外形观察、参数识读及测试等相关活动，掌握这些元器件的功能和使用方法。下面就来学习线路中所涉及的元器件。

4.1.1 主令控制器

1. 主令控制器的功能及结构

主令控制器是用于频繁地按照预定程序换接控制线路接线的主令电器，用它通过控制接触器来实现电机的启动、制动、调速和反转。常用的主令控制器有 LK1、LK4、LK5 及 LK16 等系列。LK1 系列主令控制器的外形及结构如图 4-1 所示。

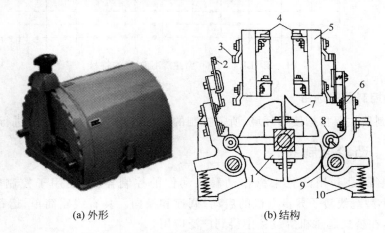

(a) 外形　　　　　　　　(b) 结构

图 4-1　LK1 系列主令控制器的外形及结构

1—方形转轴；2—动触头；3—静触头；4—接线柱；5—绝缘板；6—支架；7—凸轮块 8—小轮；

9—转动轴；10—复位弹簧

LK1 系列主令控制器主要由基座、转轴、动触头、静触头、凸轮鼓、操作手柄、面板支架及外护罩组成。主令控制器所有的静触头都安装在绝缘板上，动触头固定在转动轴 9 转动的支架 6 上；凸轮鼓由多个凸轮块 7 嵌装而成，凸轮块根据触头系统的开闭顺序制成不同角度的几处轮缘，每个凸轮块控制两副触头。当转动手柄时，方形转轴带动凸轮块转动,凸轮块的凸出部分压动小轮 8,使动触头 2 离开静触头 3,分断线路;当转动手柄使小轮 8 位于凸轮块 7 的凹处时,在复位弹簧的作用下使动触头和静触头闭合,接通线路。可见触头的闭合和分断顺序是由凸轮块的形状决定的。

2. 主令控制器的型号含义

主令控制器的型号含义如下。

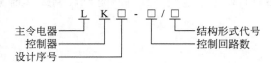

3. 主令控制器的符号

LK1-12/90 型主令控制器在线路图中的符号如图 4-2 所示。

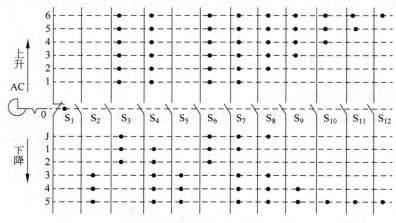

图 4-2　LK1-12/90 型主令控制器的符号

4. 主令控制器的选用

主令控制器主要根据使用环境、所需控制的回路数、触头闭合顺序等进行选择。

4.1.2　凸轮控制器

凸轮控制器是利用凸轮来操作动触头动作的控制器,主要用于控制容量不大于 30kW 的中小型绕线转子异步电机的启动、调速和换向。具有线路简单,运行可靠,维护方便等优点,在桥式起重机等设备中得到广泛应用。

常用的凸轮控制器有 KTJ1、KTJ15、KT10 及 KT12 等系列。

1. 凸轮控制器的结构及工作原理

KTJ1-50/1 型凸轮控制器的外形及结构如图 4-3 所示。它主要由手柄或手轮、触头系统、转轴、凸轮和外壳等部分组成。其触头系统共有 12 对触头,9 对常开,3 对常闭。其中,4 对常开触头接在主线路中,用于控制电机的正反转,配有石棉水泥制成的灭弧罩;其余 8 对触头用于控制线路中,不带灭弧罩。

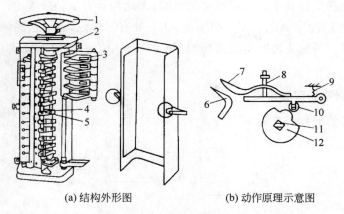

(a) 结构外形图　　　　　　　　(b) 动作原理示意图

图 4-3　KTJ1-50/1 型凸轮控制器的外形及结构图

1—手轮；2、11—转轴；3—灭弧罩；4、7—动触头；5、6—静触头；8—触头弹簧；

9—弹簧；10—滚轮；12—凸轮

　　凸轮控制器的工作原理：动触头与凸轮固定在转轴上，每个凸轮控制一个触头。当转动手柄时，凸轮随轴转动，当凸轮的凸起部分顶住滚轮时，动触头和静触头分开；当凸轮的凹处与滚轮相碰时，动触头受到触头弹簧的作用压在静触头上，动触头和静触头闭合。在方轴上叠装形状不同的凸轮片，可使各个触头按顺序闭合或断开，从而实现不同的控制目的。凸轮控制器的触头分合情况，通常用触头分合表来表示。KTJ1-50/1 型凸轮控制器的触头分合表如图 4-4 所示。图的上面两行表示手轮的 11 个位置，左侧就是凸轮控制器的 12 对触头。各触头在手轮处与某一位置时的通、断状态用某些符号标记，符号

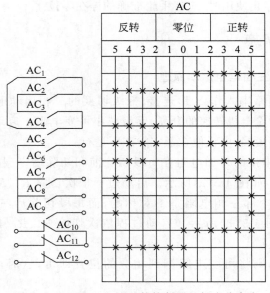

图 4-4　KTJ1-50/1 型凸轮控制器的触头分合表

×表示对应触头在手轮处于此位置时是闭合的,无此符号表示是分断的。例如,手轮在反转"3"位置时,触头 AC_2、AC_4、AC_5、AC_6 及 AC_{11} 处有×标记,表示这些触头是闭合的,其余触头是断开的。两触头之间有短接线的(如 $AC_2 \sim AC_4$ 左边的短接线),表示它们一直是接通的。

2. 凸轮控制器的型号含义

凸轮控制器的型号含义如下。

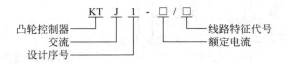

3. 凸轮控制器的选用

凸轮控制器主要根据所控制电机的容量、额定电压、额定电流、工作制和控制位置数目等来选择。

4. 凸轮控制器的安装与使用

(1) 凸轮控制器在安装前应检查外壳及零件有无损坏。

(2) 安装前应操作控制器手轮不少于 5 次。

(3) 凸轮控制器必须牢固可靠地用安装螺钉固定在墙壁或支架上。

(4) 应按照触头分合表或线路图的要求接线。

(5) 凸轮控制器安装结束后,应进行空载试验。

(6) 启动操作时,手轮不能转动太快,应逐级启动,防止电机的启动电流过大。

(7) 凸轮控制器停止使用时,应将手轮准确的停在零位。

4.1.3　任务实施

1. 转子绕组串接三相电阻启动原理

启动时,在转子回路串入作 Y 形连接、分级切换的三相启动电阻器,以减小启动电流、增加启动转矩。随着电机转速的升高,逐级减小可变电阻。启动完毕后,切除可变电阻器,转子绕组被直接短接,电机便在额定状态下运行。

电机转子绕组中串接的外加电阻在每段切除前和切除后,三相电阻始终是对称的,称为三相对称电阻器,如图 4-5(a)所示。启动过程依次切除 R_1、R_2、R_3,最后全部电阻切除。启动时串入的全部三相电阻是不对称的,而每段切除后三相仍不对称,称为三相不对称电阻器,如图 4-5(b)所示。启动过程依次切除 R_1、R_2、R_3、R_4、R_5,最后全部电阻切除。

如果电机要调速,则将可变电阻调到相应的位置即可,这时可变电阻便成为调速电阻。

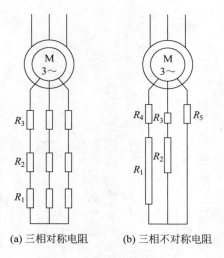

(a) 三相对称电阻   (b) 三相不对称电阻

图 4-5 转子串接三相电阻

2. 绕线式异步电机转子绕组串电阻启动控制线路

1）识读线路图

时间继电器控制绕线式异步电机启动控制线路如图 4-6 所示。

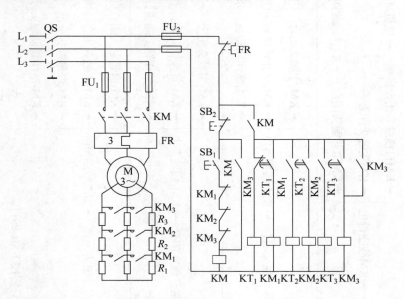

图 4-6 时间继电器控制绕线式异步电机启动控制线路

2）线路工作原理

该控制线路的工作原理如下：首先合上电源开关 QS。

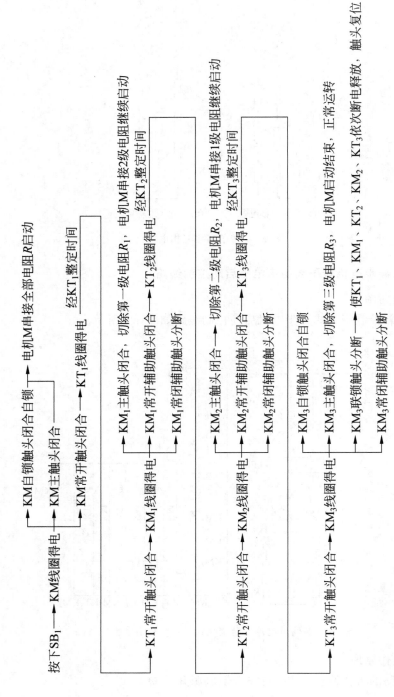

按下SB₁ ⟶ KM线圈得电 ⟶ ┬ KM自锁触头闭合自锁 ⟶ 电机M串接全部电阻R启动
　　　　　　　　　　　├ KM主触头闭合
　　　　　　　　　　　└ KM常开触头闭合 ⟶ KT₁线圈得电 ──经KT₁整定时间──

KT₁常开触头闭合 ⟶ KM₁线圈得电 ⟶ ┬ KM₁主触头闭合，切除第一级电阻R₁，电机M串接2级电阻继续启动
　　　　　　　　　　　　　　　　├ KM₁常开辅助触头闭合 ⟶ KT₂线圈得电 ──经KT₂整定时间──
　　　　　　　　　　　　　　　　└ KM₁常闭辅助触头分断

KT₂常开触头闭合 ⟶ KM₂线圈得电 ⟶ ┬ KM₂主触头闭合 ⟶ 切除第二级电阻R₂，电机M串接1级电阻继续启动
　　　　　　　　　　　　　　　　├ KM₂常开辅助触头闭合 ⟶ KT₃线圈得电 ──经KT₃整定时间──
　　　　　　　　　　　　　　　　└ KM₂常闭辅助触头分断

KT₃常开触头闭合 ⟶ KM₃线圈得电 ⟶ ┬ KM₃自锁触头闭合自锁
　　　　　　　　　　　　　　　　├ KM₃主触头闭合，切除第三级电阻R₃，电机M启动结束，正常运转
　　　　　　　　　　　　　　　　├ KM₃联锁触头分断 ⟶ 使KT₁、KM₁、KT₂、KM₂、KT₃依次断电释放，触头复位
　　　　　　　　　　　　　　　　└ KM₃常闭辅助触头分断

停止时，只需按下SB₂即可。

与启动按钮 SB_1 串接的接触器 KM_1、KM_2、KM_3 的常闭触头的作用是保证电机在转子回路中电阻全部加入的条件下才能启动。当接触器 KM_1、KM_2、KM_3 中任何一个常闭触头因熔焊或其他原因没有恢复闭合时,启动电阻就没有被全部接入转子回路中,从而使启动电流超过规定值。若把 KM_1、KM_2、KM_3 的常闭触头与启动按钮 SB_1 串接在一起,就可避免这种现象的发生,因此三个接触器中只要有一个触头没有恢复闭合,电机就不能接通电源启动。

3. 凸轮控制器控制绕线转子异步电机启动控制线路

1)识读线路图

绕线转子异步电机的启动、调速及正反转的控制,常常采用凸轮控制器来实现,尤其是容量不太大的绕线转子异步电机用得更多,桥式起重机上大部分采用这种控制线路。

绕线转子异步电机凸轮控制器控制线路如图 4-7(a)所示。图中转换开关 QS 作引入电源用;熔断器 FU_1、FU_2 分别作为主线路和控制线路的短路保护;接触器 KM 控制电机电源的通断,同时起欠压、失压保护作用;位置开关 SQ_1、SQ_2 分别作为电机正反转时工作机构运动的限位保护;过电流继电器 KA_1、KA_2 作为电机的过载保护;R 是电阻器;AC 是凸轮控制器,它有十二对触头,如图 4-7(b)所示。图 4-7 中十二对触头的分合状态是凸轮控制器手轮处于"0"位时的情况。当手轮处于正转的 1~5 挡或反转的 1~5 挡时,触头的分合状态如图 4-7(b)所示,用"×"表示触头闭合,无此标记表示触头断开。AC 最上面的四对配有灭弧罩的常开触头 AC_1~AC_4 接在主线路中用以控制电机正反转;中间五对常开触头 AC_5~AC_9 与转子电阻相接,用来逐级切换电阻以控制电机的启动和调速;最下面的三对常闭辅助触头 AC_{10}~AC_{12} 都用作零位保护。

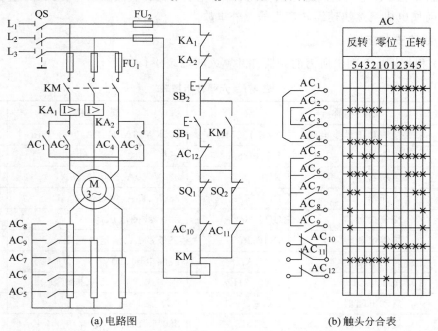

(a) 电路图　　　　　　　　　　　　(b) 触头分合表

图 4-7　绕线转子异步电机凸轮控制器控制线路

2）线路工作原理

线路的工作原理如下：先合上电源开关 QS，然后将 AC 手轮放在"0"位，这时最下面三对触头 $AC_{10} \sim AC_{12}$ 闭合，为控制线路的接通作准备。按下 SB_1，接触器 KM 线圈得电，KM 主触头闭合，接通电源，为电机启动作准备，KM 自锁触头闭合自锁。将 AC 手轮从"0"位转到正转"1"位置，这时触头 AC_{10} 仍闭合，保持控制线路接通，触头 AC_1、AC_3 闭合，电机 M 接通三相电源正转启动，此时由于 AC 触头 $AC_5 \sim AC_9$ 均断开，转子绕组串接全部电阻 R，所以启动电流较小，启动转矩也较小。如果电机负载较重，则不能启动，但可起消除传动齿轮间隙和拉紧钢丝绳的作用。当 AC 手轮从正转"1"位转到"2"位时，触头 AC_{10}、AC_1、AC_3 仍闭合，AC_5 闭合，把电阻器 R 上的一级电阻短接切除，使电机 M 正转加速。同理，当 AC 手轮依次转到正转"3"和"4"位置时，触头 AC_{10}、AC_1、AC_3、AC_5 仍保持闭合，AC_6 和 AC_7 先后闭合，把电阻器 R 的两级电阻相继短接，电机 M 继续正转加速。当手轮转到"5"位置时，$AC_5 \sim AC_9$ 五对触头全部闭合，电阻器 R 全部电阻被切除，电机启动完毕后全速运转。

当把手轮转到反转的"1"～"5"位置时，触头 AC_2 和 AC_4 闭合，接入电机的三相电源相序改变，电机反转。触头 AC_{11} 闭合使控制线路仍保持接通，接触器 KM 继续得电工作。凸轮控制器反向启动依次切除电阻的程序及工作原理与正转类同，读者可自行分析。

由凸轮控制器触头分合表，如图 4-7（b）所示可以看出，凸轮控制器最下面的三对辅助触头 $AC_{10} \sim AC_{12}$，只有当手轮置于"0"位时才全部闭合，而在其余各挡位置都只有一对触头闭合（AC_{10} 或 AC_{11}），而其余两对断开。这三对触头在控制线路中如此安排，就保证了手轮必须置于"0"位时，按下启动按钮 SB_1 才能使接触器 KM 线圈得电动作，然后通过凸轮控制器 AC 使电机进行逐级启动，从而避免了电机的直接启动，同时也防止了由于误按 SB_1 而使电机突然快速运转产生的意外事故。

4．线路安装接线

（1）根据图 4-7 列出所需的元器件并填入明细表 4-1 中。

表 4-1　元器件明细表

代　号	名　　称	型　　号	规　　格	数量
M	绕线转子异步电机	YZR-132MA-6	2.2kW、6A/11.2A、908r/min	1
QS	组合开关	HZ10-25/3	三极、25A	1
FU_1	熔断器	RL1-60/25	380V、60A、配熔体 25A	3
FU_2	熔断器	RL1-15/2	380V、15A、配熔体 2A	2
KM	交流接触器	CJ10-20	20A、线圈电压 380V	3
FR	热继电器	JR16-20/3	三极、20A、整定电流 6A	1
KT	时间继电器	JS7-2A	线圈电压 380V	3
SB	按钮	LA10-3H	保护式、380V、5A、按钮数 3	1
R	启动电阻器	2K1-12-6/1		1
XT	接线端子排	JX2-1015	380V、10A、15 节	1

（2）按明细表清点各元器件的规格和数量，并检查各个元器件是否完好无损，各项技术指标是否符合规定要求。

（3）根据原理图，设计并画出电器布置图，并安装固定元器件。

（4）按图施工，安装接线。

（5）接线完毕，根据图检查布线的正确性，并进行主线路和控制线路的自检。

4.1.4　技能考核

1. 考核任务

（1）在规定的时间内按工艺要求完成控制线路的安装接线，且通电试验成功。

（2）安装工艺应达到基本要求，线头长短应适当且接触良好。

（3）遵守安全规程，做到文明生产。

2. 考核要求及评分标准

考核要求及评分标准见表 4-2。

根据任务具体实施情况，依据表 4-2 各项内容逐项进行检查验收，评价赋分。

表 4-2　评分标准

项 目 内 容	配分	评 分 标 准	扣分
装前检查	10	（1）电机质量检查，每漏一处扣 5 分； （2）电器元器件漏检或错检，每处扣 1 分	
元器件安装	20	（1）电机安装不符合要求：松动扣 15 分；地脚螺栓未拧紧，每只扣 10 分； （2）其他元器件安装不紧固，每只扣 5 分； （3）安装位置不符合要求扣 10 分； （4）损坏元器件或设备扣 10~20 分	
布线	30	（1）选用导线不合理，每处扣 5 分； （2）不按原理图配线，每处扣 5 分； （3）接点不符合要求，每处扣 5 分； （4）损伤导线绝缘或芯线，每根扣 5 分； （5）不会接直流电机扣 30 分	
通电调试	40	（1）操作顺序不对，每一次扣 5 分； （2）第一次试车不成功扣 20 分；第二次试车不成功扣 30 分；第三次试车不成功扣 40 分	
安全与文明生产		违反安全文明生产规程扣 5~10 分	
额定时间 3h		每超过 10min 以内扣 5 分计算	
备注		除定额时间外，各项内容最高扣分不得超过配分数	成绩
开始时间		结束时间	实际时间

拓 展 知 识

1. 电流继电器控制绕线转子异步电机启动控制线路

1）识读线路图

电流继电器自动控制绕线式异步电机的控制线路如图 4-8 所示。

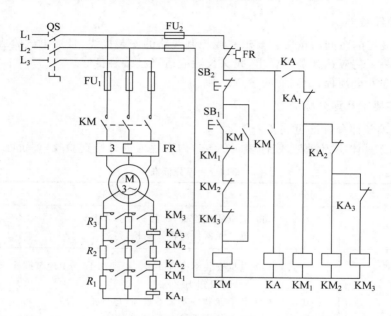

图 4-8　电流继电器自动控制绕线式异步电机的控制线路

2）线路工作原理

合上电源开关 QS。

按下 SB_1→KM 线圈得电,KM 触头闭合→绕线转子串联全部电阻启动→中间继电器 KA 线圈得电,KA 动合触头闭合,因启动电流大,电流继电器 KA_1、KA_2、KA_3 的动断触头断开,继续串联全部电阻启动→因速度加快,电流减小,KA_1 欠电流,动断触头闭合,KM_1 线圈得电,KM_1 触头闭合串联 R_2,R_3 继续启动→因速度再加快电流继续减小,KA_2 欠电流,动断触头闭合,KM_2 线圈得电,KM_2 触头闭合串联,R_3 继续启动→因速度再加快电流继续减小,KA_3 欠电流,动断触头闭合,KM_3 线圈得电,KM_3 触头闭合切除,全部电阻全速运行。

中间继电器 KA 的作用是为 KM_1、KM_2、KM_3 线圈提供通路,而且保证启动开始时,全部电阻都接入转子线路。因为只有中间继电器 KA 获电,且 KA 的常开触头闭合后,才能为电流继电器 KA_1、KA_2、KA_3 的常闭触头提供通路,然后才能逐级短路切除电阻,这样就保证了电机在串入全部电阻的条件下启动。

2. 转子绕组串接频敏变阻器启动控制线路

1）频敏变阻器

（1）定义：频敏变阻器是一种阻抗值随频率明显变化、静止的无触点电磁元器件。它实质上是一个铁心损耗非常大的三相电抗器。

（2）用途：在电机启动时，将频敏变阻器串接在转子绕组中，由于频敏变阻器的等效阻抗随转子电流频率的减小而减小，从而达到自动变阻的目的。启动完毕短接切除频敏变阻器。

（3）组成：铁心和绕组。

铁心：由上铁心和下铁心。由四根拉进螺栓固定，在上下铁心之间可增减非磁性垫片，以调整空气隙的长度（出厂设定为零）。

绕组：有四个抽头。一个抽头在绕组背面，标号为 N；另外三个抽头在正面，标号分别为 1、2、3。抽头 1-N 之间为 100％匝数，2-N 之间为 85％匝数，3-N 之间为 71％匝数（出厂时三组绕组均接在 85％匝数，并接成 Y 形）。频敏变阻器实物如图 4-9（a）所示。

（4）符号：频敏变阻器的符号如图 4-9（b）所示。

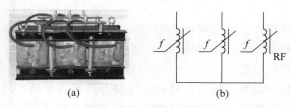

(a)　　　　　　　　(b)

图 4-9　频敏变阻器

（5）安装与使用。

频敏变阻器应牢固地固定在基座上，当基座为铁磁物质时应在中间垫放 10mm 以上的非磁性垫片。

连接线应按电机转子额定电流选用相应截面的电缆线，同时还应可靠接地。

使用前，应先测量频敏变阻器对地绝缘电阻，其值应不小于 1MΩ，否则需先进行烘干处理。使用中，若发现启动转矩或启动电流过大或过小，应调整期匝数和气隙。具体方法如下。

① 启动电流和启动转矩过大，启动过快时，应换接抽头，使匝数增加。

② 启动电流和启动转矩过小，启动太慢时，应换接抽头，使匝数减少。

③ 如刚启动时，启动转矩偏大，有机械冲击现象，而启动完毕后，稳定转速又偏低，这时可在上下铁心间增加气隙。

2）转子绕组串接频敏变阻器启动控制线路

（1）识读线路图。转子绕组串接频敏变阻器启动控制线路如图 4-10 所示。

（2）工作原理。合上电源开关 QS。按下 SB_1→KM_1 线圈得电，KT 线圈得电→KM_1 触头闭合电机串联频敏电阻启动 KT 延时闭合触头闭合→KM_2 线圈得电→KM_2 触头闭合，切除频敏电阻电机全速运行→KM_2 常闭触头分断→KT 线圈失电 KT 延时闭合触头复位，电机继续全速运行。

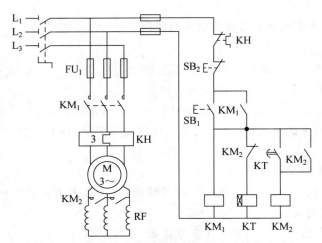

图 4-10 转子绕组串接频敏变阻器启动控制线路

思考与练习

1. 什么是主令控制器？它有哪些作用？
2. 什么是凸轮控制器？其主要作用是什么？
3. 如何选择凸轮控制器？
4. 凸轮控制器控制绕线式异步电机调速线路有何特点？操作时应注意什么？
5. 凸轮控制器控制绕线式异步电机调速工作原理分析。

任务 4.2 桥式起重机电气控制系统的分析与故障检修

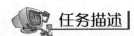 **任务描述**

　　起重机是一种用来吊起或放下重物并使重物在短距离内水平移动的起重设备。起重设备按结构分，有桥式、塔式、门式、旋转式和缆索式等。不同结构的起重设备分别应用在不同的场所，如建筑工地使用的塔式起重机；码头、港口使用的旋转式起重机；车站货场使用的门式起重机；生产车间使用的桥式起重机。桥式起重机一般通称行车或天车。常见的桥式起重机有 5t、10t 单钩及 15/3t、20/5t 双钩等几种。

　　本任务要求识读 20/5t 桥式起重机的电气原理图，并掌握其工作原理，能运用万用表等仪表器材检测并排除 20/5t 桥式起重机控制线路的常见故障。

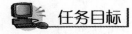 **任务目标**

知识目标：

(1) 了解 20/5t 桥式起重机的工作状态和操作方法；

(2) 20/5t 桥式起重机控制电气原理图的识读；

(3) 20/5t 桥式起重机工作原理分析；

（4）20/5t 桥式起重机常见故障分析判断。

能力目标：

（1）会识读与绘制 20/5t 桥式起重机电气控制原理图；

（2）会根据故障现象分析 20/5t 桥式起重机常见电气故障原因，并能确定故障范围；

（3）会用万用表等仪表器材，检测并排除 20/5t 桥式起重机控制线路常见电气故障。

 相关知识

要对 20/5t 桥式起重机常见电气故障进行检测与维修，首先要了解 20/5t 桥式起重机的工作过程，掌握 20/5t 桥式起重机工作原理及故障检测方法等。学生通过进行车床线路的原理分析及故障排除工作任务等相关活动，掌握 20/5t 桥式起重机工作原理及故障检测方法。下面就来学习所涉及的相关知识。

4.2.1　桥式起重机的电气控制线路分析

1. 20/5t 桥式起重机的主要结构及运动形式

桥式起重机的结构示意图如图 4-11 所示。

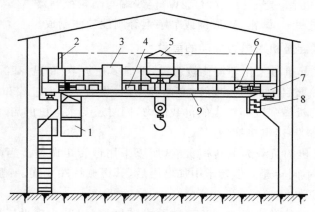

图 4-11　桥式起重机示意图

1—驾驶室；2—辅助滑线架；3—交流磁力控制屏；4—电阻箱；5—起重小车；6—大车拖动电机；

7—端梁；8—主滑线；9—主梁

桥式起重机桥架机构主要由大车和小车组成，主钩（20t）和副钩（5t）组成提升机构。

大车的轨道敷设在沿车间两侧的立柱上，大车可在轨道上沿车间纵向移动；大车上有小车轨道，供小车横向移动；主钩和副钩都装在小车上，主钩用来提升重物，副钩除可提升轻物外，在其额定负载范围内也可协同主钩完成工件吊运，但不允许主、副钩同时提升两个物件。每个吊钩在单独工作时均只能起吊重量不超过额定重量的重物；当主、副钩同时工作时，物件重量不允许超过主钩起重量。这样，起重机可以在大车能够行走的整个车间范围内进行起重运输。

2. 20/5t 桥式起重机的供电特点

桥式起重机的电源电压为 380V，由公共的交流电源供给，由于起重机在工作时是经常移动的,而且大车与小车之间、大车与厂房之间都存在着相对运动,因此要采用可移动的电设备供电。一种是采用软电缆供电,软电缆可随大、小车的移动而伸展和叠卷,多用于小型起重机(一般 10t 以下);另一种常用的方法是采用滑触线和集电刷供电。三根主滑触线是沿着平行于大车轨道的方向敷设在车间厂房的一侧。三相交流电源经由三根主滑触线与滑动的集电刷,引进起重机驾驶室内的保护控制柜上,再从保护控制柜引出两相电源至凸轮控制器。另一相称为电源的公用相,它直接从保护控制柜接到各电机的定子接线端。

　　另外,为了便于供电及各电气设备之间的连接,在桥架的另一侧装设了 21 根辅助滑触线,如图 4-13 所示。它们的作用分别是:用于主钩部分 10 根,3 根(13、14 区)连接主钩电机 M_5 的定子绕组(5U、5V、5W)接线端;3 根(13、14 区)连接转子绕组与转子附加电阻 5R;主钩电磁抱闸制动器 YB_5、YB_6 接交流磁力控制屏 2 根(15、16 区);主钩上升位置开关 SQ_5 接交流磁力控制屏与主令控制器 2 根(21 区)。用于副钩部分 6 根,其中 3 根(3 区)连接副钩电机 M_1 的转子绕组与转子附加电阻 1R;2 根(3 区)连接定子绕组(1U、1W)接线端与凸轮控制器 AC_1;另 1 根(8 区)将副钩上升位置开关 SQ_6 接在交流保护柜上。用于小车部分 5 根,其中 3 根(4 区)连接小车电机 M_2 的转子绕组设与转子附加电阻 2R;2 根(4 区)连接 M_2 定子绕组(2U、2W)接线端与凸轮控制器 AC_2。

　　滑触线通常采用角、圆钢、V 形钢或工字钢等刚性导体制成。

3. 20/5t 桥式起重机对电力拖动的要求

　　(1) 由于桥式起重机工作环境比较恶劣,不但多在灰尘、高温、高湿度下工作,而且经常在重载下进行频繁启动、制动、反转、变速等操作,要承受较大过载和机械冲击。因此要求电机具有较高的机械强度和较大的过载能力,同时还要求电机的启动转矩大、启动电流小,故多选用绕线式异步电机拖动。

　　(2) 由于起重机的负载为恒转矩负载,所以采用恒转矩调速。当改变转子外接电阻时,电机便可获得不同转速。但转子中加电阻后,其机械特性变软,一般重载时,转速可降低到额定转速的 50%～60%。

　　(3) 要有合理的升降速度,空载、轻载要求速度快,以减少辅助工时;重载时要求速度慢。

　　(4) 提升开始或重物下降到预定位置附近时,都需要低速,所以在 30% 额定速度内应分成几挡,以便灵活操作。

　　(5) 提升的第一级作为预备级,是为了消除传动间隙和张紧钢丝绳,以避免过大的机械冲击。所以启动转矩不能过大,一般限制在额定转矩的一半以下。

　　(6) 起重机的负载力矩为位能性反抗力矩,因而电机可运转在电动状态、再生发电状态和倒拉反接制动状态。为了保证人身与设备的安全,停车必须采用安全可靠的制动方式。

　　(7) 应具有必要的零位、短路、过载和终端保护。

4. 20/5t 桥式起重机电气设备及控制、保护装置

　　桥式起重机的大车桥架跨度一般较大,两侧装置两个主动轮,分别由两台同规格电机 M_3 和 M_4 拖动,沿大车轨道纵向两个方向同速运动。

小车移动机构由一台电机 M_2 拖动，沿固定在大车桥架上的小车轨道横向两个方向运动。

主钩升降由一台电机 M_5 拖动。

副钩升降由一台电机 M_1 拖动。

电源总开关为 QS_1；凸轮控制器 AC_1、AC_2、AC_3 分别控制副钩电机 M_1、小车电机 M_2、大车电机 M_3、M_4；主令控制器 AC_4 配合交流磁力控制屏（PQR）完成对主钩电机 M_5 的控制。

整个起重机的保护环节由交流保护控制柜（GQR）和交流磁力控制屏（PCQR）来实现。各控制线路均用熔断器 FU_1、FU_2 作为短路保护；总电源及各台电机分别采用过电流继电器 KA_0、KA_1、KA_2、KA_3、KA_4、KA_5 实现过载和过流保护；为了保障维修人员的安全，在驾驶室舱门盖上装有安全开关 SQ_7；在横梁两侧栏杆门上分别装有安全开关 SQ_8、SQ_9；为了在发生紧急情况时操作人员能立即切断电源，防止事故扩大，在保护柜上还装有一只单刀单掷的紧急开关 QS_4。上述各开关在线路中均使用常开触头，与副钩、小车、大车的过电流继电器及总过流继电器的常闭触头相串联，这样，当驾驶室舱门或横梁栏杆门开时，主接触器 KM 线圈不能获电运行，或在运行中也会断电释放，使起重机的全部电机都不能启动运转，保证了人身安全。

电源总开关 QS_1、熔断器 FU_1 与 FU_2、主接触器 KM、紧急开关 QS_4 以及过电流继电器 $KA_0 \sim KA_5$ 都安装在保护柜上。保护柜、凸轮控制器及主令控制器均安装在驾驶室内，以便于司机操作。

起重机各移动部分均采用位置开关作为行程限位保护。它们分别是：位置开关 SQ_1、SQ_2 是小车横向限位保护；位置开关 SQ_3、SQ_4 是大车纵向限位保护；位置开关 SQ_5、SQ_6 分别作为主钩和副钩提升的限位保护。当移动部件的行程超过极限位置时，利用移动部件上的挡铁压开位置开关，使电机断电并制动，保证了设备的安全运行。

起重机上的移动电机和提升电机均采用电磁抱制动器制动，它们分别是：副钩制动用 YB_1；小车制动用 YB_2；大车副动用 YB_3 和 YB_4；主钩制动用 YB_5 和 YB_6。其中 $YB_1 \sim YB_4$ 为两相电磁铁，YB_5 和 YB_6 为三相电磁铁。当电机通电时，电磁抱闸制动器的线圈获电，使闸瓦与闸轮分开，电机可以自由旋转；当电机断电时，电磁抱闸制动器失电，闸瓦抱住闸轮使电机被制动停转。

起重机轨道及金属桥架应当进行可靠的接地保护。

5. 20/5t 桥式起重机电气控制线路分析

20/5t 桥式起重机的线路如图 4-12 所示。

1）主接触器 KM 的控制

准备阶段：在起重机投入运行前，应将所有凸轮控制器手柄置于"0"位，零位联锁。触头 AC_1-7、AC_2-7、AC_3-7（均在 9 区）处于闭合状态。合上紧急开关 QS_4（10 区），关好舱门和横梁栏杆门，使位置开关 SQ_7、SQ_8、SQ_9 的常开触头（10 区）也处于闭合状态。

启动运行阶段：合上电源开关 QS_1，按下保护控制柜上的启动按钮 SB（9 区），主接触器 KM 线圈（11 区）得电，KM 线圈得电的路径为：

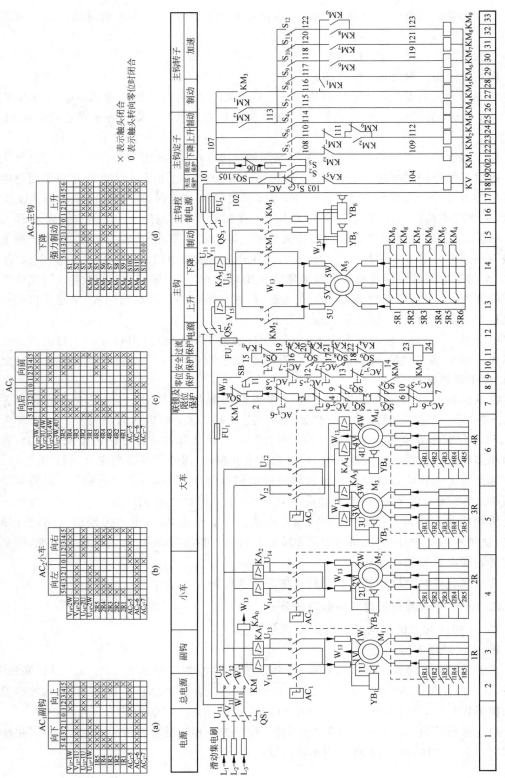

图 4-12　20/5t 桥式起重电气控制线路图

$$FU_1 \rightarrow 1 \rightarrow SB \rightarrow 11 \rightarrow AC_1\text{-}7 \rightarrow 12 \rightarrow AC_2\text{-}7 \rightarrow 13 \rightarrow AC_3\text{-}7 \rightarrow 14 \rightarrow SQ_9 \rightarrow$$
$$18 \rightarrow SQ_8 \rightarrow 17 \rightarrow SQ_7 \rightarrow 16 \rightarrow QS_4 \rightarrow 15 \rightarrow KA_0 \rightarrow 19 \rightarrow KA_1 \rightarrow 20 \rightarrow KA_2 \rightarrow$$
$$21 \rightarrow KA_3 \rightarrow 22 \rightarrow KA_4 \rightarrow 23 \rightarrow KM \rightarrow 24 \rightarrow FU_1$$

KM 主触头(2区)闭合,使两相电源(U_{12}、V_{12})引入各凸轮控制器,另一相电源(W_{13})直接引入各电机定子接线端。此时由于各凸轮控制器手柄均在零位,故电机不会运转。同时,主接触器 KM 两副常开轴助触头(7区与9区)闭合自锁。当松开启动按钮 SB 后,主接触器 KM 线圈自锁线路的路径为:

$$
\begin{array}{l}
W_{13} \rightarrow SQ_6 \rightarrow 8 \rightarrow AC_1\text{-}5 \\
FU_1 \rightarrow 1 \rightarrow KM \rightarrow AC_1\text{-}6 \rightarrow 3
\end{array}
\begin{array}{l}
\rightarrow AC_2\text{-}6 \rightarrow SQ_1 \\
\rightarrow AC_2\text{-}5 \rightarrow SQ_2
\end{array}
\rightarrow 5
\begin{array}{l}
\rightarrow SQ_3 \rightarrow AC_3\text{-}6 \\
\rightarrow SQ_4 \rightarrow AC_3\text{-}5
\end{array}
$$
$$7 \rightarrow KM \rightarrow SQ_9 \rightarrow 18 \rightarrow SQ_8 \rightarrow 17 \rightarrow SQ_7 \rightarrow 16 \rightarrow QS_4 \rightarrow 15 \rightarrow KA_0\text{-}KA_4 \rightarrow$$
$$23 \rightarrow KM \rightarrow 24 \rightarrow FU_1$$

2)凸轮控制器的控制

起重机的大车、小车和副钩电机容量都较小,一般采用凸轮控制器控制。

由于大车被两台电机 M_3 和 M_4 同时拖动,所以大车凸轮控制器 AC_3 比 AC_1 和 AC_2 多用了 5 对常开触头,以供切除电机 M_4 的转子电阻 4R1~4R5 用。大车、小车和副钩的控制过程基本相同。下面以副钩为例,说明控制过程。

副钩凸轮控制器 AC_1 共有 11 个位置,中间位置是零位,左、右两边各有 5 个位置,用来控制电机 M_1 在不同转速下的正反转,即用来控制副钩的升降。AC_1 共用了 12 副触头,其中 4 常开主触头控制 M_1 定子绕组的电源,并换接电源相序实现 M_1 的正反转;5 对常开辅助触头控制 M_1 转子电阻 1R 的切换;3 对常闭辅助触头作为联锁触头,其中 AC_1-5 和 AC_1-6 为 M_1 正反转联锁触头,AC_1-7 为零位联锁触头。

在主接触器 KM 线圈获电吸合,总电源接通的情况下,转动凸轮控制器 AC_1 的手轮至向上的"1"位置时,AC_1 的主触头 V_{13}-1W 和 U_{13}-1U 闭合,触头 AC_1-5(8区)闭合,AC_1-6(7区)和 AC_1-7(9区)断开,电机 M_1 接通三相电源正转(此时电磁抱制动器 YB_1 获电,闸瓦与闸轮已分开),由于 5 对常开轴助触头(2区)均断开,故 M_1 转子回中串接全部附加电阻 1R 启动,M_1 以最低转速带动副钩上升。转动 AC 手轮,依次到向上的"2"~"5"位时,5 对常开辅助触头依次闭合,短接电阻 1R5~1R1,电机 M_1 的转速逐渐升高,直到预定转速。

当凸轮控制器 AC_1 的手轮转至向下挡位时,这时,由于触头 V_{13}-1U 和 U_{13}-1W 闭合,接入电机 M_1 的电源相序改变,M_1 反转,带动副钩下降。

若断电或将手轮转至"0"位时,电机 M_1 断电,同时电磁抱闸制动器 YB_1 也断电,M_1 被迅速制动停转。副钩带有重负载时,考虑到负载的重力作用,在下降负载时,应先把手轮逐级扳到"下降"的最后一挡,然后根据速度要求逐级退回升速,以免引起快速下降而造成事故。

3)主令控制器的控制

主钩电机是桥式起重机容量最大的一台电机,一般采用主令控制器配合磁力控制屏进行控制,即用主令控制器控制接触器,再由接触器控制电机。为提高主钩电机运行的稳定性,在切除转子附加电阻时,采取三相平衡切除,使三相转子电流平衡。

主钩运行有升、降两个方向,主钩上升与凸轮控制器的工作过程基本相似,区别仅在于它是通过接触器来控制的。

主钩下降时与凸轮控制器控制的动作过程有较明显的差异。主钩下降有 6 挡位置。"J""1""2"挡为制动下降位置,防止在吊有重载下降时速度过快,电机处于倒拉反接制动运行状态;"3""4""5"挡为强力下降位置,主要用于轻负载时快速强力下降。主令控制器在下降位置时,6 个挡位的工作情况如下。

合上电源开关 QS_1(1 区)、Q_2(12 区)、QS_3(16 区),接通主线路和控制线路电源,主令控制器 AC_4 手柄置于零位,触头 S_1(18 区)处于闭合状态,电压继电器 KV 线圈(18 区)获电吸合,其常开触头(19 区)闭合自锁,为主钩电机 M_5 启动控制做好准备。

(1) 手柄扳到制动下降位置"J"挡。由主令控制器 AC_4 的触头分合表[如图 4-12(d)]可知,此时常用触头 S_1(18 区)断开。常开触头 S_3(21 区)、S_6(23 区)、S_7(26 区)、S_8(27 区)闭合。触头 S_3 合,位置开关 SQ_5(21 区)串入线路起上升限位保护;触头 S_6 闭合,提升接触器 KM_2 线圈(23 区)获电,KM_2 联锁触头(22 区)分断对 KM_1 联锁,KM_2 主触头(13 区)和自锁触头(23 区)闭合,电机 M_5 定子绕组通入三相正相序电压,KM_2 常开辅助触头(25 区)闭合,为切除各级转子电阻 5R 的接触器 $KM_4 \sim KM_9$ 和制动接触器 KM_3 接通电源作准备;触头 S_7、S_8 闭合,接触器 KM_4(26 区)和 KM_5(27 区)线圈获电吸合,KM_4 和 KM_5 常开触头(13 区、14 区)闭合,转子切除两级附加电阻 5R6 和 5R5。这时,尽管电机 M_5 已接通电源,但由于主令控制器的常开触头 S_4(25 区)未闭合,接触器 KM_3(25 区)线圈不能获电,故电磁抱闸制动器 YB_5、YB_6 线圈也不能获电,制动器未释放,电机 M_5 仍处于抱闸制动状态,因而电机虽然加正相序电压产生正向电磁转矩,电机 M_5 也不能启动旋转。这一挡是下降准备挡,将齿轮等传动部件啮合好,以防下放重物时突然快速运动而使传动机构受到剧烈的冲击。手柄置于"J"挡时,时间不宜过长,以免烧坏电气设备。

(2) 手柄扳到制动下降位置"1"挡。此时主令控制器 AC_4 的触头 S_3、S_4、S_6、S_7 闭合。触头 S_3 和 S_6 仍闭合,保证串入提升限位开关 SQ_5 和正向接触器 KM_2 通电吸合;触头 S_4 和 S_7 闭合,使制动接触器 KM_3 和接触器 KM_4 获电吸合,电磁抱闸制动器 YB_5 和 YB_6 松开,转子切除一级附加电阻 5R6。这时电机 M_5 能自由旋转,可运转于正向电动状态(提升重物)或倒拉反接制动状态(低速下放重物)。当重物产生的负载倒拉力矩大于电机产生的正向电磁转矩时,电机 M_5 运转在负载倒拉反接制动状态,低速下放重物;反之,则重物不但不能下降反而被提升,这时必须把 AC_4 的手柄迅速扳到下一挡。

接触器 KM_3 通电吸合时,与 KM_2 和 KM_1 常开触头(25 区、26 区)并联的 KM_3 的自锁触头(27 区)闭合自锁,以保证主令控制器 AC_4 进行制动下降"2"挡和强力下降"3"挡切换时,KM_3 线圈仍通电吸合,YB_5 和 YB_6 处于非制动状态,防止换挡时出现高速制动而产生强烈的机械冲击。

(3) 手柄扳到制动下降位置"2"挡。此时主令控制器触头 S_3、S_4、S_6 仍闭合,触头 S_7 分断,接触器 KM_4 线圈断电释放,附加电阻全部接入转子回路,使电机产生的电磁转矩减小,重负载下降速度比"1"挡时加快。这样,操作者可根据重负载情况及下降速度要求,适当选择"1"挡或"2"挡下降。

（4）手柄扳到强力下降位置"3"挡。主令控制器 AC_4 的触头 S_2、S_4、S_5、S_7、S_8 闭合。触头 S_2 闭合，为后面线路通电作准备。因为"3"挡为强力下降，这时提升位置开关 SQ_5（21区）失去保护作用。控制线路的电源通路改由触头 S_2 控制；触头 S_5 和 S_4 闭合，反向接触器 KM_1 和制动接触器 KM_3 获电吸合，电机 M_5 定子绕组接入三相负相序电压，电磁抱闸 YB_5 和 YB_6 的抱闸松开，电机 M_5 产生反向电磁转矩；触头 S_7 和 S_8 闭合，接触器 KM_4 和 KM_5 获电吸合，转子中切除两级电阻 5R6 和 5R5。这时，电机 M_5 运转在反转电动状态（强力下降重物），且下降速度与负载重量有关。若负载较轻（空钩或轻载），则电机 M_5 处于反转电动状态；若负载较重，下放重物的速度很高，使电机转速超过同步转速，则电机 M_5 将进入再生发电制动状态。负载越重，下降速度越大，应注意操作安全。

（5）手柄扳到强力下降位置"4"挡。主令控制器 AC_4 的触头除"3"挡闭合外，又增加了触头 S_9 闭合，接触器 KM_6（29区）线圈获电吸合，转子附加电阻 5R4 被切除，电机 M_5 进一步加速运动，轻负载下降速度变快。另外 KM_6 常开轴助触头（30区）闭合，为接触器 KM_7 线圈获电作准备。

（6）手柄扳到强力下降位置"5"挡。主令控制器 AC_4 的触头除"4"挡闭合外，又增加了触头 S_{10}、S_{11}、S_{12} 闭合，接触器 $KM_7 \sim KM_9$ 线圈依次获电吸合（因在每个接触器的支路中，串接了前一个接触器的常开触头），转子附加电阻 5R3、5R2、5R1 依次逐级切除，以免过大的冲击电流，同时电机 M_5 旋转速度逐渐增加，待转子电阻全部切除后，电动机以最高转速运行，负载下降速度最快。此挡若负载很重，使实际下降速度超过电机的同步转速时，电机进入再生发电制动状态，电磁转矩变成制动力矩，保证了负载的下降速度不致太快，且在同一负载下，"5"挡下降速度要比"4"和"3"挡速度低。

由以上分析可见，主令控制器 AC_4 手柄置于制动下降位置"J""1""2"挡时，电机 M_5 加正相序电压。其中"J"挡为准备挡。当负载较重时，"1"挡和"2"挡电机都运转在负载倒拉反接制动状态，可获得重载低速下降，且"2"挡比"1"挡速度高。若负载较轻时，电机会运转于正向电动状态，重物不但不能下降，反而会被提升。

当 AC_4 手柄置于强力下降位置"3""4""5"挡时，电机 M_5 加负相序电压。若负载较轻或空钩时，电机工作在电动状态，强迫下放重物，"5"挡速度最高，"3"挡速度最低；若负载较重，则可以得到超过同步转速的下降速度，电机工作在再生发电制动状态，且"3"挡速度最高，"5"挡速度最低。由于"3"和"4"挡的速度较高，很不安全，因而只能选用"5"挡速度。

桥式起重机在实际运行中，操作人员要根据具体情况选择不同的挡位。例如主令控制器手柄在强力下降位置"5"挡时，仅适用于起重负载较小的场合。如果需要较低的下降速度或起重负载较大的情况下，就需要把主令控制器手柄扳回到制动下降位置"1"挡或"2"挡，进行反接制动下降。这时，必然要通过"4"挡和"3"挡。为了避免在转换过程中可能发生过高的下降速度，在接触器 KM_9 线路中常用辅助常开触头 KM_9（33区）自锁。同时，为了不影响提升调速。故在该支路中再串联一个常开轴助触头 KM_1（28区）。这样可以保证主令控制器手柄由强力下降位置向制动下降位置转换时，接触器 KM_9 线圈始终有电，只有手柄扳至制动下降位置后，接触器 KM_9 线圈才断电。在主令控制器 AC_4 触头分合表，如图 4-12(d) 所示中可以看到，强力下降位置"4"挡"3"挡上有"0"的符号、便表示手由"5"挡向"0"位回转时,触头 S_{12} 接通。如果没有以上联锁装置,在手柄由强力下降位置向制动下降位置转换时,若操作人员不小心,误把手柄停在了"3"挡或"4"挡,那么正在高速下降的负载速度不但得不到控制,反而使下降速度增加,很可能造成恶性事故。

另外,串接在接器 KM_2 支路中的 KM_2 常开触头(23区)与 KM_9 常闭触头(24区)并联,主要作用是当接触器 KM_1 线圈断电释放后,只有在 KM_9 线圈断电释放情况下,接触器 KM_2 线圈才允许获电并自锁。这就保证了只有在转子线路中串接一定附加电阻的前提下。才能进行反接制动,以防止反接制动时造成直接启动而产生过大的冲击电流。

电压继电器 KV 实现主令控制器 AC_4 的零位保护。

20/5t 桥式起重机电器元器件明细表见表 4-3。

表 4-3　20/5t 桥式起重机电器元器件明细表

代　号	元器件名称	型　号	规　格	数量
M_1	副钩电机	YZR-200L-8	15kW	1
M_2	小车电机	YZR-132MB-6	3.7kW	1
M_3、M_4	大车电机	YZR-160MB-6	7.5kW	2
M_5	主钩电机	YZR-315M-10	75kW	1
AC_1	副钩凸轮控制器	KTJ1-50/1		1
AC_2	小车凸轮控制器	KTJ1-50/1		1
AC_3	大车凸轮控制器	KTJI-50/5		1
AC_4	主钩主令控制器	LK1-12/90		1
YB_1	副钩电磁抱闸制动器	MZD1-300	单相 AC,380V	1
YB_2	小车电磁抱闸制动器	MZD1-100	单相 AC,380V	1
YB_3、YB_4	大车电磁抱闸制动器	MZD1-200	单相 AC,380V	2
YB_5、YB_6	主钩电磁抱闸制动器	MZS1-45H	三相 AC,380V	2
1R	副钩电阻器	2K1-41-8/2		1
2R	小车电阻器	2K1-12-6/1		1
3R,4R	大车电阻器	4K1-22-6/1		2
5R	主钩电阻器	4P5-63-10/9		1
QS_1	电源总开关	HD9-400/3		1
QS_2	主钩电源开关	HD11-200/2		1
QS_3	主钩控制电源开关	DZ5-50		1
QS_4	紧急开关	A-3161		1
SB	启动按钮	LA19-11		1
KM	主交流接触器	CJ20-300/3	300A,线圈电压 380V	1
KA_0	总过电流继电器	JL4-150/1		1
KA_1	副钩过电流继电器	JL4-40		1
$KA_2 \sim KA_4$	大车、小车过电流继电器	JL4-15		1
KA_5	主钩过电流继电器	JL4-150		1
KM_1、KM_2	主钩正反转交流接触器	CJ20-250/3	250A,线圈电压 380V	2
KM_3	主钩抱闸接触器	CJ20-75/2	45A,线圈电压 380V	1
KM_4、KM_5	反接电阻切除接触器	CJ20-75/3	75A,线圈电压 380V	2
$KM_6 \sim KM_9$	调速电阻切除接触器	CJ20-75/3	75A,线圈电压 380V	4

续表

代　号	元器件名称	型　号	规　格	数量
KV	欠电压继电器	JT4-10P		1
FU_1	电源控制线路熔断器	RL1-15/5	15A,熔体 5A	2
FU_2	主钩控制线路熔断器	RL1-15/10	15A,熔体 10A	2
$SQ_1 \sim SQ_4$	大、小车限位开关	LK4-11		4
SQ_5	主钩上升限位开关	LK4-31		1
SQ_6	副钩上升限位开关	LK4-31		1
SQ_7	舱门安全开关	LX2-11H		1
SQ_8,SQ_9	横梁栏杆门安全开关	LX2-111		2

4.2.2　桥式起重机控制线路的故障检修

1. 主交流接触器 KM 不吸合的故障排除

合上电源总开关 QS_1 并按下启动按钮 SB 后,主交流接触器 KM 不吸合故障的原因可能是:线路无电压,熔断器 FU_1 熔断,紧急开关 QS_4 或门安全开关 SQ_7、SQ_8、SQ_9 未合上,主交流接触器 KM 线圈断路,有凸轮控制器手柄没在零位,或凸轮控制器零位触头 AC_1-7、AC_2-7、AC_3-7 触头分断,过电流继电器 KA_0 至 KA_4 动作后未复位。接通电源启动后主交流接触器 KM 不吸合的检测流程如下。

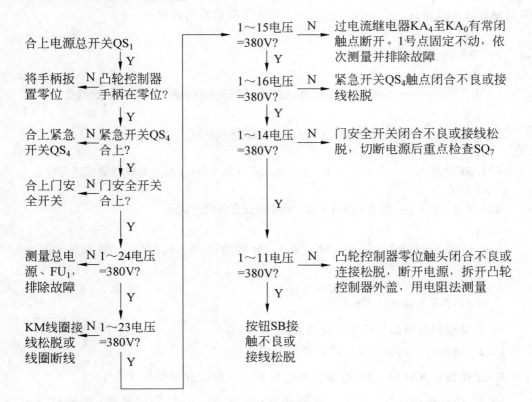

[提示] 该故障发生概率较高,排除时先目测检查,然后在保护控制柜中和出线端子上测量、判断。确定故障大致位置后,切断电源,再用电阻法测量、查找故障具体部位。

2. 副钩能下降但不能上升

副钩能下降但不能上升的检测流程如下。

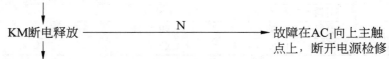

启动KM后,副钩凸轮控制器
手柄转置向上位置
↓
KM断电释放 ————————N————————→ 故障在AC$_1$向上主触
点上,断开电源检修
↓
故障在8区W13-3号线之间,可能是8号导电滑
线,上升限位开关SQ$_6$、AC$_1$~AC$_5$触头接触不
良或接线松脱。切断电源,用电阻法测量

[提示] 对于小车、大车向一个方向工作正常,而向另一个方向不能工作的故障,判断方法类似。在检修试车时不能朝一个运行方向试车行程太大,以免又产生终端限位故障。

3. 主钩既不能上升又不能下降

故障原因有多方面,可从主钩电机运转状态、电磁抱闸制动器吸合声音、继电器动作状态来判断故障。交流电磁保护柜装于桥架上,观察交流电磁保护柜中继电器动作状况,测量需与吊车操作人员配合进行,注意高空操作安全。测量尽量在操作室端子排上测量并判断故障大致位置。主钩既不能上升又不能下降的检测流程如下。

合上QS$_1$、QS$_3$,
AC$_4$手柄置于零位
↓
KV吸合? ——N—→ 熔断器FU$_2$熔断或18区KV线圈支路出现断点,用电压法测量
↓Y
KV自锁? ——N—→ KV自锁触点(19区)未接通或连线松脱
↓Y
KM$_1$或KM$_2$吸合?——N—→ S$_2$、S$_3$、S$_5$、S$_6$触点接触不良,KM$_1$、KM$_2$线圈支路有断点
↓Y
KM$_3$吸合? ——N—→ 触点S$_4$接触不良,KM$_3$线圈支路出现断点
↓Y
YB$_5$、YB$_6$得电打开?——N—→ KM$_3$主触点、导电滑线接触不良,YB$_5$、YB$_6$线圈开路
↓Y
KM$_1$、KM$_2$主触点与导电滑线接触不良,
主钩电机转子回路开路或电机损坏

4. 凸轮控制器扳动过程中火花过大

原因:动静触头接触不良;控制容量过载。

5. 主接触器 KM 吸合后,过电流继电器 KA$_0$ ~ KA$_4$ 立即动作

原因:凸轮控制器 SA$_1$ ~ SA$_3$ 线路接地;电机 M$_1$ ~ M$_4$ 绕组接地;电磁铁 YA$_1$ ~

YA$_4$ 线圈接地。

4.2.3 技能考核

1. 考核任务

在 20/5t 桥式起重机的电气控制线路中设置 1 或 2 个故障点,让学生观察故障现象,在限定时间内分析故障原因和故障范围,用电阻测量法或电压测量法等方法进行故障的检查与排除。

2. 考核要求及评分标准

在 30min 内排除两个 20/5t 桥式起重机的电气控制线路的故障。评分标准见表 4-4。

表 4-4 20/5t 桥式起重机电气故障检修评分标准

学号	项 目	评 分 标 准	配分	扣分	得分
1	观察故障现象	两个故障,观察不出故障现象,每个扣 10 分	20		
2	故障分析	分析和判断故障范围,每个故障占 20 分 对每个故障的范围判断不正确,每次扣 10 分 范围判断过大或过小,每超过一个元器件或导线标号扣 5 分,直至扣完这个故障的 20 分为止	40		
3	故障排除	正确排除两个故障,不能排除的故障每个扣 20 分	40		
4	其他	不能正确使用仪表扣 10 分;拆卸无关的元器件、导线端子,每次扣 5 分;扩大故障范围,每个故障扣 5 分;违反电气安全操作规程,造成安全事故者酌情扣分;修复故障过程中超时,每超时 5min 扣 5 分	从总分倒扣		
开始时间		结束时间	成绩	评分人	

思考与练习

1. 桥式起重机一般由哪几部分组成?

2. 在桥式起重机中,为什么采用电磁抱闸制动?有什么优点?

3. 桥式起重机在启动前各控制手柄为什么都要置于零位?

4. 参考 20/5t 桥式起重机的线路图,分析主令控制器手柄置于下降位置"J"挡时,桥式起重机的工作过程。

5. 参考 20/5t 桥式起重机的线路图,简述在主钩控制线路中,接触器 KM9 的自锁触头与 KM$_1$ 的辅助常开触头串接使用的原因。

6. 在 20/5t 桥式起重机的线路图中,若合上电源开关 QS$_1$ 并按下启动接钮 SB 后,主接触器 KM 不吸合,则可能的故障原因是什么?

直流电机电气控制线路的安装与调试

项目描述

直流电机和交流电机相比,具有调速范围广、调速平滑方便、过载能力大及能承受频繁冲击负载的优点,可实现频繁的无级快速启动、制动和反转,能满足生产过程中自动化系统各种不同的特殊运行要求。本项目主要介绍直流电机的启动、正反转、调速和制动控制的方法和特点及控制线路的工作原理。

任务 5.1　直流电机启动、调速控制线路的安装与调试

任务描述

直流电机的启动特点之一是启动电流冲击大,可达额定电流的10～20倍。这样大的电流有可能会导致电机换向器和电枢绕组的损坏,同时对电源也是沉重的负担。大电流产生的转矩和加速度对电机的机械部件也将产生强烈的冲击。因此,在选择启动方案时必须充分考虑各方面因素,一般不允许直接启动,而是采取在电枢回路中串入电阻启动等方法。

本任务要求识读直流电机的启动、调试控制线路,并掌握其工作原理。

任务目标

知识目标:

(1) 直流电机的结构、工作原理;

(2) 直流电机电枢回路串电阻启动控制线路的工作原理;

(3) 直流电机的调速方法及原理。

能力目标：

（1）会识读与绘制电气控制原理图；

（2）会正确判断直流电机类型及选择正确的连接方式；

（3）会分析直流电机电枢回路串电阻启动控制线路的工作原理；

（4）会正确分析直流电机调速控制线路的工作原理。

 相关知识

要对直流电机电枢回路串电阻启动、调速控制线路进行安装接线并通电试验，首先要认识图中所用到的元器件。本任务中用到的元器件有直流电机。学生通过对元器件进行外形观察、参数识读及测试等相关活动，掌握这些元器件的功能和使用方法。下面就来学习线路中所涉及的元器件。

5.1.1 直流电机

1. 直流电机的结构

直流电机是电能和机械能相互转换的设备。将机械能转换为直流电能的是直流发电机，而将电能转换为机械能的是直流电动机。如图 5-1 所示，从外形上看，直流电机的结构形式多样，然而，直流电机的基本结构是由静止和转动的两大部分及静止和转动两部分之间一定大小的间隙构成。

图 5-1 直流电机的外形

在直流电机中，静止的部分称为定子，其作用是产生磁场和作为电机的机械支撑。定子部分包括机座、主磁极、换向极、端盖、轴承及电刷装置等；转动的部分称为转子或电枢，其作用是产生感应电动势，实现能量转换。转子部分包括电枢铁心、电枢绕组、换向器、转轴和风扇等。定子与转子之间的间隙称为气隙，其作用是耦合磁场。图 5-2 所示为常见直流电机的结构。图 5-3 所示为直流电机的结构轴分解图。

1）定子部分

（1）机座。机座有圆形和方形两种，一般用厚钢板弯成筒形以后焊接而成，或者用铸钢件（小型机座用铸铁件）制成。机座的两端装有端盖。机座有两个作用：一是导磁作用，是主磁路的一部分，作为磁通的通路，称为磁轭；二是机械支撑作用，是电机的结构框架。

（2）主磁极。主磁极的作用是建立主磁场，由主磁极铁心和主磁极绕组组成。主磁

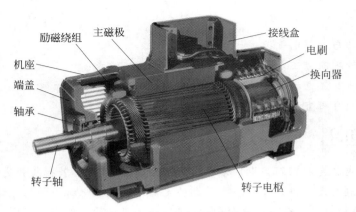

图 5-2　常见直流电机的结构

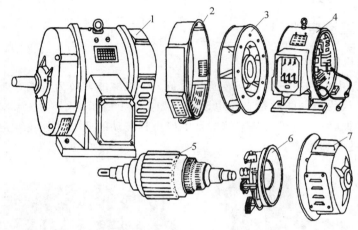

图 5-3　直流电机的结构轴分解图

1—直流电机总成；2—后端盖；3—通风器；4—定子总成；5—转子（电枢）总成；6—电刷装置；7—前端盖

极铁心采用 1～1.5mm 厚的低碳钢板冲压成一定形状叠装固定而成。主磁极上装有励磁绕组，整个主磁极用螺杆固定在机座上。主磁极的个数一定是偶数，励磁绕组的连接必须使得相邻主磁极的极性按 N、S 极交替出现。

（3）换向极。换向极又称附加极、间极，是安装在两相邻主磁极之间的一个小磁极，其作用是产生附加磁场，改善电机的换向条件。

换向极是由换向极铁心和套在铁心上的换向极绕组构成的，并通过螺杆固定在机座上。换向极铁心通常由厚钢板叠压而成。换向极的个数一般与主磁极的极数相等。

换向极绕组在使用中是和电枢绕组相串联的，因为要通过较大的电流，所以和主磁极的串励绕组一样，其导线具有较大的截面积，匝数较少。只有 1kW 以上的电机才有换向极。

（4）电刷装置。电刷装置是电枢线路的引出（或引入）装置，它由刷架圈、电刷、刷握、刷杆、压指和刷架连线等部分组成。电刷是由石墨或金属石墨组成的导电块，放在刷握内由压指通过弹簧以一定的压力安放在换向器的表面，转子旋转时，电刷与换向器表面形成滑动接触。刷握用螺钉夹紧在刷杆上。电刷在刷盒内能上下自由移动，刷盒与换向器平行,电刷位于换向器工作面上,沿换向器圆周均匀分布。

2）转子部分

（1）电枢铁心。电枢铁心既是主磁路的组成部分,又是电枢绕组的支撑部分；电枢绕组嵌放在电枢铁心的槽内。为了减少涡流损耗,电枢铁心一般用厚 0.5mm 且冲有齿、槽的型号为 DR530 或 DR510 的硅钢片叠压而成。

（2）电枢绕组。电枢绕组是由一定数目的电枢线圈按一定的规律连接组成的,是直流电机的线路部分,也是进行机电能量转换（产生感应电动势及电磁转矩）的部分。线圈用绝缘的圆形或矩形截面的导线绕成,分上下两层嵌放在电枢铁心槽内,上下层以及线圈与电枢铁心之间都要妥善地绝缘,并用槽楔压紧。

（3）换向器。换向器是由许多具有鸽尾形的换向片排成一个圆筒,其间用云母片绝缘,两端再用两个 V 形环夹紧而构成的。每个电枢线圈首端和尾端的引线,分别焊入相应换向片的升高片内。小型电机常用塑料换向器,这种换向器由换向片排成圆筒,再通过热压制成。

3）气隙

气隙是电机磁路的重要组成部分。气隙路径虽短,但由于气隙磁阻远大于铁心磁阻,对电机性能有很大的影响。小型电机的气隙宽度一般为 0.5～5mm,而大型电机则可达5～10mm。

2. 直流电机的工作原理

直流电机是根据导体切割磁力线产生感应电动势和载流导体在磁场中受到电磁力的作用实现机械能和电能相互转换的设备。从原理上讲,它体现了电和磁的相互作用。

图 5-4 所示为直流电机的工作原理示意图。其中,N、S 是一对在空间固定不变的磁极,通常由主磁极绕组通入直流电流产生,也可由永久磁铁制成。电刷 A、B 接到直流电源上,电刷 A 接正极,电刷 B 接负极。电流从电源正极流出,经过电刷 A、换向片 1、电枢线圈 abcd 到换向片 2 和电刷 B,最后回到电源负极。根据电磁力定律,载流导体在磁场中受到电磁力的作用,其方向由左手定则确定。在磁场的作用下,图 5-4(a)中 N 极下导体 ab 的受力方向（即 F 的方向）为从右向左,S 极下导体 cd 受力的方向为从左向右,电磁力形成逆时针方向的电磁转矩。当电磁转矩大于阻转矩时,电机电枢就会沿逆时针方向旋转起来。

当电枢从图示位置转动 90°时,使电枢旋转的电磁转矩消失,但由于机械惯性的作用,电枢仍能转动。图 5-4(b)中当原 N 极下的导体 ab 转到 S 极下时,其受力方向为从左向右,原 S 极下导体 cd 转到 N 极下时,其受力方向为从右向左,该电磁力形成逆时针方向的电磁转矩。线圈在该电磁转矩的作用下继续沿逆时针方向旋转。

实际应用中的直流电机的电枢是有多个线圈的。线圈沿圆周均匀嵌放在电枢铁心槽里,并按照一定的规律连接起来,构成电机的电枢绕组。直流电机的主磁极也有多对,根据需要将 N、S 极交替安装在机座内壁。

直流电机既可作发电机运行,也可作电动机运行。这就是直流电机的可逆原理。

3. 直流电机的分类

直流电机按其励磁绕组与电枢绕组连接方式（励磁方式）的不同,分为他励直流电机、

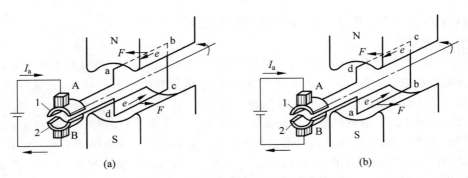

图 5-4　直流电机的工作原理示意图

并励直流电机、串励直流电机及复励直流电机。直流电机的励磁方式如图 5-5 所示。

（1）他励直流电机。如图 5-5(a)所示，他励直流电机的励磁绕组与电枢绕组由两个独立的直流电源分别供电。

（2）并励直流电机。如图 5-5(b)所示，并励直流电机的励磁绕组与电枢绕组并联，由同一套独立的直流电源供电。

（3）串励直流电机。如图 5-5(c)所示，串励直流电机的励磁绕组与电枢绕组串联由同一套独立的直流电源供电。

（4）复励直流电机。如图 5-5(d)所示，在复励直流电机中，一部分励做绕组与电枢绕组并联，另一部分励磁绕组与电枢绕组串联，由同一套独立的直流电源供电。

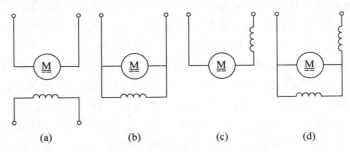

图 5-5　直流电机的励磁方式

5.1.2　并励直流电机启动控制

前面讲述了三相交流异步电机的各种基本控制线路，但鉴于直流电机具有启动大、调速范围广、调速精度高、能够实现无级平滑调速以及可以频繁启动等一系列优点，需要能够在大范围内实现无级平滑调速或需要大启动转矩的生产机械，常用直流电机动。如高精度金属切削机床、轧钢机、造纸机、龙门刨床、电气机车等生产机械都是直流电机来拖动的。

直流电机按励磁方式划分为他励、并励、串励和复励四种。由于并励直流电机在实际生产中应用较广泛，且在运行性能和控制线路上与他励直流电机接近，所以本小节介绍并励直流电机启动、正反转的基本控制线路。

1. 识读线路图

直流电机常用的启动方法有两种：一是电枢回路串联电阻启动；二是降低电源电压启动。对并励直流电机常采用的是电枢回路串联电阻启动。

并励直流电机电枢回路串电阻二级启动线路如图 5-6 所示。其中 KA_1 为欠电流继电器，作为励磁绕组的失磁保护，以免励磁绕组因断线或接触不良引起"飞车"事故；KA_2 为过电流继电器，对电机进行过载和短路保护；电阻 R 为电机停转时励磁绕组的放电电阻；V 为续流二极管，使励磁绕组正常工作时电阻 R 上没有电流流入。

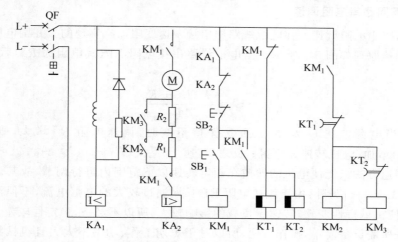

图 5-6 并励直流电机电枢回路串电阻二级启动线路

2. 线路工作原理分析

线路工作原理如下：

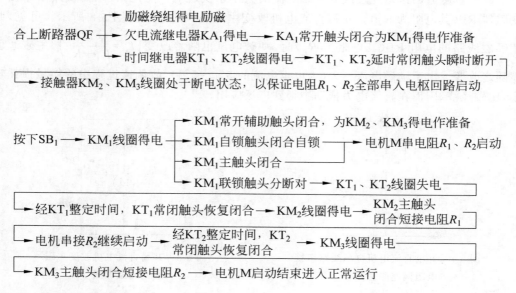

停止时，按下 SB_2 即可。

5.1.3 并励直流电机调试控制

直流电机的调速有机械调速、电气调速以及机械电气配合调速三种方法。下面主要介绍直流电机的电气调速方法。由直流电机的转速公式：$n = \dfrac{U - I_a(R_a + R_p)}{C_e \Phi}$ 可知，直流电机的调速可通过三种方法来实现：一是电枢回路串电阻调速；二是改变主磁通调速；三是改变电枢电压调速。

1. 电枢回路串电阻调速

电枢回路串电阻调速是在电枢线路中串接调速变阻器来实现的。并励电机电枢线路串接电阻调速原理如图 5-7 所示。当电枢线路串接电阻 RP（其电阻为 R_p）后，电机的转速为：

$$n = \frac{U - I_a(R_a + R_p)}{C_e \Phi}$$

可见，当电源电压 U 及主磁通 Φ 保持不变时，调速电阻 R_p 增大，则电阻压降 $I_a(R_a + R_p)$ 增加，电机转速 n 下降；反之，转速上升。

这种调速方法只能使电机的转速在额定转速以下范围内进行调节，故其调速范围不大，一般为 1.5∶1。另外，由于调速电阻 RP 长期通过较大的电枢电流，不但消耗大量的电能，而且使机械特性变软，转速受负载的影响较大，所以不经济，稳定性较差。但由于这种调速方法所需设备简单，操作方便，所以对于短期工作、功率不太大且机械特性硬度要求不太高的场合，如蓄电池搬运车、无轨电车、电池铲车及吊车等生产机械上，仍广泛采用这种调速方法。

2. 改变主磁通调速

改变主磁通调速是通过改变励磁电流的大小来实现的。为此，在励磁线路中串接一变阻器 RP（其电阻为 R_p）。并励直流电机改变主磁通调速原理如图 5-8 所示。可见，调节励磁线路的电阻 RP（其电阻为 R_p）时，励磁电流也随着改变 $\left(I_f = \dfrac{U}{R_f + R_p}\right)$，主磁通也就随之改变。由于励磁电流不大（为电枢电流的 3%～5%），故调速过程中的能量损耗较小，比较经济，因而在直流电力拖动中得到广泛应用。

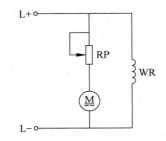

图 5-7 并励直流电机电枢线路串接
电阻调速原理图

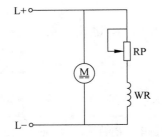

图 5-8 并励直流电机改变主磁
通调速原理图

由于并励直流电机在额定运行时,磁路已稍有饱和,所以改变主磁通调速法,只能用减弱励磁的方式来实现调速(称弱磁调速),即电机转速只能在额定转速以上范围内进行调节。但转速又不能调节得过高,以免电机振动过大,换向条件恶化,甚至出现"飞车"事故。所以用这种方法调速时,其最高转速一般在 3000r/min。

3. 改变电枢电压调速

由于电网电压一般是不变的,所以这种调速方法适用于他励直流电机的调速控制,且必须配置专用的直流调压设备。工业生产中,通常采用他励直流发电机作为他励直流电机电枢的电源,组成直流发电机—电动机拖动系统,简称 G-M 系统。这种调速方法的特点是:改变电枢调速时,机械特性的斜率不变,所以调速的稳定性好;电压可作连续性变化,调速的平滑性好,调速范围广;属于恒转矩调速,电机电压不允许超过额定值,只能由额定值往下降低电压调速;电源设备投资费较大,但电能损耗小,效率高。

5.1.4 任务实施

(1)根据图 5-6 列出所需的元器件并填入明细表 5-1 中。

表 5-1　元器件明细表

序号	代　号	名　　称	型　号	规　　格	数量
1	M	直流电机	Z200/20-220	200W、220V、1.1A、2000r/min	1
2	QF	断路器	DZ5-20/230	二极、220V、20A	1
3	KT$_1$ KT$_2$	时间继电器	JSZ3F	220V	2
4	KA	电流继电器	JL14-332	220V	2
5	KM$_1$～KM$_3$	接触器	CZ10-10	10A、线圈电压220V	2
6	R	启动电阻	Z-203	1.5kW、0～13.9Ω	1
7	SB$_1$～SB$_2$	按钮	LA10-3H	保护式、380V、5A、按钮数 3 位	1
8	XT	接线端子排	JX2-1015	380V、10A、15 节	1

(2)按明细表清点各元器件的规格和数量,并检查各元器件是否完好无损,各项技术指标符合规定要求。

(3)根据如图 5-6 所示线路图,在控制面板上合理牢固安装各电器元器件。

(4)在控制面板上根据如图 5-6 所示线路进行正确布线。

(5)安装直流电机。

(6)接线完毕,根据图检查布线的正确性,并进行线路的自检。

(7)检查无误后通电试车。

(8)注意事项:

① 通电试车前,要认真检查励磁回路的接线,必须保证连接可靠,以防止电机运行时出现因励磁回路断路失磁引起"飞车"事故。

② 直流电源若采用单相桥式整流器供电时,必须外接 13mH 的电抗器。

③ 通电试车时,必须有指导教师在现场监护,同时做到安全文明生产。如遇异常情况,应立即断开低压断路器 QF。

5.1.5　技能考核

1. 考核任务

（1）在规定的时间内按工艺要求完成控制线路的安装接线,且通电试验成功。

（2）安装工艺应达到基本要求,线头长短应适当且接触良好。

（3）遵守安全规程,做到文明生产。

2. 考核要求及评分标准

考核要求及评分标准见表 5-2。

根据任务具体实施情况,依据表 5-2 各项内容逐项进行检查验收,评价赋分。

表 5-2　评分标准

项 目 内 容	配分	评 分 标 准		扣分
装前检查	10	（1）电机质量检查,每漏一处扣 5 分; （2）电器元器件漏检或错检,每处扣 1 分		
元器件安装	20	（1）电机安装不符合要求:松动扣 15 分;地脚螺栓未拧紧,每只扣 10 分; （2）其他元器件安装不紧固,每只扣 5 分; （3）安装位置不符合要求扣 10 分; （4）损坏元器件或设备扣 10～20 分		
布线	30	（1）选用导线不合理,每处扣 5 分; （2）不按原理图配线,每处扣 5 分; （3）接点不符合要求,每处扣 5 分; （4）损伤导线绝缘或芯线,每根扣 5 分; （5）不会接直流电机扣 30 分		
通电调试	40	（1）操作顺序不对,每一次扣 5 分; （2）第一次试车不成功扣 20 分;第二次试车不成功扣 30 分;第三次试车不成功扣 40 分		
安全与文明生产		违反安全文明生产规程扣 5～10 分		
额定时间 3h		每超过 10min 以内扣 5 分计算		
备注		除定额时间外,各项内容最高扣分不得超过配分数	成绩	
开始时间		结束时间		实际时间	

思考与练习

1. 简述直流电机的结构及工作原理。

2. 根据直流电机励磁方式分为哪几种?

3. 直流电机常用的启动方法有哪两种?并励直流电机常采用哪种方法启动?

4. 直流电机有哪三种调速方法?各有什么特点?

任务 5.2　直流电机正反转、制动控制线路的安装与调试

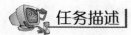

任务描述

直流电机反转有两种方法：一是电枢反接法，即改变电枢电流方向，保持励磁电流方向不变；二是励磁绕组反接法，即改变磁电流方向，保持电枢电流方向不变。而在实际应用中，并励直流电机的反转常采用电枢反接法来实现。

本任务要求识读并励直流电机的正反转、能耗制动控制线路，并掌握其工作原理。

任务目标

知识目标：

（1）直流电机的正反转控制方法及工作原理；

（2）直流电机制动方法及控制线路工作原理。

能力目标：

（1）会识读与绘制电气控制原理图；

（2）会分析直流电机正反转控制线路的工作原理；

（3）会正确分析直流电机能耗制动控制线路的工作原理。

相关知识

要对直流电机正反转控制、能耗制动控制线路进行安装接线并通电试验，首先要了解直流电机正反转控制、能耗制动控制的方法，掌握线路的工作原理及检测方法等。学生通过对直流电机正反转控制、能耗制动控制线路进行原理分析及故障排除等相关活动，掌握直流电机正反转控制、能耗制动控制线路工作原理及故障排除方法。下面就来学习所涉及的相关知识。

5.2.1　并励直流电机正反转控制

1. 并励直流电机正反转控制方法

在实际生产中，常常要求直流电机既能正转又能反转。例如：直流电机拖动龙门刨床的工作台自动往返运动；矿井卷扬机的上下运动等。使直流电机反转有两种方法：一是电枢反接法，即改变电枢电流方向，保持励磁电流方向不变；二是励磁绕组反接法，即改变磁电流方向，保持电枢电流方向不变。而在实际应用中，并励直流电机的反转常采用电枢反接法来实现。这是因为并励电机励磁绕组的匝数多，电感大，当从电源上断开励磁绕组时，会产生较大的自感电动势，不但在开关的刀刃上或接触器的主触头上产生电弧烧坏触头，而且也容易把励磁绕组的绝缘击穿。同时励磁绕组在断开时，由于失磁造成很大电枢电流，易引起"飞车"事故。

2. 并励直流电机正反转控制线路

并励电机正反转控制的线路如图 5-9 所示。

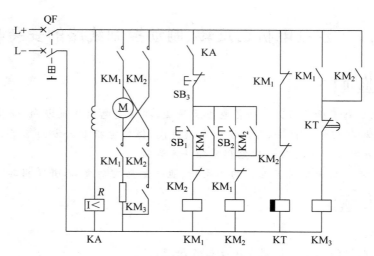

图 5-9　并励电机正反转控制的线路

线路工作原理如下。

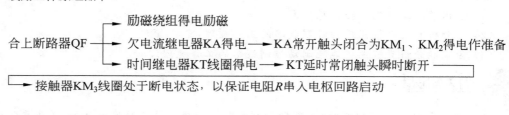

停止时，按下 SB$_3$ 即可。

　　值得注意的是，电机从一种转向变为另一种转向时，必须先按下停止按钮 SB$_3$，使电机停转后，再按下相应的启动按钮。

5.2.2　并励直流电机制动控制

1. 并励直流电机制动方法

直流电机的制动与三相异步电机的制动相似，其制动方法也有机械制动和电动两大类。机械制动常用的方法是电磁抱制动器制动;电力制动常用的方法是能耗制动、反接制动和再生发电制动三种。由于电力制动具有制动力矩大、操作方便、无噪声等优点,所以,在直流电力拖动中应用较广。

1)能耗制动

能耗制动是把正处于电机运行状态的直流电机的电枢从电网上断开,并联到一个外加的制动电阻上构成闭合回路。此时,直流电机电枢由于惯性而继续旋转,电枢绕组切割定子磁场,把拖动系的动能转变为电能,并消耗在电枢回路的电阻上。

2)反接制动

反接制动有电枢反接制动和倒拉反接制动两种。

(1)电枢反接制动。电枢反接制动是将电枢反接在电源上,同时电枢回路要串接制动电阻。在电机电枢电源反接的瞬间,转速因惯性不能突变,电枢电动势也不变,此时电枢电流为负值,即电磁转矩反向,与转速方向相反,起制动作用,从而使电机处于制动状态。

(2)倒拉反接制动。这种制动方法一般发生在下放重物的情况下。在电枢线路中串入较大的制动电阻,电机转速因惯性不能突变,此时电磁转矩小于负载转矩,电机减速至零。位能性负载转矩反拖电机,电机转速反向成为负值,电枢电动势也反向成为负值,但电枢电流为正值,电磁转矩保持提升时重物的原方向,与转速方向相反,电机处于制动状态,直到电磁转矩等于负载转矩,电机以稳定转速下放重物。

3)再生发电制动

常见于位能负载高速拖动电机及电机降低电枢电压调速的场合。当电机转速高于理想空载转速,电枢电动势大于电枢电压时,电枢电流就会改变方向,与电动状态相反,电机向电网回馈电能,电磁转矩的方向与电动状态时相反,而转速方向不变,为制动状态。

2. 并励直流电机能耗制动控制线路

并励直流电机单向启动能耗制动控制线路如图 5-10 所示。

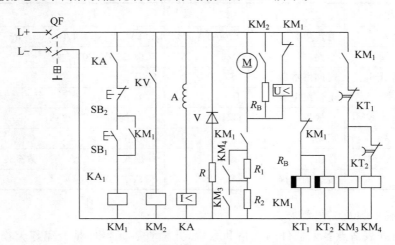

图 5-10 并励直流电机单向启动能耗制动控制线路

线路工作原理如下。

串电阻单向启动运转：合上电源开关 QF，按下启动按钮 SB₁，电机 M 接通电源进行串电阻二级启动运转。其详细控制过程，读者可参照前面讲述的并励直流电机电枢回路串电阻二级启动自行分析。

能耗制动：

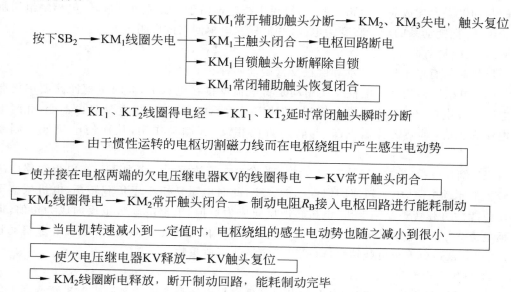

5.2.3　任务实施

(1) 根据直流电机正反转、能耗制动线路图列出所需的元器件并填入明细表 5-3 中。

表 5-3　元器件明细表

序号	代　号	名　　称	型　号	规　　格	数量
1	M	直流电机	Z200/20-220	200W、220V、1.1A、2000r/min	1
2	QF	断路器	DZ5-20/230	二极、220V、20A	1
3	KT₁、KT₂	时间继电器	JSZ3F	220V	2
4	KA	电流继电器	JL14-332	220V	2
5	KM₁~KM₃	接触器	CZ10-10	10A、绕圈电压 220V	2
6	R	启动电阻	Z-203	1.5kW、0~13.9Ω	1
7	SB₁~SB₃	按钮	LA10-3H	保护式、380V、5A、按钮数 3 位	1
8	XT	接线端子排	JX2-1015	380V、10A、15 节	1

(2) 安装步骤及工艺要求。

① 按明细表清点各元器件的规格和数量，并检查各元器件是否完好无损，各项技术指标符合规定要求。

② 根据直流电机正反转、能耗制动线路图，在控制面板上合理牢固安装各电器元

器件。

③ 在控制面板上根据直流电机正反转、能耗制动所示线路进行正确布线。

④ 安装直流电机。

⑤ 接线完毕,根据图检查布线的正确性,并进行线路的自检。

⑥ 检查无误后通电试车。

(3) 注意事项:

① 通电试车前要认真检查接线是否正确、牢固,特别是励磁绕组的接线;检查各元器件动作是否正常,有无卡阻现象。

② 将启动变阻器的阻值调到最大位置,合上低压断路器 QF,按下正转启动按钮 SB_1,用钳形表测量电枢绕组和励磁绕组的电流,观察其大小的变化;同时观察并记下电机的转向,待转速稳定后,用转速表测其转速。需要停车时按下 SB_3,并记下自由停车所用的时间 t_1。

③ 按下反转启动按钮 SB_2,用钳形表测量电枢绕组和励磁绕组的电流,观察其大小的变化;同时观察并记下电机的转向,与②比较看是否两者相反。否则,应切断电源并检查接触器 KM_1、KM_2 主触头的接线正确与否,改正后重新通电试车。

5.2.4　技能考核

1. 考核任务

(1) 在规定的时间内按工艺要求完成控制线路的安装接线,且通电试验成功。

(2) 安装工艺应达到基本要求,线头长短应适当且接触良好。

(3) 遵守安全规程,做到文明生产。

2. 考核要求及评分标准

考核要求及评分标准见表5-4。

根据任务具体实施情况,依据表5-4各项内容逐项进行检查验收,评价赋分。

表 5-4　评分标准

项目内容	配分	评分标准	扣分
装前检查	10	(1) 电机质量检查,每漏一处扣5分; (2) 电器元器件漏检或错检,每处扣1分	
元器件安装	20	(1) 电机安装不符合要求:松动扣15分;地脚螺栓未拧紧,每只扣10分; (2) 其他元器件安装不紧固,每只扣5分; (3) 安装位置不符合要求扣10分; (4) 损坏元器件或设备扣10~20分	
布线	30	(1) 选用导线不合理,每处扣5分; (2) 不按原理图配线,每处扣5分; (3) 接点不符合要求,每处扣5分; (4) 损伤导线绝缘或线芯,每根扣5分; (5) 不会接直流电机扣30分	

续表

项 目 内 容	配分	评 分 标 准		扣分
通电调试	40	（1）操作顺序不对，每一次扣 5 分； （2）第一次试车不成功扣 20 分；第二次试车不成功扣 30 分；第三次试车不成功扣 40 分		
安全与文明生产		违反安全文明生产规程扣 5～10 分		
额定时间 3h		每超过 10min 以内扣 5 分计算		
备注		除定额时间外，各项内容最高扣分不得超过配分数	成绩	
开始时间		结束时间	实际时间	

思考与练习

1. 使直流电机反转有哪两种方法？并励直流电机常采用哪种方法？为什么？

2. 直流电机的制动有哪三种方法？如何实现能耗制动？

PLC控制系统的安装与调试

项目描述

　　以PLC程序控制设计为载体,通过PLC基本操作与基本线路的编程、三相异步电机的Y形、△形启动控制实训等具体工作任务,引导讲授与具体工作相关的线路接线、编程、调试,加强理解能力和程序设计能力。

任务6.1　三相异步电机正反转PLC控制线路的安装与调试

任务描述

　　应用基本指令,设计一个三相异步电机正反转PLC控制系统。原继电接触器控制电机双重联锁正反转控制线路如图6-1所示。

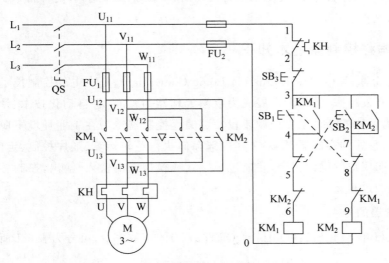

图 6-1　电机双重联锁正反转控制线路

控制要求：

(1) 当接上电源时，电机 M 不动作。

(2) 当按下 SB_2 正转启动按钮后，电机 M 正转；再按 SB_1 停止按钮后，电机 M 停转。

(3) 当按下 SB_3 反转启动按钮后，电机 M 反转；再按 SB_1 停止按钮后，电机 M 停转。

(4) 热继电器触点动作后，电机 M 因过载保护而停止。

本任务要解决的问题是如何利用 PLC 连接开关按钮实现电机正反转控制，并能对线路进行正确的安装接线和通电调试。

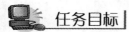 任务目标

知识目标：

(1) PLC 的组成、工作原理、功能及特点；

(2) PLC 的基本逻辑指令；

(3) PLC 的编程原则及方法。

能力目标：

(1) 会进行 PLC 的安装接线；

(2) 能熟练使用编程软件；

(3) 会利用基本指令编写电机正反转运行控制程序；

(4) 会进行电机正反转运行控制程序的调试；

(5) 会正确选择与安装 PLC 控制系统常用电气设备。

 相关知识

要对图 6-1 所示的电机正反转控制线路进行 PLC 控制系统改造，首先要认识 PLC，了解其组成及工作原理，掌握 PLC 的编程原则及方法，掌握 PLC 的基本逻辑指令。下面就来学习控制系统中所涉及的知识。

6.1.1　可编程控制器基本知识

可编程控制器简称 PLC(Programmable Logic Controller)，是在电气控制技术和计算机技术的基础上开发出来，并逐渐发展成为以微处理器为核心，将自动化技术、计算机技术、通信技术融为一体的新型工业控制装置。可编程控制器专为在工业环境下应用而设计，它采用了可编程序的存储器，用来在其内部存储执行逻辑运算、顺序控制、定时、计数和算术运算等面向用户的操作指令，并通过数字式或模拟式的输入/输出，控制各种类型的机器设备或生产过程。

1. 可编程控制器的分类

PLC 按照输入(Input)和输出(Output)(简称 I/O)的点数多少，可分为表 6-1 所示的五种类型。

表 6-1　可编程控制器分类

类型	I/O 点数	存储器容器/KB
微型机	64 以下	1~2
小型机	64~128	2~8
中型机	128~512	8~16
大型机	512~1024	16~64
巨型机	大于 1024	64~256

PLC 按结构形式分类又可分为厢体式和模块式两种。

厢体式又称为单元式或整体式。厢体式 PLC 是将电源、CPU、I/O 部件集中装在一个机箱内,结构紧凑,体积小,价格低。一般小型 PLC 采用这种结构,它由不同 I/O 点数的基本单元和扩展单元组成。基本单元内有 CPU、I/O 和电源,扩展单元内没有 CPU。基本单元和扩展单元之间一般用扁平电缆连接。

模块式结构的 PLC 将各部分分成若干个单独的模块,如电源模块、CPU 模块、I/O 模块和各种功能模块。一般大中型 PLC 都采用模块式结构,有的小型 PLC 也采用这种结构,因为模块式结构的 PLC 配置灵活,装配方便,更便于扩展和维修。

2.可编程控制器的特点

现代工业生产是复杂多样的,它们对控制的要求也各不相同。可编程控制器由于具有以下特点而深受工厂技术人员和工人的欢迎。

(1)可靠性高,抗干扰能力强。可编程控制器生产厂家在硬件方面和软件方面上采取了一系列抗干扰措施,使它可以直接安装于工业现场并稳定可靠地工作。

① PLC 所有的输入输出接口线路均采用光电隔离,使工业现场的外部线路与 PLC 内部线路之间在电气上隔离。

② PLC 各输入端均采用 R-C 滤波器,其滤波时间常数一般为 10~20ms。

③ PLC 各模块均采用屏蔽措施,以防止辐射干扰。

④ PLC 采用了性能优良的开关电源。

⑤ PLC 所采用的元器件都进行严格的筛选和防老化。

⑥ PLC 有良好的自诊断功能,一旦电源或其他软件、硬件发生异常情况,CPU 会立即采用有效措施,以防止故障扩大。

⑦ 大型 PLC 还可以采用由双 CPU 构成的冗余系统或由三个 CPU 构成的表决系统,使系统的可靠性进一步提高。

目前各生产厂家生产的可编程控制器,其平均无故障时间都大大超过了 IEC 规定的10 万小时(4166 天,约 11 年)。而且为了适应特殊场合的需要,有的可编程控制器生产商还采用了冗余设计和差异设计(如德国 Pilz 公司的可编程控制器),进一步提高了其可靠性。

(2)适应性强,应用灵活。由于可编程控制器产品均成系列化生产,品种齐全,多数采用模块式的硬件结构,组合和扩展方便,用户可根据自己的需要灵活选用,以满足系统大小不同及功能繁简各异的控制系统要求。PLC 有丰富的输入输出接口模块,可与工业现场的多种元器件或设备相连接。与输入模块相连的元器件有按钮、行程开关、接近开关、光电开关、压力开关等;与输出模块相连的设备有电磁阀、接触器、小电机、指示灯等。为了提高 PLC 的功能,它还有多种人机对话的接口模块;为了组成工业局部网络,PLC 还有多种通信联网的通信模块。

(3) 编程方便,易于使用。PLC 的编程大多数采用类似于继电器控制线路的梯形图格式,形象直观,易学易懂。电气工程师和具有一定知识的电工、工艺人员都可以在短期内学会,使用起来得心应手。计算机技术和传统的继电器控制技术之间的隔阂在 PLC 上完全不存在。近年来又发展了面向对象的顺控流程图语言(SFC-Sequential Function Chart),也称功能图,使编程更加简单方便。

(4) 控制系统设计,安装、调试方便。可编程控制器中含有大量的类似中间继电器、时间继电器、计数器等"软器件"。又用程序(软接线)代替硬接线,安装接线工作量较少。设计人员只要有可编程控制器就可以进行控制系统设计并可在实验室进行模拟调试。PLC 可在各种工业环境下直接运行,不需要专门的机房。使用时只需将现场的各种设备和元器件与 PLC 的输出输入接口相连接,即可组成系统并运行。

(5) 维修方便,维修工作量小。可编程控制器有完善的自诊断,履历情报存储及监视功能。可编程控制器对于其内部工作状态、通信状态、异常状态和 I/O 点的状态均有显示,便于用户了解运行情况和查找故障。由于 PLC 采用模块化结构,一旦某模块发生故障,用户可以通过更换模块的方法,使系统迅速恢复运行。

3. 可编程控制器基本结构

从硬件结构看,它由中央处理单元(CPU)、存储器(ROM/RAM)、输入/输出单元(I/O 单元)、编程器、电源等主要部件组成,如图 6-2 所示。

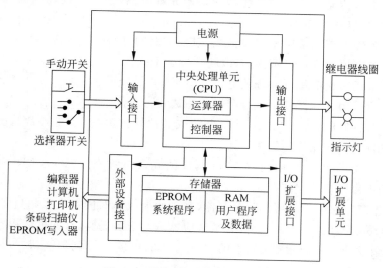

图 6-2 可编程控制器结构示意图

1) 中央处理器(CPU)

与普通计算机一样,CPU 是可编程控制器的核心,它按系统程序赋予的功能指挥可编程控制器有条不紊地进行工作,其主要任务如下。

(1) 接收、存储由编程工具输入的用户程序和数据,并通过显示器显示出程序的内容和存储地址。

(2) 检查、校验用户程序。对正在输入的用户程序进行检查,发现语法错误立即报警,并停止输入;在程序运行过程中若发现错误,则立即报警或停止程序的执行。

(3) 接收、调用现场信息。将接收到现场输入的数据保存起来,在需要更改数据的时候将其调出并送到需要该数据的地方。

(4) 执行用户程序。当可编程控制器进入运行状态,CPU 根据用户程序存放的先后顺序,逐条读取、解释和执行程序,完成用户程序中规定的各种操作,并将程序执行的结果送至输出端口,以驱动可编程控制器的外部负载。

(5) 故障诊断。诊断电源、可编程控制器内部线路的故障,根据故障或错误的类型,通过显示器显示出相应的信息,以提示用户及时排除故障或纠正错误。

不同型号可编程控制器的 CPU 芯片是不同的,有的采用通用 CPU 芯片,如 8031、8051、8086、80826 等,也有采用厂家自行设计的专用 CPU 芯片(如西门子公司的 S7-200 系列可编程控制器均采用其自行研制的专用芯片)。CPU 芯片的性能关系到可编程控制器处理控制信号的能力与速度,CPU 位数越高,系统处理的信息量越大,运算速度也越快。随着 CPU 芯片技术的不断发展,可编程控制器所用的 CPU 芯片也越来越高档。

为了进一步提高 PLC 的可靠性,近年来对大型 PLC 还采用了双 CPU 构成冗余系统,或采用三个 CPU 的表决式系统。如 GE Fanuc 公司的 HBR30 和 HSR70 热备 CPU 冗余系统,即使某个 CPU 出现故障,整个系统仍能正常运行。

2) 存储器

可编程控制器的存储器可以分为系统程序存储器、用户程序存储器及工作数据存储器三种。

(1) 系统程序存储器。系统程序存储器用来存放由可编程控制器生产厂家编写的系统程序,并固化在 ROM 内,用户不能直接更改。它使可编程控制器具有基本的智能,能够完成可编程控制器设计者规定的各项工作。系统程序质量的好坏,在很大程度上决定了 PLC 的性能,其内容主要包括三部分:第一部分为系统管理程序,它主要控制可编程控制器的运行,使整个可编程控制器按部就班地工作;第二部分为用户指令解释程序,通过用户指令解释程序,将可编程控制器的编程语言变为机器语言指令,再由 CPU 执行这些指令;第三部分为标准程序模块与系统调用程序,它包括许多不同功能的子程序及其调用管理程序,如完成输入、输出及特殊运算等的子程序,可编程控制器的具体工作都是由这部分程序来完成的,这部分程序的多少决定了可编程控制器性能的强弱。

(2) 用户程序存储器。根据控制要求编制的应用程序称为用户程序。用户程序存储器用来存放用户针对具体控制任务,用规定的可编程控制器编程语言编写的各种用户程序。用户程序存储器根据所选用的存储器单元类型的不同,可以是 RAM(有用锂电池进行掉电保护的)、EPROM 或 EEPROM 存储器,其内容可以由用户任意修改或增删。目前较先进的可编程控制器采用可随时读写的快闪存储器作为用户程序存储器。快闪存储器不需后备电池,掉电时数据也不会丢失。

（3）工作数据存储器。工作数据存储器用来存储工作数据，即用户程序中使用的 ON/OFF 状态、数值数据等。在工作数据区中开辟有元器件映像寄存器和数据表。其中元器件映像寄存器用于存储开关量/输出状态以及定时器、计数器、辅助继电器等内部元器件的 ON/OFF 状态。数据表用来存放各种数据，如用户程序执行时的某些可变参数值及 A/D 转换得到的数字量和数学运算的结果等。在可编程控制器断电时能保持数据的存储器区称数据保持区。

用户程序存储器和用户存储器容量的大小，关系到用户程序容量的大小和内部元器件的多少，是反映 PLC 性能的重要指标之一。

3）输入/输出接口

输入/输出接口是 PLC 与外界连接的接口。

输入接口用来接收和采集两种类型的输入信号，一类是由按钮、选择开关、行程开关、继电器触点、接近开关、光电开关、数字拨码开关等传来的开关量输入信号；另一类是由电位器、测速发电机和各种变送器等传来的模拟量输入信号。

输出接口用来连接被控对象中各种执行元器件，如接触器、电磁阀、指示灯、调节阀（模拟量）、调速装置（模拟量）等。

4）电源

小型整体式可编程控制器内部有一个开关式稳压电源。电源一方面可为 CPU 板、I/O 板及扩展单元提供工作电源（5V DC）；另一方面可为外部输入元器件提供 24V DC（200mA）。

5）扩展接口

扩展接口用于将扩展单元与基本单元相连，使 PLC 的配置更加灵活。

6）通信接口

为了实现"人—机"或"机—机"之间的对话，PLC 配有多种通信接口。PLC 通过这些通信接口可以与监视器、打印机以及其他的 PLC 或计算机相连。

当 PLC 与打印机相连时，可将过程信息、系统参数等输出打印；当与监视器（CRT）相连时，可将过程图像显示出来；当与其他 PLC 相连时，可以组成多机系统或联成网络，实现更大规模的控制；当与计算机相连时，可以组成多级控制系统，实现控制与管理相结合的综合系统。

7）智能 I/O 接口

为了满足更加复杂的控制功能的需要，PLC 配有多种智能 I/O 接口。例如，满足位置调节需要的位置闭环控制模板、对高速脉冲进行计数和处理的高速计数模板等。这类智能模板都有其自身的处理器系统。

8）编程器

编程器的作用是供用户进行程序的编制、编辑、调试和监视。

编程器有简易型和智能型两类。简易型的编程器只能联机编程，且往往需要将梯形图转化为机器语言助记符（指令表）后才能输入。简易型编程器一般由简易键盘和发光二极管或其他显示元件组成。智能型编程器又称图形编程器，它可以联机，也可以脱机编程，具有 LCD 或 CRT 图形显示功能，可以直接输入梯形图和通过屏幕对话。

也可以利用微机作为编程器,这时微机应配有相应的编程软件包。若要直接与可编程控制器通信,还要配有相应的通信电缆。

9) 其他部件

PLC 还可配有盒式磁带机、EPROM 写入器、存储器卡等其他外部设备。

4. FX2N 系列 PLC 的内部编程器件

PLC 在软件设计中需要各种各样的逻辑器件和运算器件(统称为编程器件),以完成 PLC 程序所赋予的逻辑运算、算术运算、定时、计数功能。这些器件有着与硬件继电器等类似的功能,为了区别,通常称 PLC 编程器件为软件件。从编程角度看,我们可以不管这些器件的物理实现,只注重它的功能,按每一器件的功能给一个名称,例如输入继电器、输出继电器、定时器、计数器等,同类器件有多个时,给每个器件进行编号,以便区分。编程器件实质上是由 PLC 内部的电子线路和用户存储区中一个存储单元构成的,存储单元地址与它们的编号相对应。下面以 FX2N 型 PLC 为例,介绍三菱小型 PLC 常用的编程器件的名称、用途、数量、编号和使用方法。

1) 输入继电器 X(X0～X177)

输入继电器的作用是专门用于接收和存储(记忆对应输入映像寄存器的某一位)外部开关量信号,它能提供无数对常开、常闭触点用于内部编程。每个输入继电器线圈与 PLC 的一个输入端子相连。图 6-2 是输入、输出继电器的梯形图和等效线路示意图。输入继电器的状态只能由外部信号驱动改变,而无法用程序驱动,所以在梯形图中只见其触点而不会出现输入继电器线圈符号。另外输入继电器触点只能用于内部编程,无法驱动外部负载。

FX2N 系列 PLC 输入继电器采用八进制地址编号,其地址号为 X0～X177,即最多为 128 点,其输入响应时间为 10ms。

2) 输出继电器 Y(Y0～Y177)

输出继电器有两个作用:一是提供无数对常开、常闭触点用于内部编程;二是能提供一副常开触点驱动外部负载(继电器输出响应时间为 10ms)。每一个输出继电器的外部常开触点或输出管(对晶体管或晶闸管输出)与 PLC 的一个输出点相连,其等效线路图如图 6-3 所示。输出继电器线圈状态由程序驱动。FX2N 系列 PLC 的输出继电器也是采用八进制地址编码,其地址为 Y0～Y177,最多可达 128 点。

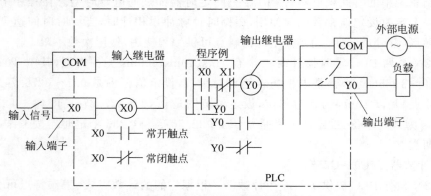

图 6-3　输入、输出继电器等效线路图

3）辅助继电器 M

PLC 内部有很多辅助继电器，其作用相当于继电器控制系统中的中间继电器，用于状态暂存、辅助移位运算及特殊功能等。辅助继电器线圈（除某些特殊继电器外）也是由程序驱动，也能提供无数对常开、常闭触点用于内部编程。PLC 内部辅助继电器一般有如下三种类型。

（1）通用型辅助继电器。例如 FX2N 型 PLC 按十进制编号为 M0～M499 共 500 点。请注意 FX2N 型 PLC 的软器件除 X、Y 为八进制编号外，其他软器件均为十进制编号。

（2）掉电保持型（锁定型）辅助继电器。PLC 在运行中若发生断电，输出继电器和通用辅助继电器全部变为断开状态。当电源再次接通时，除 PLC 运行时被外部输入信号接通外，其他仍处于断开状态。有些控制系统要求有些信号、状态保持断电瞬间的状态，就必须使用掉电保持型辅助继电器。这类辅助继电器是依靠 PLC 内部的备用锂电池来实现掉电保持功能的。FX2N 系列 PLC 的掉电保持型辅助继电器编号为 M500～M3071 共 2572 点。

（3）特殊辅助继电器。FX2N 系列 PLC 共有 M8000～M8255 共 256 点，这 256 个辅助继电器都有特殊功能。例如 M8000，一旦 PLC 运行（RUN），M8000 即为 ON，实际上 M8000 是用于运行显示；又如 M8012 可产生 100ms 时钟脉冲。

4）状态器 S

状态器 S 是构成状态流程图的重要器件，用于步进顺序控制。FX2N 系列 PLC 共有 1000 点状态器：

初始状态器 S0～S9 共 10 点。

一般状态器 S10～S499 共 490 点。

保持状态器 S500～S899 共 400 点。

报警状态器 S900～S999 共 100 点。

状态器供编程使用，使用次数不受限制，当状态器不用于步进控制时，状态器 S 也可以作为辅助继电器使用。

5）定时器 T（T0～T255）

FX2N 系列 PLC 有 256 个定时器，其地址编号为 T0～T255。定时器的作用相当于电气控制系统中的时间继电器，但 PLC 里的定时器都是通电延时型。在程序中，定时器总是与一个定时设定值常数一起使用，根据时钟脉冲累积计时，当计时时间达到设定值，其输出触点（常开或常闭）动作。定时器触点可供编程使用，使用次数不限。

FX2N 系列 PLC 定时器计时单位有 1ms、10ms、100ms 三种类型，其中 T0T199（200 点）、T250～T255（6 点）都是以 100ms 为计时单位，设定值范围是 0.1～3276.7s。T200～T245（46 点）是以 10ms 为计时单位，设定值范围是 0.01～327.67s；T246～T249（4 点）是以 1ms 为计时单位，设定值范围是 0.001～32.767s。这 256 个定时器按工作方式不同可分为两类。

6）计数器 C（C0～C255）

FX2N 系列 PLC 提供了 256 个计数器。根据它们的计数方式、工作特点可分为内部信号计数用计数器和高速计数器。内部信号计数用计数器在执行扫描操作时，对内部器件 X、Y、M、S、T 和 C 的信号(通/断)进行计数。通常为保证信号计数的准确性,要求接通和断开时间应比 PLC 的扫描周期长。内部信号计数用计数器按工作方式又分为 16 位单向加法计数器和 32 位双向加/减计数器。16 位单向加法计数器计数设定值范围为 K1~K32767。其中 C0~C99 共 100 点是通用型 16 位加法计数器,C100~C199 共 100 点是掉电保持型 16 位加法计数器。32 位双向加/减计数器计数值设定范围为 −2147483648~+2147483647。双向计数器也有两种类型,即通用型 C200~C219 共 20 点,掉电保持型 C220~C234 共 15 点。FX2N 系列 PLC 内有 21 个高速计数器,其地址号为 C235~C255。高速计数信号从 X0~X5 共 6 个端子输入,每一个端子只能作为一个高速计数器的输入,所以最多只能同时用 6 个高速计数器工作。

7)数据寄存器 D

PLC 在进行输入输出处理、模拟量控制、数字控制时,需要使用许多数据寄存器存储各种数据,每个数据寄存器都是 16 位(最高位为符号位),用两个数据寄存器串联即可存储 32 位数据。FX2N 系列 PLC 有如下几种数据寄存器。

(1)通用数据寄存器。D0~D199 共 200 点。该类数据寄存器在一般情况下只要不写入其他数据,已存入的数据不会改变,而当 PLC 状态由运行(RUN)变为停止(STOP)时,数据区全部清零。但利用特殊的辅助继电器 M8033 置 1,PLC 由 RUN 变为停止 STOP 时,D0~D199 中的数据可以保持。

(2)掉电保持数据寄存器。D200~D7999 共 7800 点,其中 D200~D511 共 312 点为掉电保持一般型,D512~D7999 共 7488 点为掉电保持专用型。这类数据寄存器只要不改写,其数据就不会丢失,无论电源接通与否或 PLC 运行与否都不会改变寄存器的内容。请注意,用 PLC 外围设备的参数设定,可以改变 D200~D511 的掉电保持性,而专用型掉电保持数据寄存器改为一般用途时,可在程序起步时采用后述的 RST 或 ZRST 指令进行清零。可以清楚地看出,新型 FX2N 系列 PLC 比以前 FX2 系列 PLC 数据寄存器大大增加。

(3)特殊数据寄存器。D8000~D8255,共 256 点。这类数据寄存器用于 PLC 内各种器件的运行监视。电源接通时,写入初始值(开机先清零,然后在系统程序安排下写入初始值)。未定义的特殊数据寄存器,用户不能使用。

8)变址寄存器 V/Z

变址寄存器实际是一种特殊用途的数据寄存器,其作用相当于微处理器中的变址寄存器,用于改变元器件的地址编号(变址)。V、Z 都是 16 位数据寄存器,它可像其他数据寄存器一样进行数据读写,需要 32 位数操作时,可将 V、Z 串联使用,并规定 Z 为低位,V 为高位。

9)常数 K/H

常数也作为一种软器件处理,因为无论在程序中或在 PLC 内部存储器中,它都占有一定的存储空间。十进制常数用 K 表示,如常数 18 表示为 K18;十六进制数则用 H 表示,如常数 18 表示为 H18。

10)指针 P/I

指针有两种类型。

（1）分支指令用指针。P0～P63 共 64 点，作为一种标号，用来指定跳转指令 CJ 或子程序调用指令 CALL 等分支指令的跳转目标。指针在用户程序和 PLC 内用户存储器中占有一定空间。

（2）中断用指针。I00×～I50×共 9 点。其格式如下。

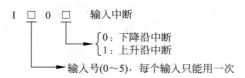

例如，I001 为输入 X0 从 OFF→ON 变化（上升沿中断）时，执行由该指针作为标号后面的中断程序，并根据 IRET（后述）指令返回。

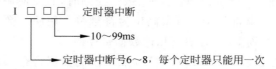

例如，I610 为每隔 10ms 就执行标号为 I610 后面的中断程序，并根据 IRET（后述）指令返回。

如前所述，以上各种软器件实质上都是 PLC 内部用户存储器中指定功能的某一单元。状态量位是存储单元的某一位的状态（"0"或"1"），数据量（数值、地址或指令）则是由位组合而成的 16 位或 32 位数据寄存器（字器件），所以在编程时，可以无限次地使用这些软器件的常开、常闭触点。

5. 编程语言

PLC 是按照程序进行工作的。程序就是用一定的语言把控制任务描述出来。国际电工委员会（IEC）于 1994 年 5 月在 PLC 标准中推荐的常用编程语言有梯形图（Ladder Diagram）、指令表（Instruction List）和顺序功能图（Sequential Function Chart）等。

1）梯形图（LAD）

梯形图是一种以图形符号及图形符号在图中的相互关系表示控制关系的编程语言，它是从继电器控制线路图演变过来的。梯形图将继电器控制线路图进行简化，同时加进了许多功能强大、使用灵活的指令，将计算机的特点结合进去，使编程更加容易，且实现的功能大大超过了传统继电器控制线路图，电气技术人员容易接受，是目前最普遍的一种可编程控制器编程语言。表 6-2 给出了继电器接触器控制线路图中部分符号和 PLC 梯形图符号的对应关系。

表 6-2　继电器与 PLC 符号对照表

符号名称	继电器接触器符号	三菱 PLC 梯形图符号
常开触点	──────／──	──┤├──
常闭触点	─────╱──	──┤╱├──
线圈	──□──	─○─或─( )─

梯形图网络由多个梯级组成,每个输出软器件可构成一个梯级,每个梯级可由多个支路构成。PLC 梯形图的一个关键概念是"能流",是一种假想的"能量流"。如图 6-4 中,图中竖线类似继电器控制线路的电源线,称作母线,左边的叫左母线,右边的叫右母线。左母线假设为电源"相线",右母线假设为电源"零线"。如果有"能流"从左至右流向线圈,则线圈被激励,如果没有"能流"则线圈未被激励。

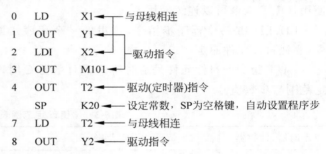

图 6-4 典型梯形图示意

2) 指令表(STL)

指令表编程语言是一种类似于计算机中的汇编语言的助记符语言,是可编程控制器最基础的编程语言。所谓指令表编程是用一系列的指令表达程序的控制要求。一条典型指令通常由两部分组成:一是由几个容易记忆的字符代表可编程控制器的某种操作功能,称为助记符;另一部分为操作数或称为操作数的地址。图 6-5 为指令表编程的例子。

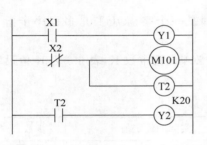

0	LD	X1	←与母线相连
1	OUT	Y1	
2	LDI	X2	←驱动指令
3	OUT	M101	
4	OUT	T2	←驱动(定时器)指令
	SP	K20	←设定常数,SP为空格键,自动设置程序步
7	LD	T2	←与母线相连
8	OUT	Y2	←驱动指令

图 6-5 指令表编程举例

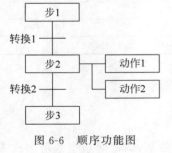

图 6-6 顺序功能图

3) 顺序功能图(SFC)

顺序功能图常用来编制顺序控制类程序。它包含步、动作、转换三个要素。顺序功能编程法可将一个复杂的控制过程分解为一些小的顺序控制要求,并连接组合成整体的控制程序。顺序功能图编程法体现了一种编程思想,在程序的编制中具有很重要的意义。在介绍步进梯形指令时将详细介绍顺序功能图编程法。图 6-6 所示为顺序功能图。

6.1.2 FX2N 系列 PLC 基本指令(一)

FX2N 系列 PLC 有基本指令 27 条。

1. 触点取指令及线圈输出指令 LD、LDI、OUT

LD:取指令。与输入母线相连的常开触点指令,即常开触点逻辑运算的起始。

LDI:取反指令。与输入母线相连的常闭触点指令,即常闭触点逻辑运算的起始。

OUT:输出指令,也叫线圈驱动指令。

图 6-7 是上述三条基本指令的使用说明。

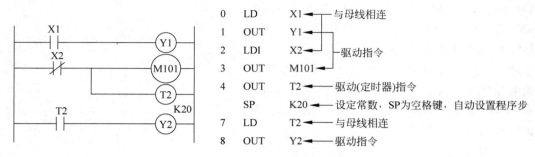

图 6-7　LD、LDI、OUT 指令

LD、LDI 两条指令的目标元件是 X、Y、M、S、T、C,用于将触点接到母线上,也可以与后述的 ANB、ORB 指令配合使用,在分支起点也可使用。

OUT 是驱动线圈的输出指令,它的目标元件是 Y、M、S、T、C,对输入继电器 X 不能使用,OUT 指令可以连续使用多次。

LD、LDI 是一个程序步指令,这里的一个程序步即是一个字;OUT 是多程序步指令,要视目标元件而定。

OUT 指令的目标元件是定时器 T 和计数器 C 时,必须设置常数 K,表 6-3 为 K 值设定范围与步数值。

表 6-3　K 值设定范围表

定时器、计数器	K 的设定范围	实际的设定值	步数
1ms 定时器		0.001~32.767s	3
10ms 定时器	1~32767	0.01~327.67s	3
100ms 定时器		0.1~3276.7s	3
16 位计数器	1~32767	1~32767	3
32 位计数器	-2147483648~+2147483647	-2147483648~+2147483647	5

2. 触点串联指令 AND、ANI

AND:与指令,用于单个常开触点的串联。

ANI:与非指令,用于单个常闭触点的串联。

AND、ANI 都是一个程序步指令,其串联触点个数没有限制,即这两条指令可多次重复使用。这两条指令的目标元件与 LD、LDI 指令相同。AND、ANI 指令的使用说明如图 6-8 所示。

OUT 指令后,通过触点对其他线圈使用 OUT 指令称为纵接输出或连续输出,如图 6-8 中的 OUT Y7。这种连续输出如果顺序不错,可以多次重复,但是如果驱动程序换成图 6-9 的形式,则必须用后述的 MPS 指令,这时程序步增多,因此不推荐使用图 6-9 的形式。

3. 触点并联指令 OR、ORI

OR:或指令,用于单个常开触点的并联。

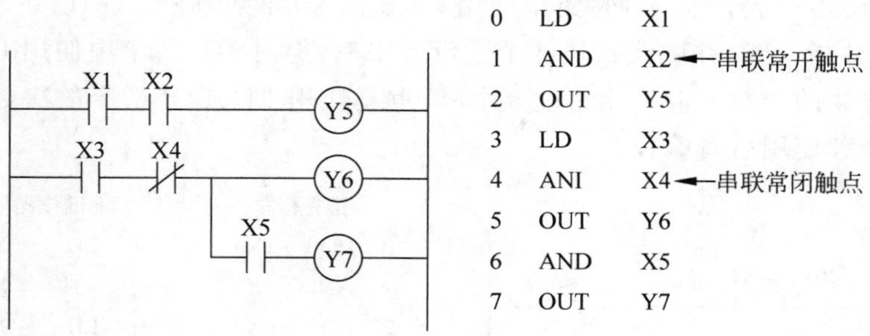

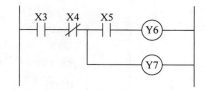

```
0    LD    X1
1    AND   X2  ←串联常开触点
2    OUT   Y5
3    LD    X3
4    ANI   X4  ←串联常闭触点
5    OUT   Y6
6    AND   X5
7    OUT   Y7
```

图 6-8　AND、ANI 指令

图 6-9　不推荐梯形图

ORI：或非指令，用于单个常闭触点的并联。

OR 与 ORI 指令都为程序步指令，其目标元件也是 X、Y、M、S、Y、C。这两条指令都并联一个触点，需要两个以上触点串联连接线路块的并联连接时，要用后述的 ORB 指令。

OR、ORI 指令对前面的 LD、LDI 指令并联连接，并联次数无限制，OR、ORI 指令的使用说明如图 6-10 所示。

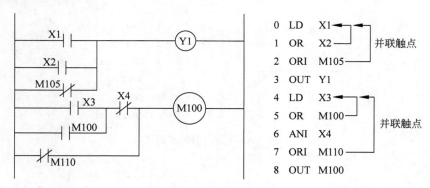

```
0    LD    X1
1    OR    X2     并联触点
2    ORI   M105
3    OUT   Y1
4    LD    X3
5    OR    M100   并联触点
6    ANI   X4
7    ORI   M110
8    OUT   M100
```

图 6-10　OR、ORI 指令

4. 串联线路块的并联连接指令 ORB

两个或两个以上的触点串联连接的线路叫串联线路块。串联线路块并联连接时，分支开始用 LD、LDI 指令，分支结束用 ORB 指令。ORB 指令与后述的 ANB 指令均为无目标元件指令，而这两条无目标元件指令的步长都为一个程序步。ORB 指令的使用说明如图 6-11 所示。

ORB 指令的使用方法有两种：一种是在要并联的每个串联线路块后加 ORB 指令，

详见图 6-11(b)语句表；另一种是集中使用 ORB 指令，详见图 6-11(c)语句表。对于前者分散使用 ORB 指令时，并联线路块的个数没有限制，但对于后者集中使用 ORB 指令时，这种线路块并联的个数一般不能超过 8 个（即重复使用 LD、LDI 指令的次数限制在 8 次以下），故不推荐使用后者编程。

(a)

推荐程序			不推荐程序		
0	LD	X0	0	LD	X0
1	ANI	X1	1	ANI	X1
2	LD	X2	2	LD	X2
3	AND	X3	3	AND	X3
4	ORB	←	4	LDI	X4
5	LDI	X4	5	AND	X5
6	AND	X5	6	ORB	←
7	ORB	←	7	ORB	←
8	OUT	Y5	8	OUT	Y5

(b) (c)

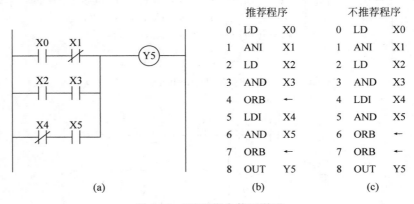

图 6-11 ORB 指令使用说明

5. 并联线路的串联连接指令 ANB

两个或两个以上触点并联的线路称为并联线路块。分支线路并联线路块与前面线路串联连接时，使用 ANB 指令。分支的起点用 LD、LDI 指令，并联线路块后使用 ANB 指令与前面线路串联。ANB 指令简称与块指令，它是无操作目标元件的一个程序步指令，ANB 指令的使用说明如图 6-12 和图 6-13 所示。

0	LD	X0
1	OR	X1
2	LDI	X2
3	OR	X3
4	ANB	
5	OR	X4
6	OUT	Y0

图 6-12 ANB 指令使用说明之一

0	LD	X0
1	ORI	X1
2	LD	X2
3	LDI	X3
4	AND	X4
5	ORB	
6	ANB	
7	OUT	Y1

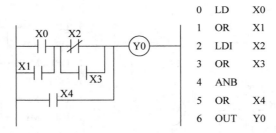

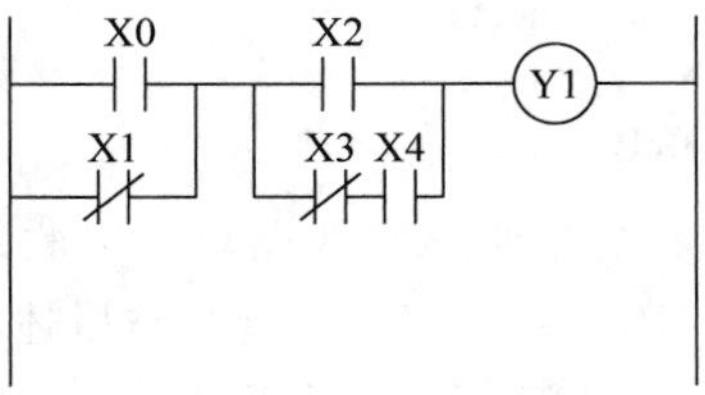

图 6-13 ANB 指令使用说明之二

6. 多重输出指令 MPS、MRD、MPP

MPS：进栈指令。

MRD：读栈指令。

MPP：出栈指令。

这三条指令用于多重输出线路，可以将触点状态储存起来（进栈），需要时再取出（读栈）。

FX2N 系列 PLC 中有 11 个栈存储器。

当使用进栈指令 MPS 时，新的运算结果压入栈的第一层，栈中原来的数据依次向下一层推移；使用出栈指令 MPP 时，各层的数据依次向上移动一次。MRD 是最上层所存数据的读出指令，读出时，栈内数据不发生移动。MPS 和 MPP 指令必须成对使用，而且连续使用应少于 11 次。

MPS、MRD、MPP 指令的使用说明如图 6-14～图 6-17 所示。图 6-14 是简单一层栈，图 6-15 是一层栈与 ANB、ORB 指令配合，图 6-16 是二层栈，图 6-17 是四层栈。

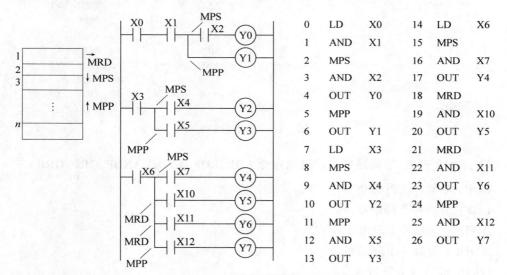

图 6-14　栈存储器与多重输出指令

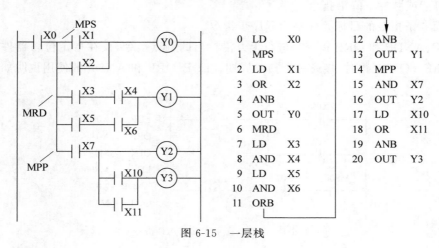

图 6-15　一层栈

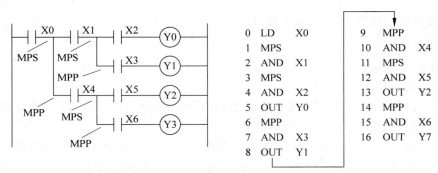

图 6-16　二层栈

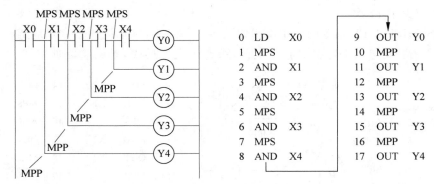

图 6-17　四层栈线路

7. 脉冲上升沿、下降沿检出的触点指令 LDP、LDF、ANDP、ANDF、ORP、ORF

LDP：取脉冲上升沿指令。

LDF：取脉冲下降沿指令。

ANDP：与脉冲上升沿指令。

ANDF：与脉冲下降沿指令。

ORP：或脉冲上升沿指令。

ORF：或脉冲下降沿指令。

上面 6 条指令的目标元件都为程序步指令。

LDP、ANDP 和 ORP 指令是进行上升沿检出的触点指令，仅在指定位软器件的上升沿时（OFF→ON 变化时）接通一个扫描周期。LDP、ORP 和 ANDP 的使用说明如图 6-18 所示。

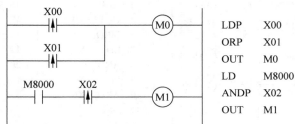

图 6-18　LDP、ANDP 和 ORP 指令

LDF、ANDF 和 ORF 指令是进行下降沿检出的触点指令,仅在指定位软器件的下降沿时(ON→OFF 变化时)接通一个扫描周期。LDF、ORF 和 ANDF 的使用说明如图 6-19 所示。

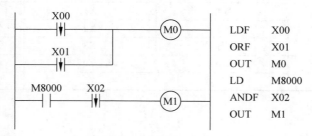

图 6-19　LDF、ANDF 和 ORF 指令

就功能而论,LDP 是上升沿检出运算开始,LDF 是下降沿检出运算开始,ANDP 是上升沿检出串联连接,ANDF 是下降沿检出串联连接,ORP 是上升沿检出并联连接,ORF 是下降沿检出并联连接。

需要特别说明的是,在图 6-18 和图 6-19 中,当 X00～X02 由 ON→OFF 变化或由 OFF→ON 变化时,M0 或 M1 仅有一个扫描周期接通。

6.1.3　任务实施

1. 硬件设计

1)硬件选型

(1) PLC 选型。由于控制对象单一,控制过程简单,I/O 点数较少,系统没有其他特殊要求,所以本任务选用三菱 FX2N-32MR 为宜,采用 220V、50Hz 的交流电源供电,接在 L、N 端。

(2) 主线路。主线路由空气开关、正向控制接触器 KM₁ 主触头、反向控制接触器 KM₂ 主触头和热继电器线圈组成,热继电器额定电压为 380V。基于安全方面的考虑,本任务电源采用三相五线制供电,其中三相火线,一根零线,一根地线,接地必须可靠、坚固。

(3) 输入线路。输入线路由正向启动按钮 SB₂、反向启动按钮 SB₃、停止按钮 SB₁ 组成,各按钮均采用 24V 直流电源,由 PLC 本身供电。

(4) 输出线路。输出线路由正向控制接触器 KM₁ 线圈、反向控制接触器 KM₂ 线圈和热继电器常闭触点组成,接触器线圈额定电压为 220V,由外部电源供电。

(5) 保护线路。熔断器用于短路保护,热继电器用于过载保护,空气开关作欠压保护。

2)资源分配

该任务中有三个输入,两个输出,用于自锁、互锁的触点无须占用外部接线端子而是由内部"软开关"代替,故不占用 I/O 点数。资源分配见表 6-4,相应的 I/O 接线图如图 6-20 所示。

表 6-4　电机正反转控制 I/O 点数分配表

项　目	名　称	I/O 地址	作　用
输入	FR	X0	过载保护
	SB₁	X1	停止按钮
	SB₂	X2	正转按钮
	SB₃	X3	反转按钮
输出	KM₁	Y0	正转接触器
	KM₂	Y1	反转接触器

3）硬件安装

（1）工具与器材。

设备：3kW 电机一台、FX2N-16MR PLC 一台、原控制柜一台（含操作按钮、电机控制配电）。

材料：三相四线制铜芯线缆 2.5mm²、控制线缆等（长度依据现场条件决定）接地线、绝缘胶布。

工具：计算机一台、万用表、测电笔、螺丝刀、扳手等常用工具。

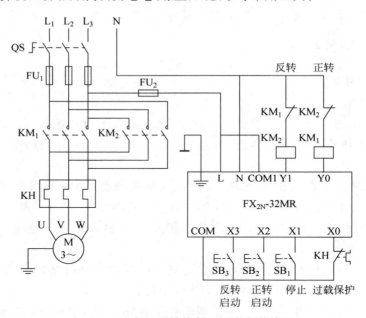

图 6-20　电机正反转控制 PLC 外部接线图

（2）硬件安装。将 PLC 与热源、高电压和电子噪声隔离开，为接线和散热留出适当的空间；电源定额；接地和接线。硬件安装示意图见图 6-21。

2. 软件设计

1）软件编程

（1）GX DEVELOPER 编程软件安装。

（2）连接 FX2N-16MR CPU。

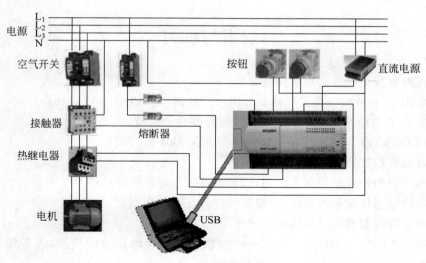

图 6-21 硬件安装示意图

（3）通信配置。

（4）编程基本操作。

电机正反转控制梯形图见图 6-22。

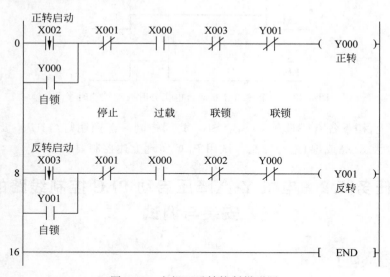

图 6-22 电机正反转控制梯形图

2）程序调试

单击菜单中的"转换"命令，将梯形图转换成指令语句表，再单击"在线"菜单中的"PLC 写入"命令，将程序下传到 PLC 中。

程序运行过程中，可以单击"在线"菜单中的"监视/调试"命令，对程序进行调试或监视。

思考与练习

1. 可编程控制器的基本组成有哪些?
2. 画出 PLC 的输入接口线路和输出接口线路,说明它们各有何特点。
3. PLC 的工作原理是什么? 工作过程分哪几个阶段?
4. PLC 的工作方式有几种? 如何改变 PLC 的工作方式?
5. 可编程控制器有哪些主要特点?
6. 与一般的计算机控制系统相比,可编程控制器有哪些优点?
7. 与继电器控制系统相比,可编程控制器有哪些优点?
8. 可编程控制器可以在哪些领域应用?
9. 利用 LDP 与 LDF 指令实现一个按钮控制两台电机分时启动,其控制时序图如图 6-23 所示。

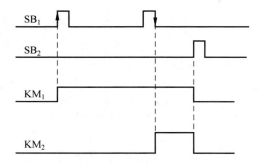

图 6-23 一个按钮控制两台电机分时启动控制时序图

10. 楼上、楼下各有一只开关(SB$_1$、SB$_2$)共同控制一盏照明灯(HL$_1$),要求两只开关均可对灯的状态(亮或熄)进行控制。试用 PLC 实现上述控制要求。

任务 6.2   电机 Y-△降压启动 PLC 控制线路的安装与调试

任务描述

采用 Y-△降压启动方法启动电机时,定子绕组首先接成 Y 形,待转速上升到接近额定转速时,再将定子绕组的接线换成△形,电机进入全电压正常运行状态。图 6-24 为继电器—接触器实现的 Y-△降压启动控制线路,现要求用 PLC 实现该任务。

控制要求:当按下启动按钮 SB$_1$ 时,电机绕组 Y 形连接启动,6s 后自动转为△形连接运行。当按下停止按钮 SB$_2$ 时,电机停机。

本任务要解决的问题是如何利用计数器指令实现电机 Y-△降压启动控制,并能对线路进行正确的接线和通电调试。

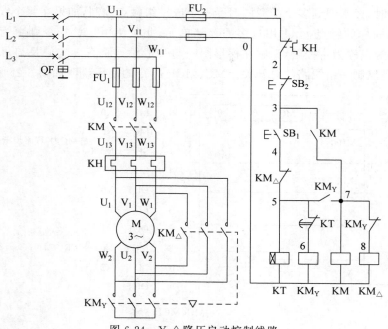

图 6-24　Y-△降压启动控制线路

　**任务目标**

知识目标:

(1) PLC 的基本逻辑指令;

(2) PLC 的定时器指令;

(3) PLC 的计数器指令。

能力目标:

(1) 会进行 PLC 的硬件安装与接线;

(2) 能熟练使用编程软件;

(3) 会利用基本指令、定时器指令及计数器指令编程;

(4) 会进行程序的编辑、修改、下载及调试;

(5) 会正确选择与安装 PLC 控制系统常用电气设备。

　相关知识

要对图 6-24 所示的线路进行 PLC 控制系统改造,首先要学习 PLC 基本逻辑指令、PLC 的定时器指令和 PLC 的计数器指令。下面就来学习控制系统中所涉及的知识。

6.2.1　FX2N 系列 PLC 基本指令(二)

1. 主控指令与主控复位指令 MC、MCR

MC 为主控指令,用于公共串联触点的连接;MCR 为主控复位指令。

在编程时,经常遇到多个线圈同时受一个或一组触点控制,如果在每个线圈的控制线路中都串入同样的触点,会占用过多的存储单元,此时使用 MC 指令则更为合理。使用主控指令的触点称为主控触点,它在梯形图中与一般触点垂直。它们是与母线相连的常开触点,像是控制一组线路的总开关。MC、MCR 指令的使用说明如图 6-25 所示。

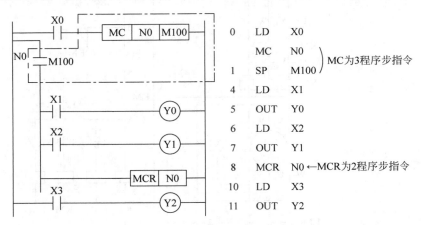

图 6-25　MC、MCR 指令

MC 指令是 3 程序步,MCR 是 2 程序步,两条指令的操作目标元件是 Y、M,但不允许使用特殊辅助继电器 M。

图 6-24 中的 X0 接通时,执行 MC 与 MCR 之间的程序。即 X0＝ON,M100＝ON,执行 N0 号 MC 指令,母线移到主控触点 M100 后面,执行串联触点以后的程序,直至MCR N0 指令,MC 复位,公共母线恢复至 MC 触点之前。当 X0＝OFF,即 M100＝OFF,不执行 MC 与 MCR 之间的程序。这部分程序中的非积算定时器,用 OUT 指令驱动的元件复位。积算定时器、计数器及用后述的 SET/RST 指令驱动的元件保持当前的状态。MC 指令可以嵌套使用,最多 8 级。

2. 置位与复位指令 SET、RST

SET 为置位指令,使动作保持;RST 为复位指令,使操作复位。SET 指令的操作目标元件为 Y、M、S,而 RST 指令的操作元件为 Y、M、S、D、V、Z、T、C,这两条指令是 1～3 程序步指令。SET、RST 指令的使用说明如图 6-26 所示。

由波形图可知,只要 X0 接通,即使再断开,Y0 也保持接通;X1 接通后,即使再断开,Y0 也保持断开。用 RST 指令可以对定时器、计数器、数据寄存器、变址寄存器的内容清零。

RST 复位指令对计数器、定时器的使用说明如图 6-27 所示。

当 X0 接通时,T246 复位;当前值变为 0,其触点复位。

X1 接通期间,T246 对 1ms 的时钟脉冲计数,计到 1234 时(1ms×1234＝1.234s),Y0 动作。

32 位计数器 C200 根据 M8200 的开、关状态进行加计数或减计数,它对 X4 触点的开关次数计数。C200 输出触点状态取决于计数方向及是否达到 D1、D0 中所存的设定值。

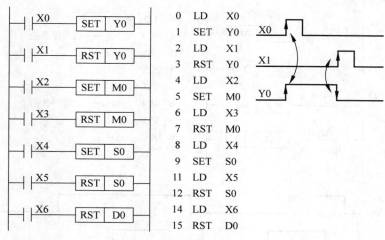

图 6-26　SET、RST 指令

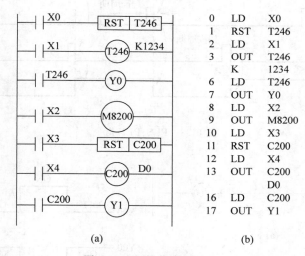

(a)　　　　　　　　　(b)

图 6-27　RST 指令用于 T、C

X3 接通,输出触点复位,计数器 C200 当前值清零。

3. 脉冲输出指令 PLS、PLF

PLS 指令在输入信号上升沿产生脉冲输出;而 PLF 在输入信号下降沿产生脉冲输出,这两条指令都是 2 程序步,它们的目标元件是 Y 和 M,但特殊辅助继电器不能作为目标元件。PLS、PLF 指令的使用说明如图 6-28 所示。

当 X0=ON,执行 PLS 指令,M0 的脉冲输出宽度为一个扫描周期;当 X1=OFF,执行 PLF 指令,M1 的脉冲输出宽度为一个扫描周期。

4. 取反指令 INV

INV 指令是将 INV 指令执行之前的运算结果取反的指令,该指令无操作目标元件。如执行 INV 指令前的运算结果为 OFF,为执行 INV 指令后的运算结果为 ON。图 6-29 是 INV 指令的使用说明。

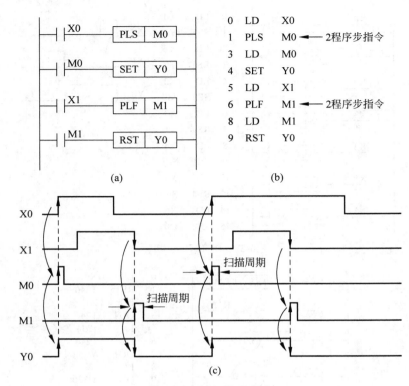

图 6-28 PLS、PLF 指令

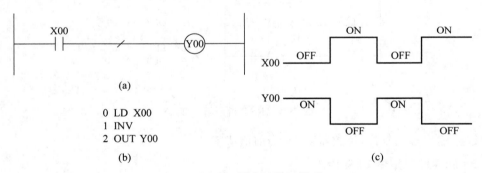

图 6-29 INV 指令的使用说明

当 X00 断开,则 Y00 接通。如果 X00 接通,则 Y00 断开。在可以输入 AND、ANI、ANDP、ANDF 指令步的相同位置处,可编写 INV 指令。INV 指令不能像 LD、LDI、IDP、LDF 指令那样与母线连接,也不能像 OR、ORI、ORP、ORF 指令那样单独使用。INV 指令的功能是将 INV 指令的位置见到的 LD、LDI、LDP、LDF 指令以后的程序作为 INV 运算的对象并取反。

5. 空操作指令 NOP,程序结束指令 END

1) NOP 指令

NOP 指令是一条无动作、无目标元件的 1 程序步指令。在 PLC 内将程序全部清除时,全部指令成为 NOP。NOP 指令的使用说明如图 6-30 所示。

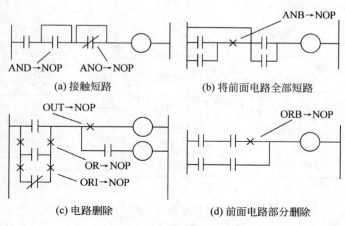

(a) 接触短路　　　　　　　　　(b) 将前面电路全部短路

(c) 电路删除　　　　　　　　　(d) 前面电路部分删除

图 6-30　NOP 指令的使用说明

空操作指令使该步序做空操作,在普通的指令与指令之间加入 NOP 指令,则 PLC 将无视其存在继续工作。若在程序中加入 NOP 指令,则在修改或追加程序时,可以减少步序号的变化。另外,若将已写入的指令换成 NOP 指令,则回路会发生严重变化,请务必注意。

2) END 指令

END 指令是一条无目标元件的 1 程序步指令。在程序中写入 END 指令,则 END 指令以后的程序将停止执行,直接进行输出处理(同时刷新监视时钟)。程序调试中或软件故障分析时,可以利用 END 指令分段调试,确认无误后,依次删除 END 指令。

6.2.2　定时器的用法

FX2N 系列 PLC 有 256 个定时器,其地址编号为 T0~T255。定时器的作用相当于电气控制系统中的时间继电器,但 PLC 里的定时器都是通电延时型。在程序中,定时器总是与一个定时设定值常数一起使用,根据时钟脉冲累积计时,当计时时间达到设定值,其输出触点(常开或常闭)动作。定时器触点可供编程使用,使用次数不限。

FX2N 系列 PLC 定时器计时单位有 1ms、10ms、100ms 三种类型,其中 T0~T199 (200 点)、T250~T255(6 点)都是以 100ms 为计时单位,设定值范围是 0.1~3276.7s。 T200~T245(46 点)是以 10ms 为计时单位,设定值范围是 0.01~327.67s;T246~T249 (4 点)是以 1ms 为计时单位,设定值范围是 0.001~32.767s。这 256 个定时器按工作方式不同可分为以下两类。

1) 非积算式定时器

10ms 定时器,T200~T245 共 46 点,设定时间范围为 0.01~327.67s。

100ms 定时器,T0~T199 共 200 点,设定时间范围为 0.1~3276.7s。

非积算式定时器的工作原理与时序图如图 6-31 所示。当 X0 接通时,非积算式定时器 T200 线圈被驱动,T200 的当前值计数器对 10ms 脉冲进行加法累积计数,该值与设定

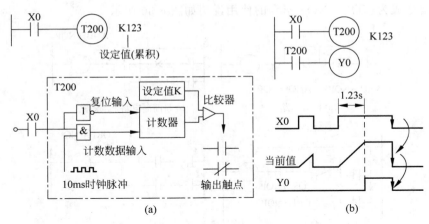

图 6-31　非积算式定时器的工作原理与动作时序

值 K123 进行实时比较,当两值相等(10ms×123=1.23s)时,T200 的输出触点接通。也就是说,当 T200 线圈得电后,其触点延时 1.23s 后动作。当输入条件 X0 断开或发生断电时,计数器立即复位,输出触点随即复位。

2) 积算式定时器

1ms 积算式定时器,T246～T249 共 4 点,设定时间范围 0.001～32.767s。

100ms 积算式定时器,T250～T255 共 6 点,设定时间范围 0.1～3276.7s。

积算式定时器的动作原理和动作时序如图 6-32 所示。当 X1 接通时,积算式定时器 T250 线圈被驱动,当前值计数器开始对 100ms 脉冲累积计数,并将该值不断与设定值 K345 进行比较,两值相等时,T250 触点动作接通。计数中即使 X1 断开或断电,T250 线圈失电,当前值也能保持。输入 X1 再次接通或复电时,计数继续进行,直到累计延时到 100ms×345=34.5s,T250 触点才输出动作。任何时刻只要复位信号 X2 接通,定时器与输出触点立即复位。一般情况下,从定时条件采样输入到定时器延时输出控制,其延时最

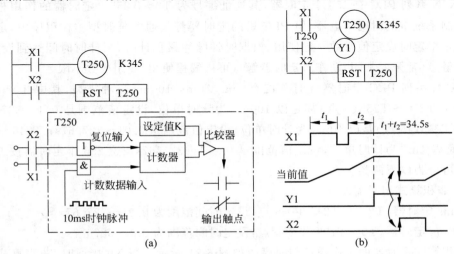

图 6-32　积算式定时器的工作原理与动作时序

大误差为 2T0，T0 为一个程序扫描周期。

6.2.3　计数器的用法

FX2N 系列 PLC 有 256 个计数器，地址编号为 C0～C255，其中 C0～C234 为普通计数器，C235～C255 为高速计数器。高速计数器将在后续任务中介绍，FX2N 系列 PLC 的普通计数器见表 6-5。

表 6-5　普通计数器 C 分类表

计数器名称		编号范围	点数	计 数 范 围
16 位增计数器	普通用	C0～C99	100	0～32767
	掉电保持用	C100～C199	100	0～32767
32 位增减计数器	普通用	C200～C219	20	−2147483648～2147483647
	掉电保持用	C220～C234	15	−2147483648～2147483647

1. 普通计数器 C 的使用说明

（1）计数器的功能是对输入脉冲进行计数，计数发生在脉冲的上升沿，达到计数器设定值时，计数器触点动作。每个计数器都有一个常开和常闭触点，可以无限次引用。

（2）计数器有一个设定值寄存器，一个当前值寄存器。16 位计数器的设定值范围是 0～32767，32 位增减计数器的设定值范围是−2147483648～2147483647。

（3）普通计数器在计数过程中发生断电时，则前面所计的数值全部丢失，再次通电后从 0 开始计数。

（4）掉电保持计数器在计数过程中发生断电时，则前面所计数值保存，再次通电后在原来数值的基础上继续计数。

（5）计数器除了计数端外，还需要一个复位端。

（6）32 位增减计数器是循环计数方式。

2. 16 位增计数器（C0～C199）

图 6-33 所示的梯形图中，X0、X1 分别是计数器 C0 的复位和脉冲信号输入端。每当 X1 接通一次，C0 的当前值就加 1，当 C0 的当前值与设定值 K5 相等时，计数器的常开触点 C0 闭合，Y0 通电。当 X0 闭合时，C0 复位，C0 的常开触点断开，Y0 断电。

3. 32 位增减计数器（C200～C234）

增减计数器（又称为双向计数器）有增计数和减计数两种工作方式，其计数方式由特殊辅助继电器 M8200～M8234 的状态决定，M8□□□的状态 ON 是减计数，状态 OFF 或者程序中不出现 M8□□□是增计数。

普通用 32 位增减计数器的工作过程如图 6-34 所示。X0 为计数方式控制端，X1 为复位端，X2 为计数信号输入端，控制 C201 计数器进行计数操作。计数器的当前值−4 加到−3（增大）时，其触点接通（置 1）；当计数器的当前值由−2 减到−3 时（减小）时，其触点断开（置 0）。

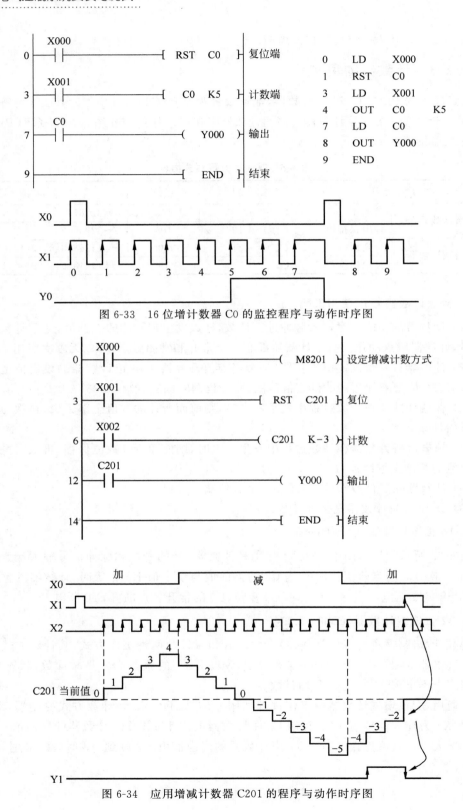

图 6-33　16 位增计数器 C0 的监控程序与动作时序图

图 6-34　应用增减计数器 C201 的程序与动作时序图

6.2.4 任务实施

1. 硬件设计

1) 硬件选型

（1）PLC 选型。由于控制对象单一，控制过程简单，I/O 点数较少，系统没有其他特殊要求，故本任务选用三菱 FX2N-32MR 为宜，采用 220V、50Hz 的交流电源供电，接在 L、N 端。

（2）输入线路。输入线路由启动按钮 SB$_1$、停止按钮 SB$_2$ 组成，采用 24V 直流电源，由 PLC 本身供电。

（3）输出线路。输出线路由三个交流接触器组成，额定电压为 220V，由外部电源供电，熔断器用于短路保护。

2) 资源分配

根据 Y-△降压启动的控制要求，所用元器件的资源分配如表 6-6 所示，相应的 I/O 接线图如图 6-35 所示。

表 6-6　电机 Y-△启动 I/O 分配表

输　入			输　出		
输入继电器	输入元器件	作　用	输出继电器	输出元器件	作　用
X0	SB$_1$	启动按钮	Y0	接触器 KM$_1$	电源接触器
X1	SB$_2$	停止按钮	Y1	接触器 KM$_2$	Y 形启动接触器
X2	FR	热继电器	Y2	接触器 KM$_3$	△形运行接触器

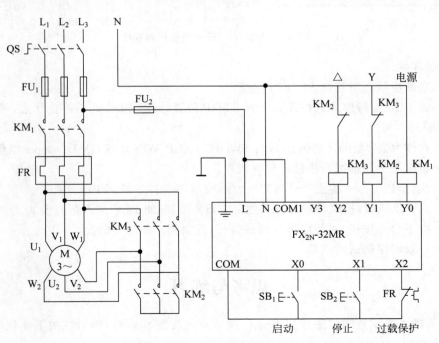

图 6-35　电机 Y-△降压启动接线图

3）硬件安装

将 PLC 与热源、高电压和电子噪声隔离开，为接线和散热留出适当的空间；电源定额；接地和接线。

2. 软件设计

1）软件编程

利用基本指令编制的程序如图 6-36 所示。

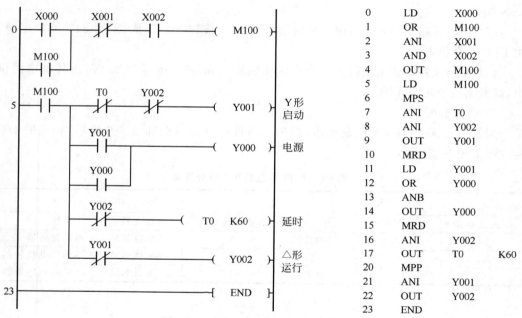

0	LD	X000
1	OR	M100
2	ANI	X001
3	AND	X002
4	OUT	M100
5	LD	M100
6	MPS	
7	ANI	T0
8	ANI	Y002
9	OUT	Y001
10	MRD	
11	LD	Y001
12	OR	Y000
13	ANB	
14	OUT	Y000
15	MRD	
16	ANI	Y002
17	OUT	T0　K60
20	MPP	
21	ANI	Y001
22	OUT	Y002
23	END	

图 6-36　电机 Y-△降压启动控制程序

2）程序调试

（1）在断电状态下连接 PC/PPI 电缆。

（2）将 PLC 运行模式选择开关拨到 STOP 位置，此时 PLC 处于停止状态，可以进行程序的编写。

（3）在作为编程器的计算机上，运行 SWOPC-FXGP/WIN-C 或 GX Developer 编程软件。

（4）将编制的梯形图程序输入计算机中。

（5）执行"PLC"→"传送"→"写出"命令，将程序文件下载到 PLC 中。

（6）将 PLC 运行模式的选择开关拨到 RUN 位置，使 PLC 进入运行模式。

（7）按下启动按钮，对程序进行调试运行，观察程序的运行情况。

（8）记录程序调试的结果。

思考与练习

1. 天塔之光示意图如图 6-37 所示。按下启动按钮 SB_1 时，指示灯按下述规律点亮，按下停止按钮 SB_2 时停止。

① 隔两灯闪烁：L_1、L_4、L_7 亮，1s 后灭；接着 L_2、L_5、L_8 亮，1s 后灭；接着 L_3、L_6、L_9 亮，1s 后灭；接着 L_1、L_4、L_7 亮，1s 后灭……如此循环。

② 发射型闪烁：L_1 亮，2s 后灭；接着 L_2、L_3、L_4、L_5，2s 后灭；接着 L_6、L_7、L_8、L_9 亮，2s 后灭；接着 L_1 亮，2s 后灭……如此循环。

根据上述规律，首先对控制系统的 PLC、输入按钮、输出用指示灯进行选型，然后进行 I/O 地址分配、接线，最后编写控制程序及注释，下传到 PLC 中，并进行调试。

2. 图 6-38 所示是三条皮带运输机的示意图。对于这三条皮带运输机的控制要求如下。

① 按下启动按钮，1 号传送带运行 2s 后，2 号传送带运行，2 号传送带运行 2s 后，3 号传送带开始运行，即顺序启动，以防止货物在皮带上堆积；

② 按下停止按钮，3 号传送带先停止，2s 之后 2 号传送带停止，再过 2s 后 1 号传送带停止，即逆序停止，以保证停车后皮带上不残存货物。

试列出 I/O 分配表与编写梯形图。

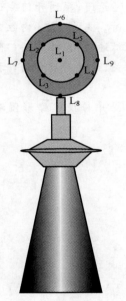

图 6-37　天塔之光示意图

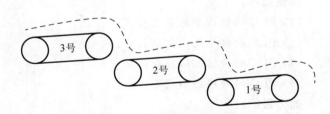

图 6-38　三条皮带运输机工作示意图

任务 6.3　自动门 PLC 控制设计

任务描述

自动门已广泛应用于银行、酒店、大型商场等公共场所，方便人们的出行。自动门控制装置由红外感应器、开门减速开关、开门限位开关、关门减速开关、关门限位开关、开门执行机构（电机正转）、关门执行机构（电机反转）等部件组成，如图 6-39 所示。

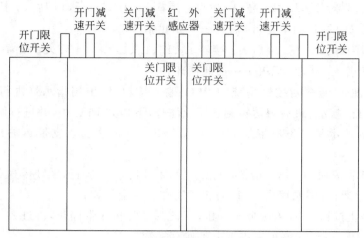

图 6-39　自动门控制装置示意图

　　控制要求,人靠近自动门时,红外感应器为 ON,驱动电机高速开门,碰到开门减速开关时,变为低速开门,碰到开门限位开关时电机停止转动,开始延时。若在 0.5s 内红外感应器检测到无人,驱动电机高速关门,碰到关门减速开关时,改为低速关门,碰到关门限位开关时电机停止转动。在关门期间若感应器检测到有人,则停止关门,延时后自动转换为高速开门。

　　要求用步进顺控指令实现自动门控制系统,画出功能流程图并转换成梯形图和指令表。

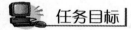 任务目标

　　知识目标:

　　(1) PLC 功能指令的基本格式;

　　(2) PLC 的程序流向控制指令;

　　(3) PLC 的传送比较指令;

　　(4) PLC 的顺序控制指令。

　　能力目标:

　　(1) 会进行 PLC 的安装接线;

　　(2) 能熟练使用编程软件;

　　(3) 会利用顺控指令进行编程;

　　(4) 能熟练进行程序编辑、修改、下载及调试。

 相关知识

　　要对图 6-39 所示的自动门进行 PLC 控制系统设计,首先要了解 PLC 功能指令的基本格式,掌握 PLC 的程序流向控制指令和 PLC 的顺序控制指令。下面就来学习控制系统中所涉及的知识。

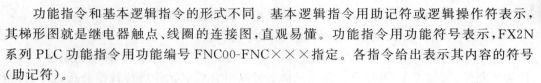

6.3.1　功能指令的基本格式

功能指令和基本逻辑指令的形式不同。基本逻辑指令用助记符或逻辑操作符表示，其梯形图就是继电器触点、线圈的连接图，直观易懂。功能指令用功能符号表示，FX2N系列PLC功能指令用功能编号FNC00-FNC×××指定。各指令给出表示其内容的符号（助记符）。

1）功能指令的表示形式

功能指令的基本格式如图6-40（a）所示。图中的前一部分表示指令的代码和助记符，后一部分（S）表示源操作数，当源操作数不只一个时，可以用S1、S2表示；D表示目的操作数，当目的操作数不只一个时，可以用D1、D2表示。

2）数据长度和指令类型

功能指令可以处理16位数据和32位数据。图6-40（b）为数据传送指令的使用。图中MOV为指令的助记符，表示数据传送功能指令，指令的代码是12（用编程器编程时输入代码"12"而非"MOV"）。功能指令中的符号D表示处理32位数据。处理32位数据时，用元件号相邻的两个元件组成元件对。元件对的首位地址用奇数、偶数均可（建议元件对首位地址统一用偶数编号）。

3）指令类型

FX2N系列PLC的功能指令有连续执行型和脉冲执行型两种形式。

图6-40（c）梯形图程序第一条指令为连续执行方式。当X000为ON状态时，图中的指令在每个扫描周期都被重新执行。第二条指令为脉冲执行方式。助记符后附的P符号表示脉冲执行。P和D可以重复使用，如D MOV P。图中脉冲执行指令仅在X001由OFF转变为ON时有效。在不需要每个扫描周期都被执行时，用脉冲方式可以缩短程序处理时间。

指令名称	助记符	指令代码（功能号）	操作数		
			源操作数S	目标操作数D	常数n
数据传送	MOV	FNC12	KnX　KnY KnS　KnM T、C、D	KnX　KnY KnS　KnM T、C、D	K、H $n=1\sim64$

(a) 基本格式

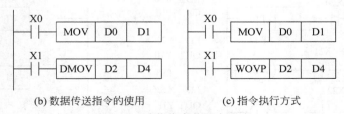

(b) 数据传送指令的使用　　(c) 指令执行方式

图6-40　功能指令的基本形式

4）指令的操作数

有些功能指令要求在助记符的后面提供1～4个操作数，这些操作数的形式如下。

（1）位元件 X、Y、M 和 S。

（2）常数 K、H 或指针 P。

（3）字元件 T、C、D、V、Z（T、C 分别表示定时器和计数器的当前值寄存器）。

（4）由位元件 X、Y、M 和 S 的位指定组成字元件。

其中，只处理 ON/OFF 状态的元件称为位元件，例如 X、Y、M 和 S；处理数据的元件称为字元件，例如 T、C 和 D 等。但位元件也可以组合成字元件进行数据处理，位元件组合由 Kn 加首元件号表示。

位元件的组合：4 个位元件为一组，组合成单元。KnM0 中的 n 是组数。16 位数操作时为 K1～K4，32 位数操作时为 K1～K8。例如，K2M0 表示由 M0～M7 组成的 8 位数据；K4M10 表示由 M10 到 M25 组成的 16 位数据，M10 是最低位。

6.3.2　程序流向控制功能指令

1. 条件跳转指令 CJ、CJ（P）（FNC00）

在某种条件下，需要跳过一部分程序，可以使用条件跳转指令，这样可以减少扫描时间，提高程序执行速度。条件跳转指令的使用如图 6-41 所示。在图 6-41（a）中，满足跳转条件 X20＝ON 时，程序跳到标号 P10 处，执行下面的程序；如果 X20＝OFF，则跳转按原顺序执行程序。在图 6-41（b）中，如果 X20＝ON，则第一条跳转指令生效，从这一步跳转到标号 P9 处。如果 X20＝OFF，X21＝ON，则第二条跳转指令生效，程序由此处开始跳到标号 P9 处。

CJ 条件跳转指令使用说明如下。

（1）指令允许重复使用，但标号不允许重复使用，如图 6-41（b）所示，两次都可以跳到相同处，但是在程序中不允许多处使用标号 P9，若出现多于一次的使用，则程序执行出错。

（2）包含在跳过程序中的 Y、M、S 线圈，一旦被 OUT、SET、RST 指令驱动，即使在跳转过程中输入发生变化，但仍能保持跳转前的状态。若定时器、计数器在发生跳转时正在计时、计数，则立即中断工作，直至跳转结束后再继续进行计时、计数。但是正在工作的高速计数器不管有无跳转仍然工作。

（3）在跳转指令之前的执行条件为 M8000 时，称为无条件跳转，因为 PLC 运行时 M8000 总是 ON。

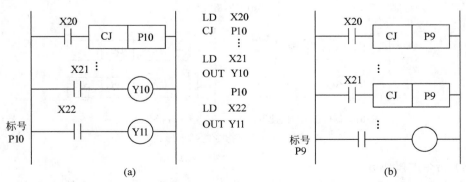

图 6-41　CJ 指令使用说明

2. 子程序调用指令 CALL、CALL(P)(FNC01)与子程序返回指令 SRET(FNC02)

CALL 和 CALL(P)称为子程序调用功能指令,用于在一定条件下调用并执行子程序。该指令的目标操作元件是指针标号 P0～P62(允许变址修改)。图 6-42 是 CALL、CALL(P)指令的使用说明。

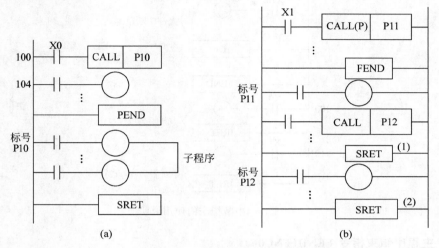

图 6-42　CALL、CALL(P)指令的使用说明

3. 中断指令 IRET、EI、DI(功能号分别为 FNC03、FNC04、FNC05)

允许中断指令 EI 与禁止中断指令 DI 之间的程序段为允许中断区间。当程序运行到允许中断的区间,出现中断信号时,则停止执行主程序,去执行相应的中断子程序。处理到中断返回指令 IRET 时再返回断点,继续执行主程序。

EI/DI 中断指令的使用如图 6-43 所示,图中程序处理到允许中断区间时,出现 X000 或 X001 为 ON 状态,则转而处理相应的中断子程序(1)或(2)。

中断标号的含义如下。

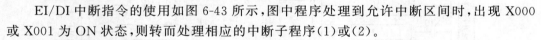

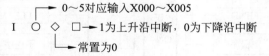

FX 系列 PLC 可设置 9 个中断点,中断点信号从 X000～X005 输入,有的定时器也可以作为中断源。

中断指令使用说明如下。

(1) 有关的特殊辅助继电器为 ON 状态,响应的中断子程序不能执行。例如图 6-43 中的 M 若为 M8050、M8051、M8052 或 M8053 中的任意一个辅助继电器,则相应的中断程序不能执行。因为这 4 个特殊的辅助继电器具有禁止中断的功能。

(2) 一个中断程序执行时,其他中断被禁止。但是在中断程序中输入 EI 和 DI 指令时,可实现中断嵌套。多个中断信号产生的顺序,按照中断指令的优先权规定。

(3) 中断信号的脉宽必须大于 $200\mu s$。

（4）如果中断信号产生禁止中断区间（DI～EI 之间），则这个中断信号被存储，并在 EI 指令后执行。

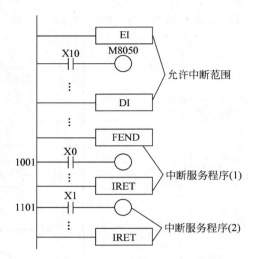

图 6-43　中断指令的使用说明

4. 主程序结束指令 FEND（FNC06）

FEND 指令表示主程序结束。程序执行到 FEND 时，进行输出处理、输入处理、监视定时器和计数器刷新，全部完成以后返回到程序的第 0 步。

FEND 主程序结束指令使用时应注意，子程序和中断子程序必须写在主程序结束指令 FEND 和 END 指令之间。FEND 主程序结束指令使用如图 6-44 所示。

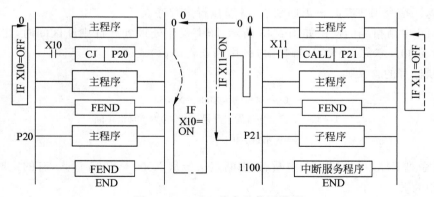

图 6-44　FEND 指令的使用说明

5. 警戒时钟指令 WDT（FNC07）

警戒时钟指令用于控制程序中的监视定时器刷新。在程序的执行过程中，如果扫描的时间（从第 0 步到 END 或 FEND 语句）超过了 200ms，则 PLC 将停止运行。在这种情况下，使用 WDT 指令可以刷新监视定时器，使程序执行到 END 或 FEND。

WDT 警戒指令的使用如图 6-45（a）所示。图中将一个 240ms 的程序分成了两个扫描时间为120ms的程序,在两个程序之间输入一条WDT指令。

如果希望执行程序的每次扫描时间均能超过200ms,可以将限定值写入特殊数据寄存器D8000中,如图6-45(b)所示,这里采用数据传送指令实现。用此方法可以将警戒时钟值改成较大的数值。该指令也有连续型和脉冲执行型两种工作方式。

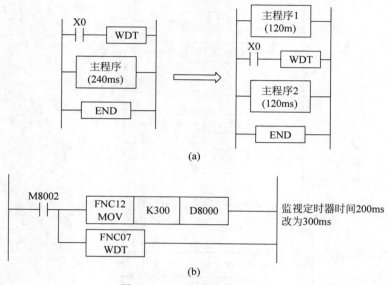

(a)

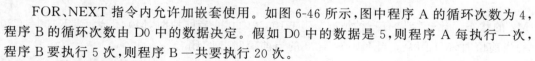

(b)

图6-45　WDT指令使用说明

6. 循环开始指令FOR(FNC08)与循环结束指令NEXT(FNC09)

循环指令FOR、NEXT为循环开始和循环结束指令。循环指令的使用如图6-46所示。在程序运行时,位于FOR~NEXT之间的程序可循环执行n次后,再执行NEXT指令后的程序。循环次数n由操作数指定,循环次数设定范围为1~32767。

FOR、NEXT指令内允许加嵌套使用。如图6-46所示,图中程序A的循环次数为4,程序B的循环次数由D0中的数据决定。假如D0中的数据是5,则程序A每执行一次,程序B要执行5次,则程序B一共要执行20次。

循环程序使用说明如下。

(1) FX2系列PLC的循环指令最多允许5级嵌套。

(2) FOR、NEXT要求成对使用,要求FOR在前,NEXT在后。

(3) NEXT指令不允许写在END、FEND指令的后面。

6.3.3　传送和比较指令

1. 比较指令CMP(FNC10)

比较指令CMP是将源操作数[S1]和源操作数[S2]的数据,按照代数规则进行大小比较,并将比较结果送到目的操作数D中,具体使用如图6-47所示。

在图6-47中,X000为比较指令的执行条件。当X000=OFF时,比较指令不执行,此时M0、M1、M2的状态保持不变。当X000=ON时进行比较,由比较结果决定M0、M1、

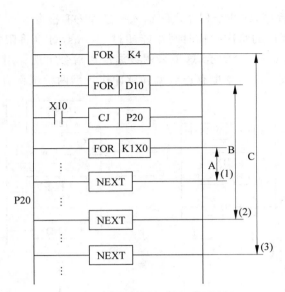

图 6-46　FOR、NEXT 指令

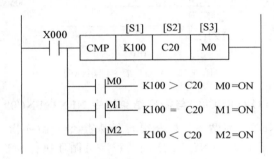

图 6-47　CMP 指令

M2 的状态。比较结果有三种情况：当 K100＞C20 的当前值时，M0 闭合；当 K100＝C20 的当前值时，M1 闭合；当 K100＜C20 的当前值时，M2 闭合。

比较指令使用说明如下。

(1) 比较指令中的所有的源操作数据都按二进制数值处理。

(2) 对于多个比较指令，其目标操作数 D 也可以指定为同一个元件；但每执行一次比较指令，其 D 的内容随之发生变化。

2. 区间比较指令 ZCP(FNC11)

区间比较指令 ZCP 是将一个数据与两个源数据进行比较，并将结果送到[D] [D+1] [D+2]中。该指令的使用说明如图 6-48 所示。

在图 6-48 中，X000 为区间比较指令的执行条件。当 X000＝OFF 时，区间比较指令不执行，此时 M3、M4、M5 的状态保持不变。当 X000＝ON 时，执行 ZCP 指令，将 C30 的当前值与 100 和 120 进行比较，较结果送到 M3、M4、M5 中。比较结果有三种情况：当 K100＞C30 的当前值时，M3 闭合；当 K100≤C30 的当前值≤K120 时，M4 闭合；当

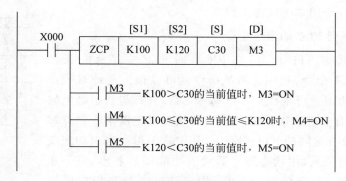

图 6-48　ZCP 指令的使用说明

K120＜C30 的当前值时,M5 闭合。

3. 传送指令 MOV（FNC12）

传送指令（MOV）是将源操作数送到指定的目标操作数中,即[S]→[D]。MOV 指令的使用如图 6-49 所示。当 X000＝ON 时,源操作数 S 中的数据 K100 被传送到目标操作地址 D10 中。当指令执行时,常数 K100 自动转换成二进制数。当 X000＝OFF 时,指令不执行,数据保持不变。

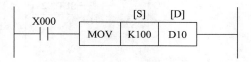

图 6-49　MOV 指令的使用说明

6.3.4　状态流程图的编程方法

状态流程图法也叫顺序功能图 SFC 法,这种方法是编制复杂程序的重要方法和工具,它比梯形图和语句表更直观,也被更多的 PLC 用户所接受。FX2N 系列 PLC 的步进指令及大量的状态器软器件 S 就是为顺序功能图 SFC 法编程而准备的。

1. 状态流程图

一个控制过程可以分为若干个阶段,这些阶段称为状态。状态与状态之间由转换条件分隔,相邻的状态具有不同的动作。当相邻两个状态之间的转换条件得到满足时,相邻状态就实现转换,即上面状态的动作结束,下面状态的动作开始,描述这一状态转换过程的图称为状态流程图。状态器软器件 S 是构成状态流程图的基本元素,FX2N 系列的PLC 共有状态继电器 1000 个触点,分为 5 类,状态继元器件分类见表 6-7。

表 6-7　状态继电器 S 分类

初始状态继电器	回零状态继电器	通用状态继电器	保持状态继电器	报警状态继电器
S0～S9 共 10 个触点	S10～S19 共 10 个触点	S20～S499 共 480 个触点	S500～S899 共 400 个触点	S900～S999 共 100 个触点

图 6-50 是一个简单的状态流程图。

2. FX2N 系列 PLC 的步进指令

步进指令又称 STL 指令,在 FX 系列 PLC 中还有一条使 STL 复位的 RET 指令,利用这两条指令就可以很方便地对顺序 控制系统的功能图进行编程。步进指令 STL 只有与状态继电器 S 配合时,才具有步进功能。STL 指令的状态继电器常开触点称 为 STL 触点,没有常闭的 STL 触点。从图 6-51 可以看出功能图 和梯形图之间的关系,用状态继电器代表功能图的各步,每一步 都具有三种功能:负载的驱动处理、指定转换条件和指定转换 目标。

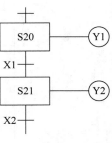

图 6-50 状态流程图

步进指令的执行过程如图 6-51 所示,当步 S20 为活动步时,S20 的 STL 触点接通的 负载 Y000 接通。当转换条件 X001 成立时,下一步的 S21 将被置位,同时 PLC 自动将 S20 断开(复位),Y000 也断开。

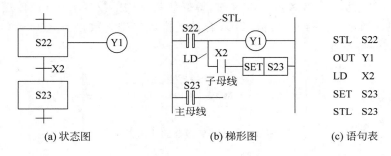

(a) 状态图   (b) 梯形图   (c) 语句表

图 6-51 STL 指令说明

STL 触点是与左母线相连的常开触点,类似于主控触点,并且同一状态继电器的 STL 触点只能使用一次(并行序列的合并触点除外)。

与 STL 触点相连的触点应使用 LD 或 LDI 指令,使用过 STL 指令后,应用 RET 指 令使 LD 触点返回左母线。

梯形图中同一元件的线圈可以被不同的 STL 触点驱动,即使用 STL 指令时,允许双 线圈输出。

STL 触点之后不能使用 MC/MCR 指令。

3. STL 功能图与梯形图的转换

采用步进指令进行程序设计时,首先要设计系统的功能图,然后再将功能图转换成梯 形图,写出相应的指令表程序。某自动小车往返使用步进指令编程的功能图和梯形图如 图 6-52 所示。图中的双矩形块表示初始步,初始步是由循环最后一步完成后激活的,但 在刚开始工作时,初始步的激活是在开始时加一个短信号,如图 6-52 中的特殊继电 器 M8002。

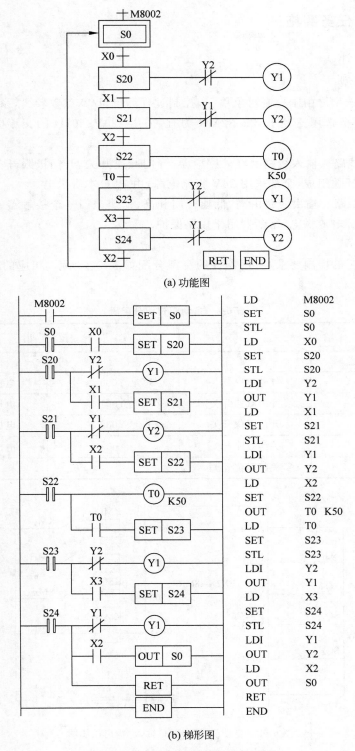

(a) 功能图

(b) 梯形图

图 6-52　STL 功能图与梯形图的转换

6.3.5　任务实施

1. 硬件设计

1）硬件选型

（1）PLC 选型。由于控制对象单一，控制过程简单，I/O 点数较少，系统没有其他特殊要求，故本任务选用三菱 FX2N-32MR 为宜，采用 220V、50Hz 的交流电源供电，接在 L、N 端。

（2）输入线路。输入线路由红外感应器、开门减速开关、开门极限开关、关门减速开关和关门极限开关组成，全部采用 24V 直流电源，由 PLC 本身供电。

（3）输出线路。输出线路由高、低速开门和高、低速关门 4 个接触器组成，额定电压为 220V，由外部电源供电，熔断器用于短路保护。

2）资源分配

根据自动门的控制要求，所用器件的资源分配如表 6-8 所示，相应的 I/O 接线图如图 6-53 所示。

表 6-8　自动门资源分配表

输　入		输　出	
输入继电器	作　用	输出继电器	作　用
X000	红外感应器	Y000	电机高速开门
X001	开门减速开关	Y001	电机低速开门
X002	开门限位开关	Y002	电机高速关门
X003	关门减速开关	Y003	电机低速关门
X004	关门限位开关		

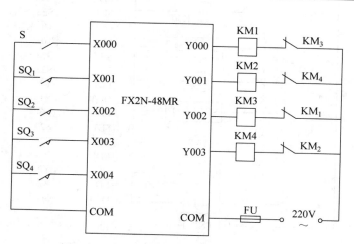

图 6-53　自动门控制 PLC 输入/输出接线图

3）硬件安装

将 PLC 与热源、高电压和电子噪声隔离开,为接线和散热留出适当的空间;电源定额;接地和接线。

2. 软件设计

1）软件编程

自动门控制的功能流程图如图 6-54 所示,相应的梯形图如图 6-55 所示。

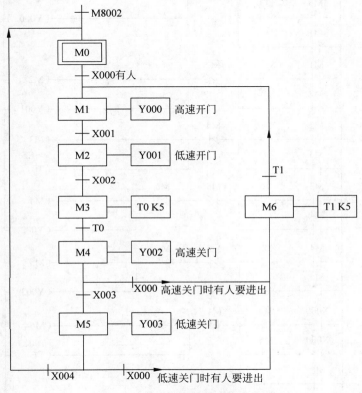

图 6-54　自动门控制的功能流程图

2）程序调试

（1）在断电状态下连接 PC/PPI 电缆。

（2）将 PLC 运行模式选择开关拨到 STOP 位置,此时 PLC 处于停止状态,可以进行程序的编写。

（3）在作为编程器的计算机上,运行 SWOPC-FXGP/WIN-C 或 GX Developer 编程软件。

（4）将图 6-55 所示的梯形图程序输入计算机中。

（5）执行"PLC"→"传送"→"写出"命令,将程序文件下载到 PLC 中。

（6）将 PLC 运行模式的选择开关拨到 RUN 位置,使 PLC 进入运行模式。

（7）按下启动按钮,对程序进行调试运行,观察程序的运行情况。

（8）记录程序调试的结果。

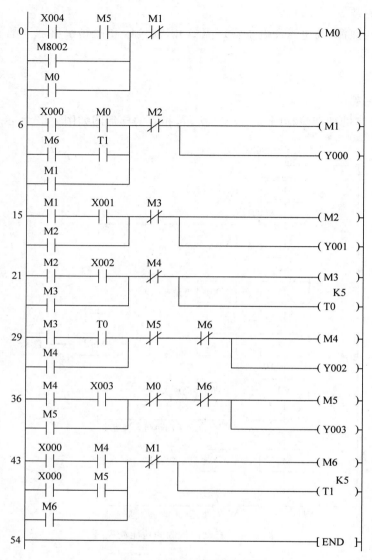

图 6-55　自动门控制的梯形图

思考与练习

1. 将图 6-56 所示的梯形图转换成指令表,并分析其功能。

2. 设计程序实现下列功能:当 X001 接通时,计数器每隔 1s 计数。当计数数值小于 50 时,Y010 为 ON,当计数数值等于 50 时,Y011 为 ON,当计数数值大于 50 时,Y012 为 ON。当 X001 为 OFF 时,计数器和 Y010～Y012 均复位。

硬件系统设计:首先对控制系统的 PLC、输入按钮、输出用指示灯进行选型,然后进行 I/O 地址分配,最后进行接线。

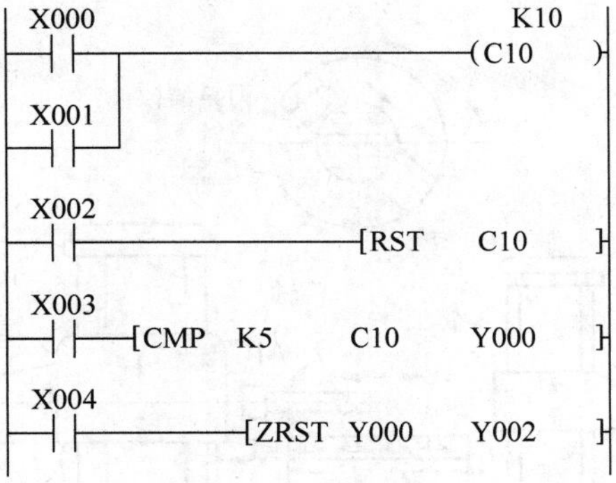

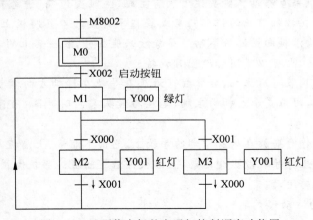

图 6-56　梯形图

　　软件系统设计：利用所学知识编写抢答器控制程序及注释，下传到 PLC 中，并进行调试。

　　3. 用顺序控制设计法实现的顺序功能图如图 6-57 所示。用"启—保—停"编程方法将图 6-57 转换成梯形图上机调试，并画出在没有启动按钮情况下的功能流程图。

图 6-57　地下停车场的交通灯控制顺序功能图

任务 6.4　PLC 在 T68 镗床电气控制系统中的应用

任务描述

　　本任务利用 PLC 对 T68 镗床电气控制系统进行改造，其改造过程包括可编程控制器的机型选择、输入/输出地址分配、输入/输出端接线图及可编程控制器梯形图程序设计。

　　1. 镗床的主要结构、运动形式和控制要求

　　1）卧式镗床的主要结构

　　T68 镗床的结构如图 6-58 所示，主要由床身、前立柱、镗头架、后立柱、尾座、下溜板、上溜板、工作台等部分组成。

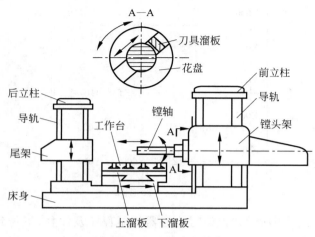

图 6-58　T68 镗床的结构

床身是一个整体的铸件,在它的一端固定有前立柱,在前立柱的垂直导轨上装有镗头架,镗头架可沿导轨垂直移动。镗头架上装有主轴、主轴变速箱、进给箱与操纵机构等部件。切削刀具固定在镗轴前端的锥形孔里或装在平旋盘的刀具溜板上。在镗削加工时,镗轴一边旋转,一边沿轴向做进给运动。平旋盘只能旋转,装在其上的刀具溜板做径向进给运动,可独自旋转,也可以不同转速同时旋转。

在床身的另一端装有后立柱,后立柱可沿床身导轨在镗轴方向调整位置。在后立柱导轨上安装有尾座,用来支承镗轴的末端,尾座与镗头架同时升降,可保证二者的轴心在同一水平线上。

安装工件的工作台安放在床身中部的导轨上,它由下溜板、上溜板与可转动的工作台组成。下溜板可沿床身导轨做纵向运动,上溜板可沿下溜板的导轨做横向运动,工作台相对于下溜板可做回转运动。

2) 卧式镗床的运动形式

(1) 主运动为镗轴和平旋盘的旋转运动。

(2) 进给运动为镗轴的轴向进给、平旋盘刀具溜板的径向进给、镗头架的垂直进给、工作台的纵向进给和横向进给。

(3) 辅助运动为工作台的回转运动、后立柱的轴向移动、尾座的垂直移动及各部分的快速移动等。

3) 卧式镗床的控制要求

(1) 主轴旋转与进给量都有较宽的调速范围,主运动与进给运动由一台电机拖动,为简化传动机构采用双速笼型异步电机。

(2) 由于各种进给运动都有正反不同方向的运转,所以主电机要求可以正反转。

(3) 为满足调整工作需要,主电机应能实现正反转的点动控制。

(4) 保证主轴停车迅速、准确,主电机应有制动停车环节。

(5) 主轴变速与进给变速可在主电机停车或运转时进行。为便于变速时齿轮啮合,应有变速低速冲动过程。

（6）为缩短辅助时间，各进给方向均能快速移动，配有快速移动电机拖动，采用快速电机正反转的点动控制方式。

（7）主电机为双速电机，有高、低两种速度供选择，高速运转时应先经低速启动。

（8）由于运动部件较多，应设有必要的联锁与保护环节。

2. 改造方案的确定

（1）原镗床的工艺加工方法不变；

（2）在保留主线路的原有元器件的基础上，不改变原控制系统电气操作方法；

（3）电气控制系统控制元器件（包括按钮、行程开关、热继电器、接触器）作用与原电气线路相同；

（4）主轴和进给启动、制动、低速、高速和变速冲动的操作方法不变；

（5）改造原继电器控制中的硬件接线，改为 PLC 编程实现。

本任务要解决的问题是如何利用 PLC 实现 T68 镗床电气控制系统的改造，并能对线路进行正确的安装接线和通电调试。

 任务目标

知识目标：

（1）PLC 的算数运算指令；

（2）PLC 的循环移位指令；

（3）PLC 基本指令和功能指令的应用。

能力目标：

（1）会进行 PLC 的硬件安装与接线；

（2）能熟练使用编程软件；

（3）能够对 T68 镗床电气控制系统进行 PLC 改造；

（4）会进行程序的编辑、修改、下载及调试；

（5）会正确选择与安装 PLC 控制系统常用电气设备。

 相关知识

要对 T68 镗床电气控制系统进行 PLC 控制系统改造，首先要学习 PLC 算数运算指令和 PLC 的循环移位指令。下面就来学习控制系统中所涉及的知识。

6.4.1　算术运算功能指令

数据运算指令共有 10 条，所有运算指令均为二进制代数运算。最常用的几种运算指令使用方法如下。

1. 加法指令 ADD、减法指令 SUB

1）指令功能

加法指令 ADD 是把两个源操作数[S1]和[S2]相加，结果存放到目标元件[D]中。

减法指令 SUB 是把两个源操作数[S1]和[S2]中的数据相减，结果送到目标元件[D]中。

2）加、减法指令说明

（1）加、减法指令是二进制代数加减运算，数据的最高位为符号位，0 表示为正，1 表示为负。

（2）当执行条件为 OFF 时，不执行运算，[D]中的内容不变。若源操作数元件和目标元件相同，而且采用连续执行的 ADD、(D)ADD 指令时，加法的结果在每个扫描周期都会发生改变。

（3）设有三个标志位：M8020 为零标志，M8021 为借位标志，M8022 为进位标志。运算结果为 0 时，零标志置位 M8020＝1；运算结果小于－32768（或－2147483648）时，借位标志置位 M8021＝1；运算结果大于＋32767（或＋2147483647）时，进位标志置位 M8022＝1。

3）指令格式

加法指令和减法指令在梯形图中的使用如图 6-59 所示。

图 6-59　ADD、SUB 指令的使用

2. 乘法指令 MUL、除法指令 DIV

1）指令功能

乘法指令 MUL 是将两个源操作数[S1]和[S2]相乘，结果存放到目标操作数[D]中。

除法指令 DIV 是把两个源操作数[S1]和[S2]中的数据相除，结果存放到目标操作数[D]中。

2）指令说明

（1）指令进行二进制运算，数据最高位为符号位。

（2）16 位乘法运算时，积为 32 位数据，积将按照"高对高，低对低"的原则存放到目标元件中，即积的低 16 位存放到指定目标操作数中，高 16 位存放在与之相连的下一个目标操作数中。32 位乘法运算时，积为 64 位数据，当目标操作数是位元件组合时，只能得到积的低 32 位数据，不能得到积的高 32 位数据。解决的办法是先把运算目标指定为字元件，再将字元件的内容通过传送指令送到位元件组合中。

（3）16 位除法运算时，商和余数为 16 位数据，商存放到[D]中，余数放到紧靠[D]的下一个地址的元件中。32 位除法运算时，商和余数为 32 位数据。0 作除数时运算出错，程序不被执行。被除数和除数中有一个为负数时，商为负数；被除数为负数时，余数也为负数。

3）指令格式

乘法指令在梯形图中的使用如图 6-60 所示。除法指令在梯形图中的使用如图 6-61 所示。

3. 加 1 指令 INC、减 1 指令 DEC

1）指令功能

加 1 指令 INC 是把[D]中的数据加 1，结果送到[D]中。

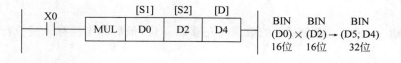

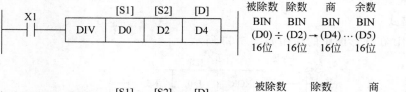

图 6-60　MUL 指令的使用

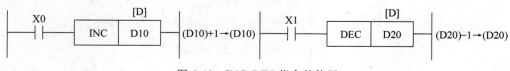

图 6-61　DIV 指令的使用

减 1 指令 DEC 是把[D]中的数据减 1,结果送到[D]中。

2）加 1、减 1 指令说明

（1）实际控制中,一般不允许每个扫描周期目标操作数都要加 1（减 1）的连续执行方式,所以,INC、DEC 指令经常使用的是脉冲执行方式。

（2）当执行条件为 OFF 时,不执行运算,[D]中的内容不变。

（3）INC、DEC 指令不影响标志位。比如,用 INC 指令进行 16 位操作时,当正数 32767 加 1 时,将会变为−32768 ；在进行 32 位操作时,当正数 2147483647 加 1 时,将会变为−2147483648。这两种情况下进位或借位标志都不受影响。

（4）INC、DEC 指令最常用于循环次数、变址操作等情况。

3）指令格式

加 1 指令、减 1 指令在梯形图中的使用如图 6-62 所示。

图 6-62　INC、DEC 指令的使用

6.4.2　循环与移位指令

1. 右循环移位指令 ROR（FNC30）、左循环移位指令 ROL（FNC31）

1）指令功能

右循环移位指令 ROR 是把[D]中的数据向右移动 n 位,最后移出位存入进位标志位

M8022 中。

左循环移位指令 ROL 是把[D]中的数据向左移动 n 位,最后移出位存入进位标志位 M8022 中。

2) ROR、ROL 指令说明

(1) 执行条件成立,[D]中数据循环右移或左移 n 位。每次执行循环右移或左移 n 位的最后一位存入标志位 M8022(进位标志)。

(2) 这两条指令一般执行脉冲执行方式。

(3) 如果目标操作数是组合位元件,那么组合位元件只有 16 位或 32 位有效,否则指令不执行,如 K4Y0,K8M0。

3) 指令格式

ROR、ROL 在梯形图中的使用如图 6-63 所示。

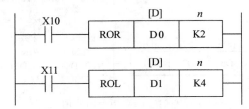

图 6-63　ROR、ROL 指令的使用

2. 位右移指令 SFTR(FNC34)、位左移指令 SFTL(FNC35)

1) 指令功能

位右移指令 SFTR(FNC34)、位左移指令 SFTL(FNC35)是对 $n1$ 位的位元件[D]进行 $n2$ 位的右移(R)、左移(L),移出位由 $n2$ 位的[S]填充。$n1$ 表示数据移动的范围,$n2$ 表示每次移动的位数。

2) 指令格式

位右移指令 SFTR、位左移指令 SFTL 在梯形图中的使用如图 6-64 所示。

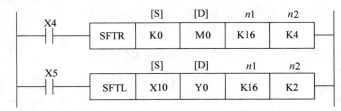

图 6-64　SFTR、SFTL 指令的使用

6.4.3　任务实施

1. 硬件设计

1) 硬件选型

(1) PLC 选型。

输入点数的确定:原主轴电机正反转启动按钮 2 个,主轴电机正反转、点动控制按钮

2个,主轴电机停止按钮1个,主轴变速限位开关2个,进给限位开关2个,主轴箱、工作台与主轴进给互锁限位开关2个,快速正反转、限位开关2个,主轴电机反接制动速度继电器2点,主轴高、低速变换行程开关1点,主轴电机的过载保护1个,机床照明1个,输入点数共18点。

输出点数的确定:原主轴电机正反转交流接触器需要输出点2个,主电机低速和高速转换用交流接触器需要输出点2个,限流电阻短路用接触器需要输出点1个,快速电机正反转用交流接触器需要输出点2个,机床照明1个,机床电源指示1个,共9个。

根据输入输出点数确定采用三菱 FX2N-48MR 型 PLC。

(2)输入线路。输入线路由启动按钮、停止按钮、高低速转换开关、工作台进给箱限位开关等组成,全部采用24V直流电源,由PLC本身供电。

(3)输出线路。输出线路由电机正反转控制接触器,主轴电机的高低速控制接触器等组成,额定电压为220V,由外部电源供电,熔断器用于短路保护。

2) 资源分配

根据 T68 镗床的控制要求,所用元器件的资源分配见表6-9,相应的 I/O 接线图如图6-65所示。

表 6-9 I/O 分配表

输 入 设 备		PLC 输入继电器	输 出 设 备		PLC 输出继电器
代号	功　　能		代号	功　　能	
SB$_2$	M1 的正转按钮	X1	KM$_1$	M1 的正转接触器	Y0
SB$_3$	M1 的反转按钮	X2	KM$_2$	M1 的反转接触器	Y1
SB$_4$	M1 的正转点动按钮	X3	KM$_3$	限流电阻制动接触器	Y2
SB$_5$	M1 的反转点动按钮	X4	KM$_4$	M1 高速△形接触器	Y3
SB$_1$	M1 停止按钮	X0	KM$_5$	M1 高速 YY 形接触器	Y4
SQ$_1$	工作台或主轴箱进给开关	X5	KM$_6$	M2 的正转接触器	Y5
SQ$_2$	主轴快速进给行程开关	X6	KM$_7$	M2 的反转接触器	Y6
SQ$_5$	主轴变速冲动行程开关	X7	HL	机床运转电源指示	Y10
SQ$_6$	进给变速冲动行程开关	X10	EL	机床照明	Y14
SQ$_7$	M1 高低速控制行程开关	X11			
QS$_1$	机床照明开关	X12			
SQ$_9$	电机 M2 的正转限位	X13			
SQ$_8$	电机 M2 的反转限位	X14			
KS$_1$	速度继电器正转触点	X15			
KS$_2$	速度继电器反转触点	X16			
FR	M1 热继电器动合触点	X17			
SQ$_3$	主轴变速开关	X20			
SQ$_4$	进给变速开关	X21			

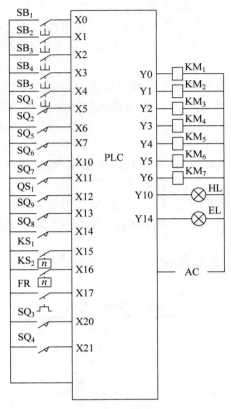

图 6-65　I/O 接线图

2. 软件设计

1）软件编程

T68 镗床 PLC 改造的梯形图如图 6-66 所示。

2）程序调试

（1）在断电状态下连接 PC/PPI 电缆。

（2）将 PLC 运行模式选择开关拨到 STOP 位置，此时 PLC 处于停止状态，可以进行程序的编写。

（3）在作为编程器的计算机上，运行 SWOPC-FXGP/WIN-C 或 GX Developer 编程软件。

（4）将图 6-66 所示的梯形图程序输入计算机中。

（5）执行"PLC"→"传送"→"写出"命令，将程序文件下载到 PLC 中。

（6）将 PLC 运行模式的选择开关拨到 RUN 位置，使 PLC 进入运行模式。

（7）按下启动按钮，对程序进行调试运行，观察程序的运行情况。

（8）记录程序调试的结果。

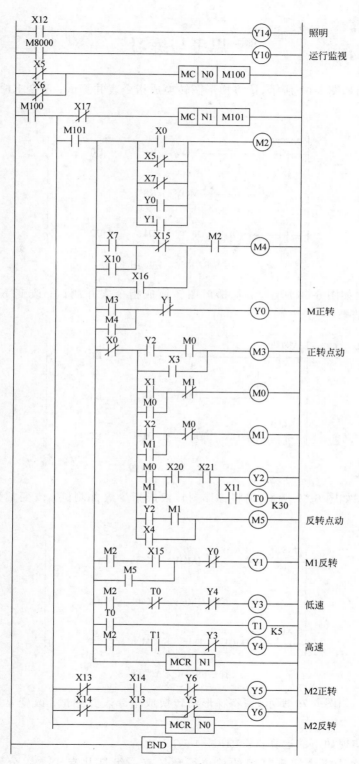

图 6-66　T68 镗床 PLC 梯形图

思考与练习

1. 梯形图如图 6-67 所示,请将梯形图转换成指令表并测试;改变 K6 和 K8 的数值,重新测试结果。

```
    M8000
────┤├────────────────[MOV    K6      D0  ]

                        [MOV    K8      D1  ]

    X000
────┤├────[ADD    D0      D1      D2  ]
```

图 6-67　6.4 节题图 1

2. 梯形图如图 6-68 所示,请将梯形图转换成指令表并测试;改变 K18 和 K8 的数值,重新测试结果。

```
    M8000
────┤├────────────────[MOV    K18     D0  ]

                        [MOV    K8      D1  ]

    X000
────┤├────[SUB    D0      D1      D2  ]
```

图 6-68　6.4 节题图 2

3. 梯形图如图 6-69 所示,请将梯形图转换成指令表并测试;改变常数数值,重新测试结果。

```
    M8000
────┤├────────────────[MOV    K55     D0  ]

                        [MOV    K60     D1  ]

    X000
────┤├────[MUL    D0      D1      D2  ]
```

图 6-69　6.4 节题图 3

4. 梯形图如图 6-70 所示,请将梯形图转换成指令表并测试;改变常数数值,重新测试结果。

5. 编程实现如下的运算:$Y = 18X/4 - 3$。

6. 用乘除法指令实现灯组的移位循环。有一组灯共有 15 盏,分别接于 Y000～

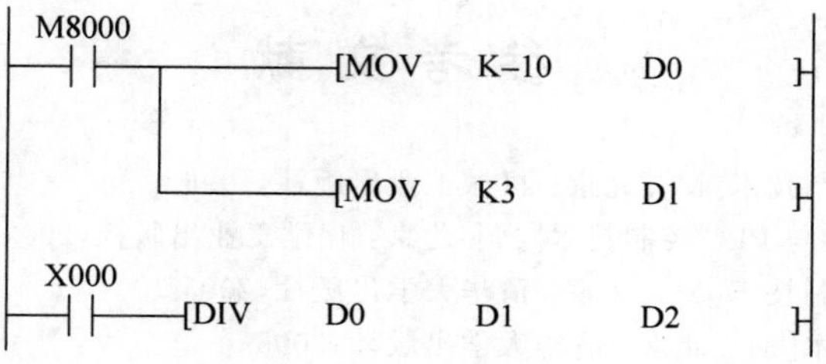

```
   M8000
   ─┤├──────┬────────[MOV    K-10      D0      ]┤
            │
            └────────[MOV    K3        D1      ]┤
   X000
   ─┤├───────[DIV    D0       D1        D2      ]┤
```

图 6-70　6.4 节题图 4

Y017,要求：当 X000＝ON 时,灯正序每隔 1s 单个移位并循环；当 X001＝ON 且 Y000＝OFF 时,灯反序每隔 1s 单个移位,至 Y000 为 ON 停止。

参 考 文 献

[1] 方承远. 工厂电气控制技术[M]. 北京：机械工业出版社, 1996.

[2] 张万忠, 刘明芹. 电器与 PLC 控制技术[M]. 北京：化学工业出版社, 2003.

[3] 熊幸明. 工厂电气控制技术[M]. 北京：清华大学出版社, 2005.

[4] 邱毓昌. 电气控制技术[M]. 北京：清华大学出版社, 2005.

[5] 夏辛明, 黄鸿, 高岩. 可编程控制器技术及应用[M]. 北京：北京理工大学出版社, 2005.

[6] 胡汉文. 电气控制与 PLC 应用[M]. 北京：人民邮电出版社, 2009.

[7] 吴元修. 可编程控制系统设计与实训[M]. 北京：北京师范大学出版社, 2011.

[8] 赵红顺. 电气控制技术与应用项目式教程[M]. 北京：机械工业出版社, 2012.

[9] 许缪. 电机与控制技术[M]. 北京：机械工业出版社, 2015.